佟毅，1963年出生，理学博士，教授级高级工程师，十二届全国人大代表，全国劳动模范，全国五一劳动奖章获得者，当选首批全国粮食行业领军人才，享受国务院政府特殊津贴专家，从事玉米深加工领域科研工作35年。

佟毅同志现任中粮集团有限公司总工程师兼中粮生物科技股份有限公司董事长，玉米深加工国家工程研究中心主任，中国淀粉工业协会会长，国家粮食安全政策专家咨询委员会委员，中国粮油学会副理事长。先后编著《淀粉水解产品及其应用》《生物基材料——聚乳酸》《淀粉糖绿色精益制造 —— 新产品、新技术、新应用》《玉米淀粉绿色精益制造 —— 新工艺、新设备、新理念》书籍4部，并连续多年担任《淀粉与淀粉糖》杂志主编，连续5年作为主编出版了《中国玉米市场和淀粉行业年度分析和预测报告》，在淀粉及其衍生物方面获得省部级科技进步特等奖1项、一等奖8项、二等奖2项，获授权专利55项，

国内外学术刊物上发表论文82篇，主持新建了多条国内领先的玉米深加工生产线，推动了中国淀粉及其深加工行业从无到有、从小到大，使淀粉及其衍生物多种产品产量成为世界第一，改变了我国玉米深加工产业在全球的竞争格局。

柠檬酸绿色精益制造
新技术、新应用

佟毅 编著

Green and Lean Production of Citric Acids
New Technologies and New Applications

化学工业出版社

·北京·

内 容 提 要

本书为介绍柠檬酸绿色精益制造技术的书籍，主要包括柠檬酸发酵生产工艺、副产物资源化利用和柠檬酸系列产品应用这三方面的内容。重点介绍了自 20 世纪 90 年代以来，国内外柠檬酸最新理论研究成果和工艺技术进展，体现了柠檬酸生产技术的绿色环保和精益制造，以及产品应用领域的日趋广泛和市场的日益细分。同时，本书也旨在向读者展示柠檬酸行业在关系国计民生等领域中的重要性和意义。

本书可供柠檬酸行业内科研院所及生产企业的研发、生产技术人员阅读，以掌握核心关键技术，也可作为行业外相关人员熟悉柠檬酸行业的辅助教材和参考书。

图书在版编目（CIP）数据

柠檬酸绿色精益制造：新技术、新应用/佟毅编著.
—北京：化学工业出版社，2020.3
ISBN 978-7-122-35911-7

Ⅰ.①柠… Ⅱ.①佟… Ⅲ.①柠檬酸-化学工业-
无污染工艺 Ⅳ.①TQ921

中国版本图书馆 CIP 数据核字（2020）第 047469 号

责任编辑：赵玉清 周 � 装帧设计：王晓宇
责任校对：刘曦阳

出版发行：化学工业出版社（北京市东城区青年湖南街 13 号 邮政编码 100011）
印 装：北京虎彩文化传播有限公司
710mm×1000mm 1/16 印张 17¾ 彩插 1 字数 331 千字
2020 年 3 月北京第 1 版第 1 次印刷

购书咨询：010-64518888 售后服务：010-64518899
网 址：http://www.cip.com.cn
凡购买本书，如有缺损质量问题，本社销售中心负责调换。

定 价：158.00 元 版权所有 违者必究

柠檬酸是指以淀粉质为原料，通过微生物发酵、提取纯化等手段而得到的一种有机酸，是世界上用生物化学方法生产的产量最大的有机酸。柠檬酸及其盐类是发酵行业的支柱产品之一，在食品工业、精细化工、洗涤、医药以及动物养殖上具有广泛用途。自21世纪以来，柠檬酸产业竞争日趋激烈，许多小企业纷纷退出该领域，这使全球柠檬酸的生产和进出口更加集中。目前，我国柠檬酸产量已达到177万吨/年，占全球产量的67%，是柠檬酸主要生产国和出口国。因此，我国的柠檬酸产能对全球柠檬酸市场具有举足轻重的作用。

《柠檬酸绿色精益制造》一书系统、全面地回顾和梳理了我国柠檬酸生产技术领域取得的突出成果，对柠檬酸生产的原料、菌种、发酵工艺和分离精制工艺涉及的理论创新、新技术开发和新工艺应用等做了详细阐述和剖析，对生产过程中的节能减排新技术和新设备进行了系统研究，以及对副产物的资源化利用和相关产品开发与应用进行了深入探讨。这部著作为我国柠檬酸行业的可持续发展奠定坚实理论基础，对从事柠檬酸相关领域科研、教学和生产工作者具有重要参考价值。

佟毅同志来自研发与生产一线，长期致力于柠檬酸生产技术的创新和新工艺的开发。在繁忙的工作之余，投入大量人力和物力，将自己多年的工作实践经验和研究成果无私分享。这种不忘初心、牢记使命，踏实搞生产、严谨做科研的精神令人欣慰和鼓舞。仅希望更多企业科研单位和高校科研院所继续创新进取，提升核心技术能力，支持和推动柠檬酸行业发展，助力我国生物化工产业高质量发展。

中国工程院院士

前言

我国是一个柠檬酸的生产和出口大国，超过70%柠檬酸均出口海外，在国际市场上扮演重要角色。柠檬酸是生物体主要代谢产物之一，主要应用在食品、化工、医药、化妆品等领域。

工业生产柠檬酸以淀粉质原料为主，如薯类和玉米。随着行业的发展，玉米原料占主导地位。近年来，我国柠檬酸产能增长快速，产能已严重过剩；同时我国柠檬酸出口频繁遭遇反倾销，价格遭遇低谷；再加上生产原料价格大幅度上涨，导致大部分企业出现亏损，出现内部竞争激烈、生产负荷低、设备闲置等问题。在此背景下，唯有不断开发柠檬酸的应用领域，扩大内需市场，同时不断改进生产工艺，实现节能减排，降低生产成本，才是切实可行的脱困之道。

本人从事柠檬酸行业十余年，亲身经历了柠檬酸行业广泛采用的木薯、玉米两种原料生产柠檬酸的生产线改造、工艺研发与创新，主导开发了全国首例以淀粉为原料的全清液发酵工艺、氢钙工艺。参与并见证了我国柠檬酸产业的发展和腾飞。在备感荣幸和骄傲之时，也深感有责任、有义务将自己多年来在柠檬酸领域工作和学习所获取的浅薄经验和知识诉诸文字，以期为柠檬酸生产和研究工作者们提供思路和启发，为我国柠檬酸行业进一步发展尽绵薄之力。

本书共分10章，阐述了生产菌种、发酵工艺、分离精制、节能减排和应用等内容。在本书写作过程中，以中国科学院天津工业微生物研究所孙际宾副所长、天津科技大学王德培教授等为代表的多位专家给予了大力支持和帮助，并指导完成全书的审查工作。在这里，谨向各位专家致以衷心的感谢！

由于时间关系和水平所限，难免有疏漏之处，敬请广大读者及时提出宝贵意见，以便更正。

佟毅

2019 年 11 月

目录

第 3 章　黑曲霉柠檬酸代谢调控与代谢工程改造

第 6 章 分离提取工艺

第 ⑦ 章　精制技术与成品化

第 ⑧ 章　节能减排新技术新装备

第 9 章 副产品资源化

第 10 章 柠檬酸及其盐类、酯类和衍生产品的应用

参考文献

第 1 章

柠檬酸工业概况及理化性质

1.1　柠檬酸工业发展简史

柠檬酸，透明或半透明晶体，是生理代谢的重要中间物质，广泛存在于生命体中，几乎所有的植物和动物体中都能检测到。主要存在于柠檬、柑橘、菠萝、李、梅、桃、梨等果实中，尤其以未成熟的果实中含量较高。

1784年，瑞典化学家Carl Scheele成为全世界首位从柠檬汁中分离得到柠檬酸的科学家。

1826年，柠檬酸首次在英国实现了商业化生产，当时是从意大利进口的柠檬中提取得到的。随着柠檬酸商业应用价值的不断提升，意大利柠檬种植户也开始生产柠檬酸，几乎垄断了整个19世纪的柠檬酸市场。

1913年，Zahorsky获得黑曲霉菌株并申请了专利（U. S. Patent 1065358，1913），真正推动了柠檬酸发酵法生产的进步。

1917年，Currie首先发现了有些黑曲霉菌种能在含有高浓度糖和微量元素的营养丰富的培养基中生长十分旺盛，培养基的初始pH为2.5～3.5。而且，在生长过程中，这些菌能合成并分泌出大量的柠檬酸。Currie通过低pH的方法很好地抑制了乙二酸和葡萄糖的合成。这一发现为后来的柠檬酸工业化生产奠定了基础。

1923年Pfizer公司采用了Currie等人开发的真菌发酵技术，在美国纽约建成了柠檬酸生产装置。该装置采用了黑曲霉浅盘发酵法工业化生产柠檬酸。此后，英国、荷兰、比利时、德国、瑞士、阿根廷和苏联等国家也相继采用该生产工艺进行柠檬酸生产。

1930年，Amelung最早尝试了液体深层发酵法生产柠檬酸的工艺，在液体培养过程中，他提出了往发酵培养基中通入无菌空气。

1938年，Perquin对液体深层发酵与浅盘发酵两种发酵方法进行了详细的对比，同时对液体深层发酵的培养条件进行了优化，真正推动了液体深层发酵在产业化生产上的应用。

1952年，美国Miles公司首先成功地采用液体深层发酵法工业化生产柠檬酸。由于这种新工艺比传统的浅盘式发酵有很多的优势，因而推动了世界柠檬酸发酵工业的迅速发展。

1968年，我国第一家以淀粉为原料的液体深层发酵法生产柠檬酸装置在上海酵母厂成功投产。同期，天津工业微生物研究所和上海工业微生物研究所开展了适合我国国情的以薯干为原料的液体深层柠檬酸发酵研究。上海工业微生物所以"东酒2号"黑曲霉为出发菌株，以薯干粉为基础培养基，选育出了我国第一代柠檬酸液体深层发酵生产菌株AI-558。随后，原轻工业部组织上海工业微生物所、天津工业微生物所、复旦大学、上海酵母厂、南通油酒厂等单位开展联合攻关，成功开发了薯干液体深层发酵技术和离子交换法提取工艺技术，并完成了生产性试验，极大推动了我国柠檬酸生产工业的发展。

20 世纪 70 年代中期至 80 年代是我国柠檬酸菌种选育的高峰期，先后选育出 5 代薯干原料高产菌株和适应淀粉、木薯、葡萄糖、糖蜜等原料的优良菌株。

1995 年，蚌埠柠檬酸厂〔中粮生物化学（安徽）股份有限公司的前身，以下简称"中粮生化"〕开发出了玉米去渣发酵新工艺，同年黑龙江甘南柠檬酸厂玉米干法脱胚发酵工艺也成功投产。

2009 年，中粮生化柠檬酸厂在全国首先提出并在生产上成功应用了"一步氢钙法提取柠檬酸新工艺"。以玉米为原料的柠檬酸清洁生产工艺的成功，使我国的柠檬酸工业进入了一个新的发展时期（见图 1-1）。

图 1-1　柠檬酸发展简史图

1.2　柠檬酸工业发展现状

1.2.1　柠檬酸生产技术

21 世纪初，我国成为全世界柠檬酸生产大国。特别是 2004 年以来，我国柠檬酸行业经过数年的整合与发展，取得了巨大的发展与进步，进入世界柠檬酸生产强国行列。

我国柠檬酸发酵水平已经从 20 世纪 90 年代的产酸浓度 14% 提高到目前的 18% 以上，周期缩短到 60h 左右，糖酸转化率也由之前的 95% 提高到 100% 以上。

2009 年，中粮生化在传统的"钙盐法"提取工艺基础上发明了"氢钙法"工艺，成功实现产业化并在整个行业推广。"氢钙法"的实施，使辅料硫酸和碳酸钙消耗减少了三分之一以上，硫酸钙废渣和二氧化碳废气排放也减少三分之一以上（见表 1-1）。同时，许多企业开始尝试色谱法、萃取法提取柠檬酸工艺并实现产业化。此外，柠檬酸生产装备技术也取得较大进步，在线尾气调控使传统的粗放式发酵向精细化发展，强制循环结晶（forced circulation crystallizer）模式向控制结晶发展，单效、二效蒸发向三效、四效、蒸汽热力再压缩技术（thermal vapour recompression）、蒸汽机械再压缩技术（mechanical vapor recompression）等新型蒸发装置发展，能源消耗大幅度降低。同时，自动化程度的提升，也大大降低了劳动力成本。

表 1-1　中国柠檬酸技术提升指标

时间	产酸/%	转化率/%	碳酸钙消耗/(t/t)	硫酸消耗/(t/t)	二氧化碳排放/(t/t)	一水硫酸钙排放/(t/t)
20 世纪 90 年代	14.0	95.0	0.89	0.88	0.39	1.53
2015 年	17.5	100.0	0.52	0.49	0.22	0.89

1.2.2　柠檬酸市场状况

1.2.2.1　市场供应

2014 年，全球主要有 14 家柠檬酸生产企业（见表 1-2），规模前五名企业有四家在中国，山东潍坊英轩排名第一，国外最大的柠檬酸企业为 Jungbunzlauer。2005～2015 年，我国柠檬酸产能年均增长率为 7.5%（见图 1-2），从产能或是产量来看，中国都是全世界最大的柠檬酸生产国。

表 1-2　2014 年全球主要柠檬酸生产企业情况

序号	企业名称	所在国家	产能/万吨	产量/万吨	开工率
1	潍坊英轩	中国	50	41	82%
2	鲁信金禾	中国	27	19.5	72%
3	柠檬生化	中国	27	21	78%
4	中粮生化(含泰国)	中国	23	18.5	80%
5	Jungbunzlauer	奥地利	15	14	90%
		加拿大	6	5	
6	宜兴协联	中国	20	15	75%
7	Tate&Lyle	巴西	4	3.6	90%
		哥伦比亚	4	3.5	
		美国	6	5.5	

续表

序号	企业名称	所在国家	产能/万吨	产量/万吨	开工率
8	Cargill	巴西	3	3	90%
		美国	10	9	
9	莱芜泰禾	中国	12	8.5	70%
10	CBT	比利时	12	11	92%
11	ADM	美国	10	9	90%
12	阳光生化	泰国	6	5	83%
13	宁朗	泰国	4	2	50%
14	其他	泰国	25	1.5	6%
合计			264	196	75%

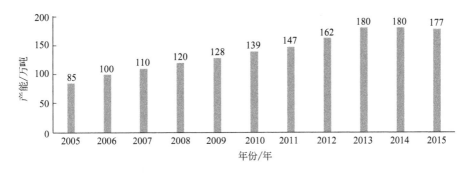

图 1-2　2005～2015 年我国柠檬酸的产能情况

1.2.2.2　市场需求

柠檬酸应用领域广泛，需求行业相对集中，其中饮料、食品行业需求比例最大（见图 1-3），约占 67%。洗涤行业处于第二位，约占 24%，随着发展中国家环保意识的增强，洗涤行业对柠檬酸需求量呈逐渐上升趋势。全球最大的需求地区为美洲，年需求量约 70 万吨，其中北美地区年需求量约 50 万吨，该区域内美国需求量排名第一，年需求量约 42 万吨。欧洲市场年需求量约为 60 万吨。亚太市场中中国年需求量最大，约为 25 万吨（见图 1-4）。

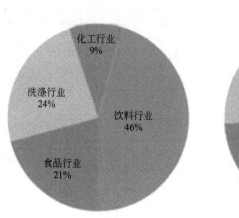
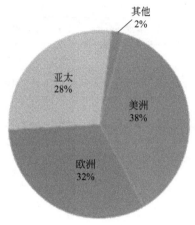

图 1-3 全球柠檬酸需求行业分布图　　　图 1-4 全球柠檬酸需求区域分布

1.3 柠檬酸理化性质

1.3.1 柠檬酸的命名

柠檬酸又名枸橼酸，学名 2-羟基丙烷三羧酸、2-羟基丙烷-1,2,3-三羧酸。分子式 $C_6H_8O_7$，分子量为 192.13，分子结构式如下：

$$
\begin{array}{c}
CH_2COOH \\
| \\
HO-C-COOH \\
| \\
CH_2COOH
\end{array}
$$

生产中可获得两种柠檬酸产品，一种是一水合柠檬酸（$C_6H_8O_7 \cdot H_2O$，分子量为 210.14），带一个结晶水；另一种是无水柠檬酸（$C_6H_8O_7$，分子量为 192.13）。

1.3.2 柠檬酸的物理性质

柠檬酸是无色透明或半透明晶体，以颗粒或粉状等形式存在，无臭且具有强烈的酸味。

1.3.2.1 晶体形态和性质

无水柠檬酸和一水柠檬酸的结晶条件不同，晶体形态不同。两种柠檬酸的晶体形态见图 1-5。

　　无水柠檬酸是在高温浓缩过程中结晶析出的，过程温度通常控制在60℃左右，经离心分离、烘干后得到产品，熔点为153℃，相对密度1.665。无水柠檬酸晶体形态为单斜晶系的棱柱形-双菱锥体，锥角99°7′，晶轴 $a:b:c=1.936:1:1.5$。

　　一水柠檬酸是柠檬酸母液经过降温结晶获得，过程温度控制在36.6℃以下，经离心分离、烘干后得到产品，含结晶水8.58%，熔点70～75℃，相对密度1.542。一水柠檬酸晶体为斜方棱晶，晶体较大，晶轴 $a:b:c=0.6068:1:0.4106$，折射率 n_0^{20} 为1.493～1.509。在干燥空气中放置一段时间，产品会失去结晶水而风化。缓慢加热时，晶体会在50～70℃开始失水，70～75℃软化并开始熔化，130℃时完全失去结晶水，在135～152℃范围内完全熔化。遇到剧烈加热时，在100℃开始熔化、结块，脱水变为无水柠檬酸，继续加热时至153℃熔化。

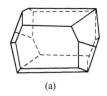　　

(a)　　　　　　　　　　(b)

图1-5　两种柠檬酸的晶体形态
(a) 无水柠檬酸；(b) 一水柠檬酸

1.3.2.2　柠檬酸在水和有机溶剂中的溶解度

　　柠檬酸分子结构中含有羧基和羟基，因此极易溶于水，溶解度随温度升高而增大，与温度呈直线关系，在36.6℃处斜率发生变化，这个变化点是一水柠檬酸向无水柠檬酸转化的临界温度。低于转折点时，溶解度曲线可以用式(1-1) 表示：

$$\omega = 49.9300 + 0.5303t \tag{1-1}$$

高于转折点时，可以式(1-2) 表示：

$$\omega' = 59.8730 + 2.2117\left(\frac{t}{10}\right) + 0.03079\left(\frac{t}{10}\right)^2 \tag{1-2}$$

　　式中，ω 和 ω' 是在温度 t(℃) 下的溶解度（%）。

　　按上述公式(1-1) 和公式(1-2) 计算出的柠檬酸溶解度与表1-3中实际测定值基本吻合。生产上常用质量分数表示柠檬酸溶解度，与溶解度的定义（即100g 水中达到饱和时溶解的柠檬酸质量）存在一一对应关系。

　　柠檬酸可溶于乙醇，微溶于乙醚，不溶于苯、甲苯、二硫化碳、四氯化碳和脂肪酸。柠檬酸在乙醇水溶液中的溶解度见表1-4。

表 1-3   柠檬酸在水中的溶解度与存在形式

温度/℃	溶解度/%	固相物质
10	54.0	一水柠檬酸
20	59.2	一水柠檬酸
30	64.3	一水柠檬酸
36.6	67.3	一水柠檬酸和无水柠檬酸
40	68.6	无水柠檬酸
50	70.9	无水柠檬酸
60	73.5	无水柠檬酸
70	76.2	无水柠檬酸
80	78.8	无水柠檬酸
90	81.4	无水柠檬酸
100	84.0	无水柠檬酸

表 1-4   柠檬酸在乙醇水溶液中的溶解度（25℃）

乙醇质量分数/%	一水柠檬酸		无水柠檬酸	
	饱和溶液密度/(g/mL)	溶解度/%	饱和溶液密度/(g/mL)	溶解度/%
20	1.286	66.0	1.297	62.3
40	1.257	64.3	1.246	59.0
50	1.237	63.3	—	—
60	1.216	62.0	1.190	54.8
80	1.163	58.1	1.120	48.5
100	1.068	49.8	1.010	38.3

1.3.2.3   柠檬酸水溶液的性质

（1）凝固点和沸点   柠檬酸水溶液的凝固点随浓度的增加而下降，沸点随浓度的增加而升高（见表 1-5）。这是有机酸水溶液普遍的物理化学性质，是柠檬酸提取工艺中必须考虑的性质。

（2）密度   柠檬酸水溶液的密度可以由式（1-3）计算得到：

$$\rho = (1.01 + 0.47\omega) \times 10^3 - 0.51t \tag{1-3}$$

式中，ρ 为密度，kg/m^3；ω 为柠檬酸质量分数，%；t 为温度，℃。

表 1-5 柠檬酸水溶液的凝固点和沸点与浓度的关系

浓度/(mol/kg 水)	凝固点下降值/℃	沸点升高值/℃
0.01	0.023	—
0.05	0.042	—
0.10	0.203	—
0.50	0.965	0.284
1.00	1.940	0.577
2.00	1.000	1.214
5.00		3.512
10.00		8.390
20.00		16.600

注：均以纯水为基准。

（3）黏度和表面张力　柠檬酸水溶液在 0～100℃ 范围内的动力黏度可以用式(1-4) 表示：

$$\eta = \eta_0 \exp\left(7.4\omega^{1.65} \times \frac{100}{100+t}\right) \tag{1-4}$$

式中，η 为柠檬酸溶液的动力黏度，Pa·s；η_0 为同温度下水的动力黏度，Pa·s；t 为温度，℃；ω 为柠檬酸的质量分数，%。

水的动力黏度可由化学手册查得或依式(1-5) 计算：

$$\eta_0 = 0.0018\exp\left(-3.3 \times \frac{100}{100+t}\right) \tag{1-5}$$

柠檬酸水溶液在空气中的表面张力可以按式(1-6) 计算：

$$\sigma = \sigma_0 - 15(1-0.01t)\frac{\omega}{\omega+0.5} \tag{1-6}$$

式中，σ 为溶液的表面张力，N/m；σ_0 为同温度下水的表面张力，N/m；ω 为柠檬酸的质量分数，%；t 为温度，℃。

柠檬酸溶液与蒸汽接界的表面张力与空气中的表面张力相比，变化不大于 0.3%，一般处于允许的误差范围之内。

（4）真空下的沸点　柠檬酸水溶液浓缩时需要减压蒸馏，在减压时沸点降低，具体数据可参考表 1-6。

表 1-6　柠檬酸溶液在不同压力下的沸腾温度　　　　单位：℃

质量浓度 /(g/L)	压力/kPa								
	101.33(常压)	47.99	34.65	21.33	18.66	14.66	10.66	8.00	5.33
250	100.6	81.4	73.1	62.2	59.2	54.2	47.7	42.1	34.7
300	100.7	81.5	73.2	62.3	59.3	54.3	47.8	42.2	34.8
350	100.8	81.6	73.3	62.4	59.4	54.4	47.9	42.3	34.9
400	100.9	81.7	73.4	62.5	59.5	54.5	48.0	42.4	35.0
450	101.1	81.9	73.6	62.7	59.7	54.7	48.2	42.6	35.2
500	101.2	82.0	73.7	62.8	59.8	54.8	48.3	42.7	35.3
550	101.6	82.4	74.1	63.2	60.2	55.2	48.7	43.1	35.7
600	101.9	82.7	74.4	63.5	60.5	55.5	49.0	43.4	36.0
650	102.3	83.1	74.8	63.9	60.9	55.9	49.4	43.8	36.4
700	102.5	83.3	75.0	64.1	61.1	56.1	49.6	44.0	36.6
750	103.3	84.1	75.8	64.9	61.9	56.9	50.6	44.8	37.4
800	104.0	84.8	76.5	65.6	62.6	57.6	51.1	45.5	38.1
850	105.4	86.2	77.9	67.0	64.0	59.4	52.5	46.9	39.5
900	106.4	87.2	78.9	68.0	65.0	60.4	53.5	47.9	40.5
950	107.9	88.7	80.4	69.5	66.5	61.9	55.0	49.4	42.0
1000	108.8	89.6	81.3	70.4	67.4	62.9	55.9	50.3	42.9
1050	109.9	90.7	82.4	71.5	68.5	63.9	57.0	51.4	44.0
1100	110.7	91.6	83.2	72.3	69.3	64.7	57.8	52.2	44.8

（5）比热容　柠檬酸水溶液的比热容可以按式(1-7)近似计算：

$$c = (0.99 - 0.66\omega + 0.0010t) \times 4.19 \qquad (1-7)$$

式中，c 为比热容，kJ/(kg·℃)；ω 为柠檬酸的质量分数，%；t 为温度，℃。

1.3.3　柠檬酸的化学性质

1.3.3.1　酸性与电离

柠檬酸是一种较强的有机酸，有 3 个 H^+ 可以电离：

$$H_3Ci + H_2O \xrightleftharpoons{K_1} H_2Ci^- + H_3O^+$$

$$H_2Ci^- + H_2O \xrightleftharpoons{K_2} HCi^{2-} + H_3O^+$$

$$HCi^{2-} + H_2O \xrightleftharpoons{K_3} Ci^{3-} + H_3O^+$$

Ci 代表柠檬酸根，各级电离常数的负对数（pK）见表 1-7。其中，一级和二级电离常数都随温度升高而增大，而三级电离常数在 0～10℃ 范围内随温度上升略有增大，随后减小。柠檬酸溶液的酸度见表 1-8。

表 1-7　柠檬酸在水中的电离常数

温度/℃	一级电离常数	二级电离常数	三级电离常数	温度/℃	一级电离常数	二级电离常数	三级电离常数
0	3.220	4.837	6.393	30	3.116	4.755	6.406
5	3.200	4.813	6.386	35	3.109	4.751	6.423
10	3.176	4.197	6.383	40	3.099	4.700	6.439
15	3.160	4.782	6.384	45	3.097	4.754	6.462
20	3.142	4.769	6.388	50	3.095	4.754	6.484
25	3.128	4.761	6.396				

表 1-8　柠檬酸溶液的酸度

浓度/(mol/L)	游离酸度/%	H+浓度/(mol/L)	pH
0.001	60.2	0.0006	3.22
0.002	47.4	0.0009	2.95
0.003	39.8	0.0012	2.92
0.004	36.0	0.0014	2.85
0.005	33.1	0.0017	2.77
0.006	30.8	0.0018	2.74
0.007	28.9	0.0020	2.70
0.008	27.6	0.0022	2.66
0.009	25.9	0.0023	2.64
0.01	25.0	0.0025	2.60
0.02	18.3	0.0037	2.43
0.03	15.5	0.0047	2.33

续表

浓度/(mol/L)	游离酸度/%	H^+浓度/(mol/L)	pH
0.04	13.8	0.0055	2.26
0.05	12.5	0.0063	2.20
0.06	11.5	0.0069	2.16
0.07	10.7	0.0075	2.12
0.08	10.1	0.0081	2.09
0.09	9.5	0.0086	2.07
0.10	9.1	0.0091	2.04
0.20	6.1	0.0120	1.92
0.30	4.7	0.0140	1.85
0.40	4.0	0.0160	1.80
0.50	3.5	0.0180	1.74
0.60	3.1	0.0190	1.72
0.70	3.0	0.0210	1.68
0.80	2.9	0.0230	1.64
0.90	2.8	0.0250	1.60
1.00	2.7	0.0270	1.57
2.00	1.8	0.0360	1.44

1.3.3.2 化学反应

(1) 脱水、脱羧反应　柠檬酸与发烟硫酸混合，在常温下脱水生成乌头酸，加热条件下脱羧生成 3-酮戊二酸。柠檬酸与浓硫酸混合，加热至 40℃时生成丙酮、CO、CO_2 等，加热至 150℃时生成乌头酸酐，加热至 200℃时生成双康酸、CO、CO_2 等。

当硫酸浓度低于 94%时，低温时反应生成 3-酮戊二酸。当硫酸浓度低于60%时，加热时反应生成乌头酸。

(2) 酯化反应　柠檬酸与甘油按不同比例混合，在不同的加热条件下，可获得不同的反应产物。在柠檬酸与甘油混合干馏条件下反应生产丙酮、CO、CO_2和甘油内醚丙酮酸酯。当柠檬酸与甘油混合加热至 100℃时，反应生成柠檬酸甘油酯；如果甘油用量较多，加热至 170℃时反应得到香茅二甘油（citrodiglycerin，$C_{12}H_{18}O_{11}$）。当柠檬酸与甘油按照 1∶3 的摩尔比共热时，反应生成柠檬酸三甘油酯。

　　无水柠檬酸与硝酸、硫酸按照摩尔比 1∶1∶2 混合，反应生产硝酸甘油酯 $C_3H_5(ONO_2)(COOH)_3$。

1.3.3.3　酸碱中和反应

　　柠檬酸的常规酸碱中和反应可以生产各种盐类。

1.3.3.4　其他反应

　　柠檬酸与 K_2CO_3 或 KOH 或硝酸共熔得到草酸和乙酸及盐类。

　　柠檬酸与钠盐（如氯化钠）加石灰干馏得到丙酮。

　　柠檬酸在碱液中煮沸反应得到丙烯酸。

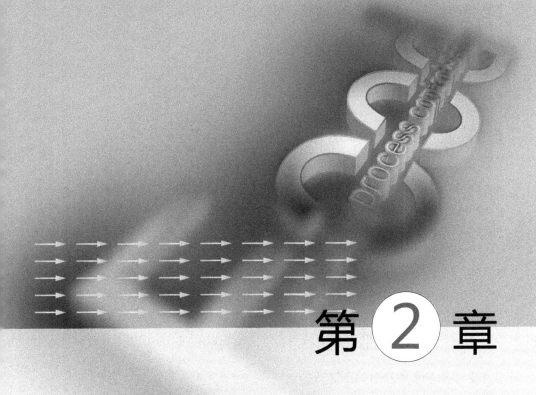

第 ② 章

柠檬酸发酵机理及微生物选育

2.1 柠檬酸生产菌株

2.1.1 柠檬酸生产菌概述

微生物发酵法是柠檬酸工业化生产的最主要方法，全球约99％的产品是由发酵法生产的。微生物发酵生产柠檬酸分为酵母发酵法与黑曲霉发酵法。解脂耶氏酵母可以利用不同种类碳源如烷烃类及葡萄糖等积累大量柠檬酸，但酵母发酵过程中同时积累大量副产物异柠檬酸（5％～10％），造成后续柠檬酸分离纯化困难，限制了规模化应用。黑曲霉是食品级安全的丝状真菌，黑曲霉具有酶系丰富、发酵产柠檬酸效率高、副产物少等优势，能够很好地调控糖酵解的通量，以及柠檬酸从线粒体和细胞质的分泌，是发酵生产柠檬酸的主要菌种。现代工业化生产的黑曲霉种子仍然沿用传统二级培养方式，首先要培养成熟的黑曲霉的孢子，然后由孢子接种培养成熟的菌丝球，最后转接发酵培养产生大量柠檬酸。

2.1.2 黑曲霉生产柠檬酸历史

Wehmer 于 1893 年在灰绿青霉（*Penicillium glaucum*）蔗糖培养基首次发现产生柠檬酸；1913 年，Zahorski 在美国获得一株菌株并通过以蔗糖溶液发酵生产柠檬酸的方法，*Sterigmatacystis nigra* 被证明为黑曲霉属；1916 年 Currie 发现黑曲霉（*Aspergillus niger*）菌株能够显著地进行柠檬酸积累；1919 年，比利时用浅盘法成功地进行了柠檬酸发酵的生产。1923 年美国 Pfizer 公司开始大规模用浅盘法发酵生产柠檬酸；1952 年美国 Miles 公司首先采用深层发酵法大规模生产柠檬酸，深层发酵法生产柠檬酸才逐步建立起来。液体深层发酵柠檬酸周期短，产率高，节省劳动力，占地面积小，便于实现仪表控制和连续化，现已成为柠檬酸生产的主要方法。

我国用发酵法制取柠檬酸以 1942 年汤腾汉等报告为最早。1952 年陈陶声等人开始进行发酵法制备柠檬酸的研究，20 世纪 50 年代末金培松、方心芳、金其荣等，对柠檬酸生产菌种的选育和发酵工艺技术做了大量有益的研究工作。20 世纪 70～90 年代，是我国柠檬酸新菌种的高产期，参与此项研究工作的有上海、天津、北京、四川、沈阳、黑龙江等地的科研单位，以及复旦大学、无锡轻工业学院（现为江南大学）等大专院校。尤以上海、天津两个工业微生物研究所的成果最多。其中，上海食品工业公司组成的二所一院（上海新型发酵厂、上海酵母厂和上海工业微生物研究所）柠檬酸菌种筛选小组，先后选育出 D353、5016、3008、Co827 四代薯干发酵菌种。同期，天津工业微生物研究所选出的 γ-144、 γ-144-131、T-419，复旦大学的 G2B8 等优良菌株，为我国柠檬酸工业的发展做出了卓越的贡献。此后，上海、天津两个工业微生物研究所根据地区原料优势又分别选出了适用于木薯、各种淀粉、糖蜜、葡萄糖母液等原料的菌株。我国现有菌种对原料的适应性较强，但现有生产菌种 Co827 相对产酸水平仍较低，且由于自然变异，或由于保存不当，往往导致菌种的退化，须在生产中不断地进行大量的分离筛选，以确保生产水平的稳定。20 世纪 60 年代原轻工部食品发酵研究所与哈尔滨和平糖厂合作，创建了我国第一个以糖蜜为原料、浅盘法发酵柠檬酸生产车间，为我国柠檬酸工业化生产打下了基础。1966 年前后由上海、天津等地相继选育菌种进行薯干原料深层法发酵柠檬酸的试验；1969 年在上海首先进行了 50m³ 罐试生产成功后，我国各地陆续建立了以深层发酵法生产柠檬酸的企业；1997 年，薛培俭等人申请了以玉米粉直接发酵柠檬酸专利，使我国柠檬酸行业得到跨越式发展，走在世界前列。

2.1.3 黑曲霉特征

黑曲霉是曲霉属真菌中的一个常见种，属于半知菌亚门、丝孢纲、丛梗孢科。黑曲霉具有球形顶囊，双层小梗，分生孢子头为黑褐色呈放射状，菌丝发达多分枝，具有长短不一的分生孢子梗。黑曲霉是一种广泛存在于自然界的腐生真菌，在粮食、植物性产品和土壤中十分常见。目前，黑曲霉已经被广泛地应用于工业酶制剂、有机酸发酵等领域，是一种非常重要的工业发酵微生物。黑曲霉具有出色的酶分泌能力，能够分泌葡萄糖氧化酶、纤维素酶、淀粉酶、果胶酶、蛋白酶等 30 余种酶制剂，黑曲霉还被开发为通用的异源蛋白表达载体。黑曲霉是柠檬酸、葡糖酸和没食子酸等多种有机酸的重要工业生产菌。另外黑曲霉也是制醋、制酱、酿酒的主要生产菌种，在农业上黑曲霉可用于糖化饲料的生产。

2.2 柠檬酸生产菌代谢特征

2.2.1 黑曲霉生产柠檬酸的合成途径

黑曲霉利用糖类发酵产生柠檬酸，其合成途径普遍认为是葡萄糖经 EMP 途径降解生成丙酮酸，丙酮酸一方面氧化脱羧生成乙酰 CoA，另一方面经 CO_2 固定生成草酰乙酸，草酰乙酸再与乙酰 CoA 缩合生成柠檬酸，如图 2-1 所示。这一过程已被多位学者研究证实。

由葡萄糖发酵生成柠檬酸的理想途径，即葡萄糖生成柠檬酸过程中的碳平衡和能量代谢过程，在碳平衡方面没有碳原子的损失，在乙酰 CoA 和草酰乙酸缩合时还从水中引入一个氧原子，总反应式为：

$$C_6H_{12}O_6 + 1.5O_2 \longrightarrow C_6H_8O_7 + 2H_2O$$

可见柠檬酸发酵对糖的理论转化率为 106.7%，以含一个结晶水的柠檬酸计算时转化率为 116.7%。在能量代谢方面，1 个葡萄糖分子经 EMP 途径分解代谢，由底物水平磷酸化可产生 4 个 ATP，由氧化磷酸化可产生 6 个 ATP，去除葡萄糖磷酸化时消耗 2 个 ATP，则净生成 8 个 ATP，但黑曲霉中存有别于正常呼吸链的侧呼吸链，其不产生 ATP，因此实际产生的 ATP 数应少于 8 个。

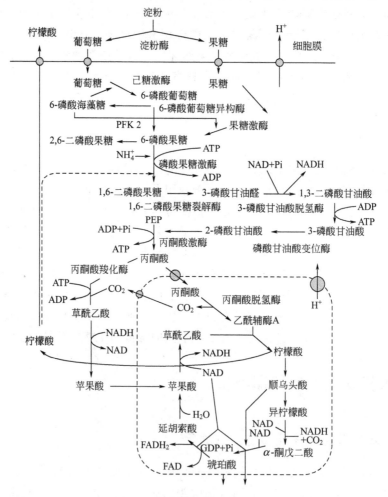

图 2-1 黑曲霉柠檬酸代谢途径

2.2.2 黑曲霉生产柠檬酸过程中的代谢调节

柠檬酸是三羧酸循环中的一种重要组分，是微生物中广泛存在的一种重要有机酸。一般在微生物细胞中合成的柠檬酸要进一步经 TCA 循环合成其他有机酸，以生成细胞物质的中间体或彻底氧化为能量，所以正常生长的细胞内不会过量地积累柠檬酸。黑曲霉之所以能够大量积累柠檬酸，其原因大致可以归纳为以下几点：①糖酵解途径代谢调控；②TCA 循环调控；③能荷代谢调控；④盐离子 Mn^{2+}、NH_4^+ 和 Al^{3+} 的调节。

（1）糖酵解途径代谢调控　磷酸果糖激酶（PFK）是糖酵解途径的关键酶，能够被 NH_4^+、AMP 和 Pi 激活，但受到 Mn^{2+}、ATP 及正常生理浓度柠檬酸的抑制。在柠檬酸发酵过程中微生物体内的 NH_4^+ 有效解除了高浓度柠檬酸对磷酸果糖激酶的抑制作用，保证了糖酵解途径的顺畅进行和柠檬酸的大量合成。发酵时要保持高浓度的 NH_4^+，可以在培养过程中补充适当的铵盐，还可以降低发酵液中锰离子的浓度水平，锰离子处于低浓度时，菌体蛋白质及核酸的合成受到阻碍，而外源蛋白的分解不受影响，保持 NH_4^+ 处于较高浓度。

丙酮酸激酶是真菌中酵解途径的第二个调节酶，其为 NH_4^+ 和 K^+ 所激活。丙酮酸是黑曲霉柠檬酸发酵代谢途径中的一个十分重要的分支点，其既可以由丙酮酸脱氢酶催化脱羧生成乙酰 CoA，也可以由丙酮酸羧化酶催化通过固定 CO_2 生成草酰乙酸。保持丙酮酸这两个反应的平衡是获得柠檬酸高产的重要条件之一。丙酮酸羧化酶为组成性酶，调节性很差，不为乙酰 CoA 抑制，α-酮戊二酸对其仅有微弱的抑制作用。

（2）TCA 循环调控　TCA 循环的代谢调节主要集中对关键酶柠檬酸合成酶、顺乌头酸酶及异柠檬酸脱氢酶的调节作用上。柠檬酸合成酶是 TCA 循环的第一个酶，属于组合型酶，其对乙酰 CoA 和 ATP 敏感，ATP-Mg 络合物对其只有微弱的抑制作用。因为在细胞中 ATP 以 ATP-Mg 络合物的形式存在，所以 ATP 对其的调节不明显。柠檬酸合成酶对于乙酰 CoA 和草酰乙酸的亲和能力主要取决于二者的浓度。乙酰 CoA 对其的作用受草酰乙酸浓度的影响，在柠檬酸积累的情况下，草酰乙酸的浓度可提高其对乙酰 CoA 的亲和力。顺乌头酸酶活性的减弱或丧失是阻断 TCA 循环，柠檬酸开始积累的重要条件，虽然此酶为铁依赖型，但是对于黑曲霉而言，无论介质中是否存在 Fe^{2+}，顺乌头酸水合酶催化时建立起了柠檬酸：顺乌头酸：异柠檬酸＝90：3：7 的平衡，顺乌头酸水合酶的作用总是趋向于合成柠檬酸，当柠檬酸浓度达到一定水平，发酵液 pH 下降，抑制了顺乌头酸酶活性，进一步阻止了柠檬酸的分解同时会抑制异柠檬酸脱氢酶的活力，从而进一步增加柠檬酸的积累。黑曲霉中存在三种电子受体不同的异柠檬酸脱氢酶，一种存在于线粒体中，以 NAD^+ 为辅酶；另外两种分别存在于线粒体和细胞质中，以 $NADP^+$ 为辅酶。在柠檬酸发酵过程中，这三种酶的活性受到抑制，阻止了 TCA 循环的进行，促进了柠檬酸的积累。

α-酮戊二酸脱氢酶受高浓度葡萄糖和 NH_4^+ 的抑制，因此当以葡萄糖为碳源，黑曲霉发酵生产柠檬酸时，菌体内不存在 α-酮戊二酸脱氢酶或活力很低，其一方面使黑曲霉中的 TCA 循环变成了"马蹄形"，降低细胞内 ATP 的浓度，减弱 TCA 循环；另一方面也使 α-酮戊二酸浓度增加，抑制异柠檬酸脱氢酶，降低了柠檬酸在细胞内的自我分解。

（3）能荷代谢调控　柠檬酸合成途径会产生一定量的 NADH，因此需要电子传递链及时将其转化为 NAD^+。1 分子 NADH 经过这一过程会产生 3 分子的 ATP，而 ATP 浓度增加又会抑制磷酸果糖激酶，对柠檬酸的合成不利。研究表明，黑曲霉中除了标准呼吸链外，还存在一条受到水杨基氧肟酸（SHAM）抑制的呼吸链，即侧呼吸链（图 2-2）。NADH 通过这条呼吸链能够正常传递 H^+，却不发生氧化磷酸化产生 ATP。这使得细胞内的 ATP 浓度下降，进而减轻了 ATP 对磷酸果糖激酶（PFK）、柠檬酸合酶（CS）的反馈抑制，促进了 EMP 途径的畅通，增加了柠檬酸的合成。侧呼吸链对 SHAM 敏感，在黑曲霉生长期时，其不受 SHAM 的抑制；当黑曲霉进入产酸期时，其受到 SHAM 的强烈抑制，当缺氧时，即便是极为短暂的断氧，侧呼吸链也会发生不可逆的失活，即使恢复供氧，标准呼吸链复活，但侧呼吸链无法恢复，故对产酸速率有很大的影响。因此在柠檬酸发酵过程中，特别是产酸期，一定要保证氧气的供给，以保证足够多的 NADH 通过侧呼吸链将 H^+ 交给 O_2 生成 H_2O，使呼吸链产生的 ATP 减少，解除 ATP 对 PFK 酶的反馈抑制，进而增加 EMP 途径的代谢流，提高丙酮酸和草酰乙酸的浓度，提高柠檬酸的产率。

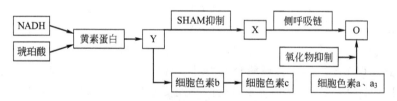

图 2-2　黑曲霉的标准呼吸链和侧呼吸链

（4）盐离子 Mn^{2+}、NH_4^+ 和 Al^{3+} 的调节　对比 Mn^{2+} 缺乏和 Mn^{2+} 丰富的培养基，发现黑曲霉在 Mn^{2+} 缺乏的培养基中菌体内戊糖磷酸途径（HMP）和三羧酸循环（TCA）的脱氢酶活力显著下降，乙醛酸循环的脱氢酶也几乎没有活力。导致 HMP 途径和 TCA 循环水平降低，菌体生长的蛋白质、脂肪和核酸的含量明显下降，但氨基酸和 NH_4^+ 浓度有所增加，丙酮酸和草酰乙酸浓度增加，柠檬酸大量积累。当黑曲霉在 Mn^{2+} 缺乏的高糖培养基上生长时，细胞内的 NH_4^+ 浓度显得异常偏高，NH_4^+ 达到 25mmol/L，随后出现谷氨酰胺、谷氨酸、精氨酸、鸟氨酸和 γ-氨基丁酸的分泌和积累，使得 NH_4^+ 对细胞的毒性被解除。

在 Mn^{2+} 丰富时，通过添加环己酰亚胺（一种蛋白质合成抑制剂），从而抵消 Mn^{2+} 作用可促进 NH_4^+ 和氨基酸的积累，据此推测，NH_4^+ 的积累是因细胞蛋白质的再合成受损而引起的。Mn^{2+} 是催化核糖核酸形成时第一步反应酶所需要的金属离子，如果缺乏 Mn^{2+}，核酸和蛋白质的合成就会受阻，而使细胞内的 NH_4^+ 浓度增加，NH_4^+ 浓度的增加可以解除柠檬酸和 ATP 对 PFK 酶的抑制，从而可以增加 EMP 途径的代谢流，使丙酮酸和草酰乙酸的浓度增加，进而使柠檬酸大量积累。

Al^{3+} 诱导有机酸分泌是作物解铝毒的一种重要机制，然而关于 Al^{3+} 如何诱导有机酸分泌的机理并不清楚。Li 等报道了小黑麦分泌柠檬酸与根尖柠檬酸合酶活性升高有关；另外研究发现，铝诱导有机酸分泌还与位于根系质膜上的苹果酸转运子基因和柠檬酸转运子基因的调控有关，这些研究为进一步阐明铝诱导有机酸分泌的调节机制奠定了一定的基础。

2.3　柠檬酸生产菌的诱变筛选

自 20 世纪初开始用微生物生产柠檬酸以来，人们对生产柠檬酸的菌种进行了几十年的诱变研究，我国在此方面积累了丰富的经验。目前我国常用的诱变因子有：亚硝基胍（NTG）、硫酸二乙酯（DES）、^{60}Co-γ 射线、紫外线、激光、氮离子（N^+）注入等。利用这些诱变因子在黑曲霉育种工作中已取得了很多成果，并证明了理化复合诱变的方法比用单一的物理或化学方法更为有效。

2.3.1　^{60}Co-γ 辐射及复合诱变育种

20 世纪 50 年代末和 60 年代初，我国开始进行柠檬酸发酵的菌种研究，70 年代中期到 80 年代是我国柠檬酸菌种选育的高峰期，先后选育出了五代薯干原料高产菌株和适应淀粉、木薯、葡萄糖母液、蜜糖等原料的优良菌株。上海工业微生物研究所从土壤中经酸性平板分离获得的野生黑曲霉 628 作为出发菌株，经多次 ^{60}Co-γ 射线和硫酸二乙酯等复合诱变，获得了高产柠檬酸菌株 Co827。该菌株可直接利用薯干粉发酵，产酸达 12%～13%，平均转化率为 95%，发酵周期 54～64h，发酵指数 1.8～2.0kg/(m³·h)。朱亨政利用 ^{60}Co-γ 射线反复处理 Co827，获得变异株 Co8-60-7，实验室摇瓶产酸可达 23% 以上，转化率 100%，发酵周期 120h。经过连续 5 批 6m³ 发酵罐中间试验，Co8-60-7 平均产酸 19.05%，转化率 95%，发酵周期 117.8h，大生产产酸稳定在 18% 以上。江南大学以黑曲霉 H-142 为出发菌株，通过 γ 射线、硫酸二乙酯、高温单独或复合诱变处理，通过高温、高酸及高渗培养条件的定向筛选获得 HQL-601 菌种。它的发酵温度为 40～41℃，周期 60～64h，20％薯干粉摇瓶产酸 13％，其柠檬酸纯度明显优于现有发酵菌。杨庆文等从 91 株黑曲霉中筛选出菌株 A-44，经 ^{60}Co-γ射线诱变，获得了一株利用马铃薯淀粉下脚料深层发酵柠檬酸的变异株 γ-115，当发酵培养基中马铃薯渣 13％、淀粉 10％时，摇瓶产酸达 132～149g/L，对淀粉的转化率达 83.50％～94.30％；当发酵培养基中马铃薯渣 10％、淀粉 6％时，30L 发酵罐产酸达 72～84g/L，对淀粉的转化率达 81.40％～94.32％。

2.3.2 离子注入及复合诱变育种

离子注入的生物学效应在本质上有别于辐射生物学效应，普遍认为离子注入相当于物理和化学诱变两者相结合的复合诱变效应。离子注入分为能量沉积、动量传递、粒子注入和电荷交换等四个反应过程。其作用机制较为复杂，很难用单一模式解释清楚。离子注入除具有能量沉积引起机体损伤的特征外，还具有动能交换产生的级联损伤，表现为遗传物质原子转移、重排或基因的缺失，还有慢化离子、移位原子和本底元素复合反应造成的化学损伤，以及电荷交换引起的生物分子电子转移造成的损伤。低能离子注入具有生理损伤小、突变率高等特点，能取得较高的正突变率。因此可将其用于动物和微生物的品种改良。郝捷应用低能离子注入诱变育种技术，对现有柠檬酸发酵菌进行改良，并改进了产柠檬酸高产菌的初筛方法。经过多次 N^+ 注入，选育遗传稳定的玉米原料发酵生产柠檬酸的高产菌株，其中 HN-2004 摇瓶发酵 96h，平均产酸 13.8％。尽管 HN-2004 的产酸比原始出发菌株提高了 50％，但仍存在发酵周期长、糖酸转化率低的问题。新疆大学在黑曲霉的育种中，首次尝试了应用两种核技术手段同时对黑曲霉进行诱变，并证实了采用 ^{60}Co-γ 辐照并复合 N^+ 注入方法的可行性，获得了 1 株发酵周期 72h、产酸 13.68％、转化率达 103.45％的 M3 代菌株 CN05。以 CN05 为出发菌株，经二次复合诱变，在实验室选育获得了发酵周期 72h、产酸 14.65％、转化率 96.07％的菌株 3-18。

2.3.3 微波诱变选育

微波作为一种高频电磁波，能刺激水、蛋白质、核苷酸、脂肪和碳水化合物等极性分子快速振动。在 2450MHz 频率作用下，水分子能在 1s 内 180 度来回振动 $24.5×10^6$ 次。这种振动能引起摩擦，因此可以使得单孢子悬液内 DNA 分子间强烈摩擦，孢子内 DNA 分子氢键和碱基堆积化学力受损，使得 DNA 结构发生变化，从而发生遗传变异。微波具有传导作用和极强的穿透力，在引起细胞壁分子间强烈振动和摩擦时，改变其通透性，使细胞内含物迅速向胞外渗透。在试验中，究竟是微波辐射直接作用于微生物 DNA 引起变异，还是其穿透力使细胞壁通透性增加导致核质变换而引起突变，目前尚不明了，有待进一步研究。与其他诱变方式相比，微波诱变具有操作简单、安全、变异率高、辐射损伤轻等优点。而微波与其他诱变剂的复合处理，也具有潜在的诱人的诱变效果。王德培和周婷采用 N^+ 注入和微波诱变相结合选育高产柠檬酸菌，N^+ 注入最适剂量为 $6\times10^{14}\sim2\times10^{15}\,cm^{-2}$，正突变率最高为 75.2%。当微波诱变处理累计时间在 $30\sim60s$ 时正突变率较大，微波诱变处理累计时间为 $40s$ 时正突变率达到最大 61.4%。结果获得一株产量较高的生产菌 TNB-5 在 30L 罐上重复 4 批实验中柠檬酸产量最高达到 18.2%，转化率最高为 103.3%，柠檬酸平均产量为 17.82%，转化率平均为 102.3%。李乃强等通过对一株宇佐美曲霉进行紫外线、微波和 ^{60}Co 的逐级诱变育种，使酸性蛋白酶产量从 $2800U/mL$ 提高到 $7200U/mL$，突变株经多次传代，产酶性能保持稳定。对突变株与出发株的发酵过程进行比较研究发现，突变株的最大产酶时间提前 10h 以上，而培养基 pH 值对产酶有一定影响。

2.3.4　激光及复合诱变育种

20 世纪 60 年代，激光作为一种新型光源出现，具有方向性好、亮度高、单色性好、可调谐等特点，能对生物体产生热效应、动力学效应、光效应和电磁效应等一系列效应，已被广泛应用于生命科学领域。洪厚胜等通过激光复合诱变从 246 株突变株中筛选出 1 株木薯粉柠檬酸发酵高产黑曲霉菌株 Wm1-016。该菌株在 $150m^3$ 生产性试验中表现出良好性能，10 罐批平均发酵周期 66.9h，平均产酸 16.14%，平均转化率 98.47%。

2.3.5　航天诱变育种

太空诱变育种也称航天育种，是随着航天技术的发展而产生的一种新的诱变育种方法，它是利用返回式航天器将农作物种子或供试诱变材料送到太空中，在强辐射、高真空、微重力、大温差、宇宙粒子、交变磁场和空间飞行动力学等太空条件下，使供试的种子或材料内部产生遗传性变异，选育新品种质和新材料。航天育种技术起源于 20 世纪 60 年代，苏联及美国的科学家开始将植物种子搭载卫星上天，开启了航天育种的先河。我国的航天育种研究开始于 1987 年，在先进的太空发射技术支持下，我国航天育种近年来得到飞速发展。到目前为止，我国利用航天诱变技术已培育水稻、小麦、玉米、大豆、青椒、番茄、黄瓜等许多农作物和一些花卉新品种（系）及优良菌种。

2.3.5.1　航天诱变的主要因素

（1）微重力　太空的重力环境明显不同于地面，未及地球上重力十分之一的微重力（$10^{-3}\sim10^{-6}g$）是引起遗传变异的重要原因之一。已有的研究结果还指出，微重力是通过增加对其他诱变因素的敏感性和干扰 DNA 损伤修复系统的正常运作，从而加剧生物变异，提高变异率。

（2）空间辐射 空间辐射源包括来自地磁场俘获的银河宇宙射线和太阳磁暴的各种电子、质子、低能重离子和高能重离子等。它们能穿透宇宙飞行器的外壁，作用于太空飞行器中的生物。研究结果表明，空间诱变与地面辐射处理发生的变异情况有许多类似之处，辐射敏化剂预处理能增加生物损伤。空间辐射主要导致生物系统遗传物质的损伤，如突变、肿瘤形成、染色体畸变、细胞失活、发育异常等。重离子辐射生物学研究的结果表明，质子、高能重离子等能非常有效地引起细胞内遗传物质 DNA 分子的双链断裂和细胞膜结构改变，且其中非重接性断裂的比例较高，从而对细胞有更强的杀伤及致突变和致癌能力。

（3）其他诱变因素 受各种空间因素综合作用的，包括高真空、交变磁场、航天器发射过程中的强振、飞行舱内的温度和湿度条件及其他未知因素。一般认为空间辐射和微重力的复合效应是主要的诱变因素。

2.3.5.2 航天诱变的优势

由于航天诱变同时具有微重力场、多种宇宙射线和高真空、交变磁场等多种因素，因此具有遗传物质突变效率高的显著优势：①诱变效率高，太空中的特殊条件对农作物种子具有强烈的诱变作用，可产生较高的变异率，其变异幅度大、频率高、类型丰富，有利于加速育种进程。②变异方向不定，由于多诱变因素同时存在，其诱变方向具有不确定性。③育种周期短，空间诱变一般在第 3～4 代可稳定，比常规育种的第 6 代稳定提前 2 代，对缩短育种周期极为有利。

目前，用于工业化生产柠檬酸的黑曲霉菌种大都经过物理和化学诱变剂的处理，不同程度地增加了黑曲霉对一些诱变剂的抗性，若再使用同样的方法则很难对现有菌种进行改良。若能将 ^{60}Co-γ 射线、离子注入和化学诱变剂结合起来进行复合诱变，不但可以避免黑曲霉对一些诱变剂的抗性，而且有较大的选择空间，更容易得到较为优良的菌种。

2.4 高产柠檬酸黑曲霉的生长特性

高产柠檬酸黑曲霉是经过多次诱变筛选的，因此该黑曲霉菌株的生长形态与野生黑曲霉有巨大的差异。对柠檬酸高产菌株的生长形态的观察和判断，是筛选获得高产菌株的重要依据，本节将以柠檬酸高产菌株 TNA-09 为例对其基础形态学特性进行详细记述，为该菌株的选育工作提供理论依据。

2.4.1 黑曲霉 TNA-09 在 PDA 培养基中菌落生长情况

将黑曲霉 TNA-09 孢子转接于 PDA 斜面培养 7d，经无菌水冲洗斜面表层，将成熟孢子洗脱，并稀释到适合的浓度，取 3 个稀释度，每个稀释度涂 3 个 PDA 平板，36℃恒温培养，每隔 12～24h 观察照相，结果见图 2-3。

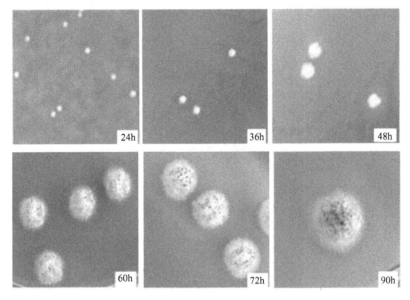

图 2-3　黑曲霉 TNA-09 在 PDA 培养基上的菌落形态

24h，菌落直径 1mm，菌丝为白色，气生菌丝稀少，菌落背面有褶皱；36h，菌落直径 1.5～2mm，菌落周围出现透明圈，气生菌丝旺盛，可见白色孢子梗；48h，菌落直径增加到 3～4mm，菌落周围出现明显透明圈，透明圈直径/菌落直径为 1.5 左右，白色孢子梗顶部出现淡黄色孢子囊；60h，菌落直径 4～5mm，菌落周围透明圈明显增大，透明圈直径/菌落直径为 2.5 左右，是测量透明圈与菌落直径比值的最佳时间，部分孢子囊黑褐色，建议在 60h 时进行单菌落纯化；72h，菌落直径 5～6mm，大部分孢子囊黑褐色，建议选择孢子囊直径基本一致的菌落作为生产菌；90h，菌落直径 7～8mm，黑色孢子囊浓密，气生菌丝匍匐生长，建议纯化后菌株单菌落培养观察到 90h；120h，菌落直径达到 15～20mm，孢子囊内完全成熟，且菌落中央的孢子囊呈黑褐色，外周孢子囊呈现深黑色，产孢子区排列紧密呈圆环状。从图 2-3 中可见 TNA-09 菌株在 PDA 培养基中生长到 48h 后菌落周围出现明显的透明圈，并随着菌落的增大而变大，对该透明圈进行深入研究，可得到筛选菌株的方法。

2.4.2 黑曲霉 TNA-09 菌丝生长形态观察

应用插片法对 TNA-09 的菌丝进行制片观察，在不同时间段观察，用镊子取出，置于载玻片上进行显微观察，其菌丝形态如图 2-4 所示。

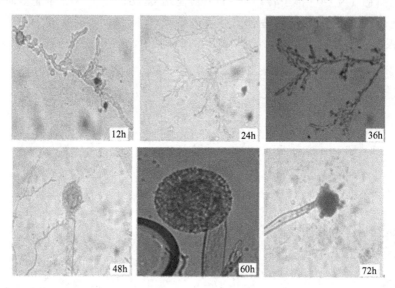

图 2-4 黑曲霉 TNA-09 菌丝的显微观察

12h，孢子萌发芽管并出现分枝，孢子直径约为 $7\mu m$；24h，菌丝生长并呈现反复分枝状，菌丝直径约 $2.5\mu m$，菌丝长度 $430\mu m$；36h，菌丝直径和长度显著增加，菌丝直径为 $3.5\mu m$，菌丝长度 $1100\mu m$；48h，菌丝直径 $7\mu m$，菌丝长度 $1600\mu m$，孢子囊直径 $55\mu m$；60h，孢子梗顶端膨大成顶囊，孢子囊内有大量分生孢子；72h，分生孢子囊成球形且周围有散落的孢子。显微镜观察可见：菌株 TNA-09 分生孢子梗从菌丝直立生出，孢子梗壁平滑，顶端膨大成顶囊，分生孢子囊球形或近球形，顶囊表面有小梗，小梗顶端产生分生孢子，分生孢子球形。

2.5 高产柠檬酸黑曲霉的筛选方法

日常高产柠檬酸菌种的筛选工作是控制发酵产酸的关键，但至今国内各柠檬酸生产企业仍未形成对高产菌株的准确评价体系，对柠檬酸生产菌黑曲霉的形态观察没有具体的量化指标，仍然处于师傅带徒弟经验传授的方式，造成柠檬酸发酵生产的不稳定。目前，柠檬酸生产菌种的筛选都是利用溴甲酚绿在酸性条件下形成变色圈的方法，变色圈直径与柠檬酸产量呈正比，通过选择变色圈直径大的菌株进行筛选。而溴甲酚绿本身对菌体具有一定的毒性，此外，溶解溴甲酚绿的溶剂乙醇直接抑制孢子的萌发和菌丝的生长，因此，以溴甲酚绿为筛选方法所获得的菌株的正效应率较低，不是一个准确有效的高产柠檬酸菌株的筛选方法，而获得高产菌株的关键是需要一个高效的筛选方法。

2.5.1 黑曲霉 TNA-09 在 PDA 培养基中产生透明圈的观察

将黑曲霉 TNA-09 菌株孢子接种于 PDA 培养基，35℃培养 5d 后制作孢子悬液，经稀释分别涂布于多个 PDA 培养基上，每个平板控制菌落数在 30 个以内，从 24h 开始进行观察并记录菌落直径和透明圈直径，记录 50 个菌落。从图 2-5 可见，TNA-09 菌株在 PDA 培养基中从 36h 产生菌落周围的透明圈，至84h 透明圈变得模糊不清，在 48～72h 期间均可观察到清晰的透明圈。

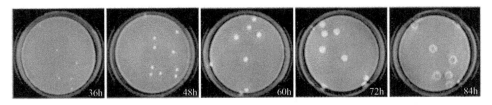

图 2-5 黑曲霉 TNA-09 在 PDA 培养基中的生长状况

从表 2-1 中可见，黑曲霉 TNA-09 在 PDA 培养基中从 34h 开始出现酶解透明圈，并随时间增加其透明圈直径变大，到 50h 达到 1.2cm 以后不再增加，因此其酶解透明圈与菌落直径比值在 46～54h 达到最大然后下降，所以产酶水解透明圈的观察应在 48～50h，此时酶水解透明圈直径 1.2cm，菌落直径为 0.4cm，比值为 3。

表 2-1 黑曲霉 TNA-09 在 PDA 培养基中菌落直径和透明圈的变化

时间 /h	菌落直径 /cm	酶圈直径 /cm	酸圈直径 /cm	酶圈：菌落	酸圈：菌落
36	0.15	0.40	0.15	2.67	1.00
40	0.20	0.55	0.40	2.75	2.00
45	0.25	0.70	0.50	2.80	2.00
46	0.25	0.80	0.70	3.20	2.80
48	0.30	0.90	0.85	3.00	2.83
50	0.40	1.20	1.10	3.00	2.75
52	0.40	1.20	1.20	3.00	3.00
54	0.40	1.20	1.50	3.00	3.75
56	0.45	1.20	1.50	2.67	3.33

续表

时间 /h	菌落直径 /cm	酶圈直径 /cm	酸圈直径 /cm	酶圈∶菌落	酸圈∶菌落
60	0.50	1.20	1.80	2.40	3.60
62	0.50	1.20	1.80	2.40	3.60
65	0.50	1.20	2.00	2.40	4.00
68	0.80	1.20	2.40	1.50	3.00
70	0.80	1.20	2.50	1.50	3.13
72	0.90	1.20	2.70	1.33	3.00

从表 2-1 中还可看出，在 36h，TNA-09 菌产酸并形成透明圈，并随时间增加其酸解透明圈直径变大，至 72h 达到 2.7cm，此后仍不断增加但边缘模糊难以测量。透明圈与菌落直径的比值在 60～65h 达到最大，所以黑曲霉 TNA-09 菌株在 PDA 中产酸透明圈的测定应在 60～65h 之间，此时酸解透明圈直径 1.8cm，菌落直径 0.5cm，其比值为 3.6～4.0。

2.5.2 在 PDA 培养基中柠檬酸浓度或糖化酶浓度与透明圈大小的关系

不同浓度柠檬酸溶液在 PDA 培养基中扩散，10h 后肉眼无法观察到酸圈，加入溴甲酚绿后观察到清楚的酸变色圈。从图 2-6 可见，在 PDA 培养基中不同柠檬酸浓度的溶液经扩散形成的透明圈，其直径或半径的平方值与柠檬酸浓度值具有较好的线性关系（见表 2-2），因此可以通过在 PDA 培养基中形成的柠檬酸酸扩散圈半径比较产酸的多少。

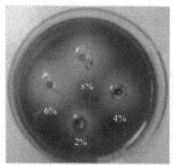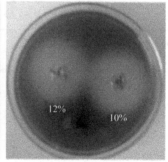

图 2-6 不同浓度柠檬酸在 PDA 中形成的酸变色圈

在 PDA 培养基中牛津杯孔内各加 50μL 1IU、2IU、4IU、8IU、16IU、32IU 的糖化酶溶液，22h 后可以直接观察酶解透明圈，但是加碘液后酶圈更明

表 2-2   PDA 培养基中柠檬酸浓度与透明圈的关系

柠檬酸浓度/%	酸圈直径/cm	酸圈半径平方值/cm²
2	2.05	1.05
4	2.63	1.73
6	3.05	2.33
8	3.45	2.98
10	3.8	3.61
12	4.05	4.10

显。从图 2-7 和表 2-3 可见，在 PDA 培养基中随糖化酶浓度的升高酶解透明圈的直径也有所增加，但并不存在线性关系，因此在 PDA 培养基中通过酶解透明圈表征产糖化酶是不准确的。

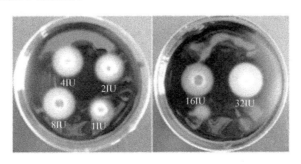

图 2-7   PDA 培养基上不同糖化酶浓度形成的酶解透明圈

表 2-3   PDA 培养基中糖化酶浓度与透明圈的关系

糖化酶浓度/IU	酶解圈直径的平均值/cm	酶解圈半径平方值/cm²
1	1.35	0.456
2	1.6	0.64
4	1.85	0.856
8	2.05	1.051
16	2.1	1.103
32	2.25	1.266

通过上述的观察和测量，高产柠檬酸黑曲霉日常筛选复壮的方法基本确定，以 PDA 培养基在 35℃培养 54～60h 观察菌落直径达到 0.5～0.6cm，酸圈与菌落直径比值达到 3.6 以上的菌株，可以初步判定为高产菌株，可以再进一步进行摇瓶发酵筛选。

2.6 高产柠檬酸黑曲霉的选育

2.6.1 诱变选育高产柠檬酸菌株

王德培和周婷利用低能 N+ 注入及微波辐射对柠檬酸生产菌进行诱变选育。当 N+ 注入最适剂量为 $6 \times 10^{14} \sim 2 \times 10^{15} \, cm^{-2}$，正突变率最高为 75.2%。当微波诱变处理累计时间在 30~60s 时正突变率较大，微波诱变处理累计时间为 40s 时正突变率达到最大 61.4%。经过诱变筛选获得产酸提高了 40.47% 的高产突变株。筛选到一株产酸有较大提高的突变株 TNB-5，使该菌株在 30L 发酵罐中的产酸量高达 180g/L，发酵周期为 54h，且残总糖降至 0.9g/100mL。王德培和刘燕利用等离子对柠檬酸生产菌黑曲霉 TN09 进行了诱变，通过三条不同的路线进行平板初筛，然后统一进行摇瓶复筛，获得了一株遗传性能稳定的高产菌 TN120S-D-3，相比出发菌株产酸增幅达到 8.04%。

2.6.2 分子生物学技术构建柠檬酸高产菌株

2.6.2.1 敲除 α-葡萄糖苷酶基因提高柠檬酸转化率

王德培和杨赢发现柠檬酸高产菌黑曲霉 LD20，在 35℃，搅拌速度 300r/min，30L 发酵罐中发酵 58h，分别对 α-葡萄糖苷酶、糖化酶、总酸、葡萄糖和 pH 进行跟踪测定。结果表明，α-葡萄糖苷酶和糖化酶活力变化趋势一致，都为先升高后降低。在 20h 糖化酶达到最高酶活力 895.16U/mL，在 24h α-葡萄糖苷酶达到最高酶活力 322.52U/mL。在整个发酵过程中，糖化酶的平均活力是 α-葡萄糖苷酶的 2.9 倍，且发酵液中葡萄糖峰值变化与糖化酶一致，说明虽然 α-葡萄糖苷酶具有一定的糖化能力，但在柠檬酸发酵过程中，其主要糖化作用还是依赖于糖化酶。随后克隆黑曲霉 LD20 菌株 α-葡萄糖苷酶基因，并通过氨基酸序列比对发现其 5 个氨基酸位点发生了突变，分别为 63 位点的酪氨酸突变为半胱氨酸，378 位点的亮氨酸突变为组氨酸，761 位点的组氨酸突变为谷氨酰胺，835 位点的丝氨酸突变为天冬氨酸和 882 位点的色氨酸突变为精氨酸。突变位点都不在酶活性中心上，其中酪氨酸、亮氨酸和色氨酸都为疏水性氨基酸，当其突变为亲水性氨基酸后，推测可能会对其疏水性有一定的影响。通过农杆菌侵染的方法，同源重组获得两株 α-葡萄糖苷酶基因敲除菌株 TGA101 和 TGA166，经稳定性验证，该基因敲除菌株均具有良好的遗传稳定性。两株基因敲除菌株 TGA101 α-葡萄糖苷酶最高酶活力为 125U/mL，TGA166 最高酶活力为 133.3U/mL，相对于出发菌株，分别下降 61.15% 和 58.56%。TGA101 菌株发酵残糖中异麦芽糖含量下降 84.67％，TGA166 下降 85.5％；TGA101 还原糖的含量降低 5.74％，TGA166 降低 6.51％；TGA101 总糖的含量降低 5.1％，TGA166 降低 5.83％；TGA101 总酸提高 2.3％，TGA166 提高 2.54％；TGA101 柠檬酸提高 2.34％，TGA166 提高 2.59％；TGA101 糖酸转化率提高 2.34％。

2.6.2.2 构建糖化酶过表达菌株

王德培和王露通过农杆菌侵染的方法成功获得三株糖化酶过表达菌株 OG1、OG17 和 OG31。经过 15 代的传代实验，验证三株糖化酶过表达菌株均具有较好的遗传稳定性。过表达菌株 OG1 糖化酶活力提高 34.48％。通过对 TNA101ΔagdA 和糖化酶过表达菌株 OG1 进行柠檬酸发酵实验，结果表明，相对于菌株 TNA101ΔagdA，OG1 残还原糖含量降低 36.67％，残总糖降低 42.61％，糖酸转化率提高 2.72％，柠檬酸产量提高了 8.91％。说明适当提高糖化酶活力有利于黑曲霉对底物的利用，降低残糖含量及生产成本，提高糖酸转化率，进而提高黑曲霉发酵柠檬酸产量。

2.6.2.3 构建过表达葡萄糖转运蛋白提高柠檬酸产率

殷娴、陈坚基于转录组分析，对假定的葡萄糖转运蛋白进行进化树分析和序列比对分析，获得与 Kl HGT1 亲缘关系较近的 evm. model. unitig _ 0.1770 序列，经跨膜预测该蛋白质含有 11 个跨膜区域，N 端在细胞膜内，C 端在胞内，命名为 An HGT1。在限制性葡萄糖培养基上进行生长实验，HGT 转化子的菌落直径比对照增加 50％～150％。在发酵后期补加 30g/L 葡萄糖后，HGT1 转化子完全消耗葡萄糖的时间比出发菌株减少 12h。HGT 转化子的柠檬酸产量比对照增加了 14.7％，发酵时间缩短了 6h，最大比产酸速率提升了 29.5％，提高了发酵生产强度。

2.7 高产柠檬酸菌株选育新方向

回顾工业微生物育种方式的历史，育种的手段和技术在不断发展和完善。虽然可以通过诱变剂促进突变频率的提高，但这种方法有很大的盲目性，基因变异的程度也有限，特别是经过长期诱变处理，产量上升变得越来越缓慢，甚至无法继续提高。随着细胞生物学和分子生物学及基因工程技术手段的不断完善，采用分子生物学直接对功能基因进行改造成为构建黑曲霉高产柠檬酸的新研究方向。

2.7.1 应用基因工程技术对黑曲霉菌种的选育

丝状真菌的分子生物学研究主要集中在：对未知基因的克隆和功能表达及分

析；或对目标菌种通过基因工程的操作，获得某些生产性能的改良和提高的菌株；还有对极具商业价值和研究意义的菌种进行全基因组的测序和基因组学研究。其中应用基因敲除技术构建基因工程菌种，是有目的地提高微生物产量性能的最有效方法。基因敲除（gene knockout）是在以外源 DNA 与染色体 DNA 之间发生同源重组的基础上发展起来的，具有位点专一性、打靶后目的片段可与染色体 DNA 共同稳定遗传等特点。其过程主要是将构建好的基因敲除组件转化至细胞后由同源重组实现对目标基因的敲除，其在研究基因功能中发挥了巨大的作用。基因敲除技术包括以下几种。

（1）异位整合与同源重组　为了打断目的基因，需要构建相应的基因敲除组件，它包括筛选标记和同源臂。在丝状真菌中，需要较长的同源臂（1kb）来进行同源重组。Weld 等总结了影响同源重组的因素，包括同源序列长度及同源性、转化方法、靶基因在基因组上的位置等。

（2）非同源末端连接和同源重组　1996 年 Tsukamoto 等在研究酿酒酵母时发现 Ku 蛋白质（Ku-70 和 Ku-80）作为异聚体可以与处于双链断裂的非同源末端连接（NHEJ），其在 NHEJ 中能够直接连接至 DNA 链上而不依赖序列同源性，这一途径在丝状真菌中占主导地位，因此同源重组的效率低于 30%，甚至低于 5%。Ku 同源蛋白至今已发现存在于许多丝状真菌中。在粗糙脉孢菌中，Ninomiya 等通过敲除 ku 基因使同源重组的效率达到 100%。2007 年 Meyer 等研究发现，当 kusA（ku 同源基因）基因被敲除后野生型黑曲霉的同源重组率从 10% 提高至 90%。

（3）农杆菌介导随机重组　如果没有同源序列，在农杆菌介导（AMT）作用下能将 T-DNA 随机整合进基因组中。单拷贝整合事件受诱导的程度与共培养的时间影响。Michielse 等证明线性单链 T-DNA 序列可以提高转化效率，并且含有 1kb 左右的同源臂对于同源重组是最有效的。

（4）RNA 干扰和同源重组　RNA 干扰（RNA interference，RNAi）是指小分子双链 RNA 可以特异性地降解或抑制同源 mRNA 表达，从而抑制或关闭特定基因表达的现象。可以通过设计针对某功能基因 mRNA 的小分子干扰 RNA（small interfering RNA，siRNA），抑制或封闭基因的表达，从而实现该基因沉默。RNA 干扰是一个转录后基因沉默的过程，可以用来下调特定基因或基因家族的表达。因为对同源性没有特别的要求，因此它对于基因组序列所知甚少的真菌是比较适用的。虽然一般需要 500bp 的同源序列，但约 150bp 可能对于 RNAi 就足够了。在一个基因家族的保守序列内，基因的敲除就可能沉默整个基因家族。2005 年 Nakayashiki 等通过 RNAi 成功地敲除了稻瘟病菌（*Magnaporthe oryzae*）中的相关基因。孙际宾等用 RNAi 技术实现了几丁质合酶基因 *chsC* 的沉默，改变菌丝形态的同时使柠檬酸产量在摇床水平上比出发菌株高 42.6%。

2.7.2　丝状真菌转化的方法

1973 年 Mishar 和 Tatum 首次实现了对粗糙脉孢霉的转化，他们用来自野生型菌株的总 DNA 处理肌醇缺陷型菌株，获得了肌醇原养型转化菌落，但遗憾的是当时尚没有可利用的分子技术对转化子进行相关的鉴定。1979 年 Case 首次证实了 DNA 介导的粗糙脉孢霉的遗传转化，他证实在转化子中含有整合于染色体上的质粒 DNA 片段。随后，在越来越多的丝状真菌中实现了遗传转化，已转化成功的丝状真菌中有工业用菌（黑曲霉、米曲霉等）、医用真菌（产黄青霉、顶头孢霉）、植物病原真菌（玉米黑粉菌、小麦全蚀菌）、杀虫真菌（白僵菌、绿僵菌等）、真菌上的寄生真菌（哈氏木霉）、食用真菌（裂褶菌、鬼伞等）、菌根真菌（卷边桩菇、漆蜡蘑等）。

DNA 的转移包括将遗传物质转到受体细胞和对转化子的筛选。其中转化的方法至关重要，与原核生物相比，由于真菌细胞壁的复杂性，外源基因进入丝状真菌，并通过重组整合染色体的效率并不高，目前已有多种用于丝状真菌的转化方法。

(1) 原生质体 PEG 转化法　此方法首先要制备丝状真菌分生孢子或菌丝体的原生质体，当进行转化时，加入适量的 PEG，PEG 与水分子通过氢键结合，使原生质体脱水，在钙离子的协助下，PEG 形成连接原生质体和 DNA 的分子桥，从而使得 DNA 进入原生质体体内。此方法操作简单，但效率不稳定，而且容易形成异核体。1978 年 Hinnen 首次在酵母中实现原生质体 PEG 的转化，随后又在构巢曲霉和粗糙脉孢霉等丝状真菌中得到了应用。

(2) 醋酸锂法　对于难于获得原生质体的丝状真菌来说，也可以利用醋酸锂介导的方法。其原理是利用碱性 Li^+ 改变细胞膜的通透性，促进细胞感受态的形成，使细胞易于吸收外界 DNA。其转化的对象是完整的细胞，对于丝状真菌，一般要用萌发的分生孢子进行 LiAc 处理。转化效率高于原生质体法，但此方法似乎只限于少数几种丝状真菌。1991 年 Leslie 和 Dickman 用潮霉素 B 抗性为筛选标记，在醋酸锂介导下成功地转化了赤霉菌的孢子，但转化的效率比较低，为 $1\sim2$ 个转化子/μg DNA。

(3) 电击法　其原理为通过高压脉冲，在菌体细胞或原生质体的脂质双层膜上形成瞬间穿孔，此时允许外源遗传物质的进入，经过一段时间后孔道又自动修复。1989 年 Richey 用电击法实现了构巢曲霉的转化。另外在哈氏木霉、粗糙脉孢霉、炭疽菌等丝状真菌中也有应用。但此方法的转化效率比较低，因而并未普遍应用。

(4) 脂质体法　脂质体是由可生物降解的磷脂分子构成的双分子层囊泡，其与生物膜有较大的相似性和组织相容性。最初用作基因载体是由天然磷脂（如卵磷脂、脑磷脂）及胆固醇所构成的中性或带负电荷的阴离子脂质体，质粒 DNA 被包入脂质体内部，但包封效率低，而且易被溶酶体溶解破坏，直到 1987 年 Felgner 合成了阳离子脂质体，其由 DOTMA 构成，可与 DNA 自发形成复合物，其结合率可达 100%。其介导的主要过程为，阳离子脂质体与带负电的基因通过静电作用形成脂质体-基因复合物，此复合物因阳离子脂质体的过剩而带正电；带正电的脂质体 DNA 复合物由于静电作用吸附于带负电的细胞表面，然后通过细胞膜融合或细胞的内吞作用进入细胞内。在细胞内，阳离子脂质体 DNA 复合物发生分离而使基因进一步被传递到细胞核内，并在细胞核内转录和翻译，最终产生目的基因编码的蛋白质。1981 年 Radford 用此方法成功地转化了粗糙脉孢霉的原生质体，但此方法操作繁琐，并不比原生质体法优越，因而仅应用到少数几种真菌中。

（5）农杆菌介导法（AMT）　相对于 PEG 介导的原生质体转化法、醋酸锂转化法、电穿孔转化法，根癌农杆菌介导法有相对较高的转化效率。

农杆菌侵染的机理：根癌农杆菌是一种普遍存在于土壤中的革兰氏阴性细菌，在自然条件下可以感染植物根部的受伤部位，产生冠状瘤或发状根，是一种天然的植物遗传转化系统。其机理大致包括以下几个方面：感受宿主信号，识别并附着在宿主细胞上；信号转导并激活毒性基因，产生 T-DNA 拷贝；产生 T-DNA 和毒性蛋白的联合体，并将成熟的 T-DNA 联合体传送到宿主细胞质中；在宿主细胞内一些特定蛋白质的作用下 T-DNA 联合体向细胞核移动；T-DNA 整合到宿主细胞染色体上。根癌农杆菌介导转化法也简称 AMT 法。

1995 年 Paul Bundock 等发现根癌农杆菌可以实现酿酒酵母（*Saccharomyces cerevisiae*）的转化，近几年人们又实现了根癌农杆菌在里氏木霉（*Trichoderma reesei*）、泡盛曲霉（*Aspergillus awamon*）、镰孢霉（*Fusarium enenatum*）、脉孢菌（*Neurospora crassa*）和黑曲霉（*Aspergillus niger*）等多种丝状真菌中的转化。

农杆菌介导的丝状真菌转化有以下四个方面的特点：转化效率高，比一般转化方法高出 100 多倍；转化材料易得，农杆菌介导丝状真菌转化的受体既可以是原生质体，也可以是菌丝体、孢子甚至蘑菇的子实体；转化子稳定，由于受体材料的易得，所以当采用单核的分生孢子作为转化受体时，就可以得到稳定的转化子，避免了真菌菌丝多核造成转化子不稳定的难题；T-DNA 插入比例高，且多为单拷贝。

影响 AMT 法的主要因素：筛选标记、载体和根癌农杆菌菌株。在进行农杆菌侵染时，不同的受体菌需选择合适的筛选标记。Hanif 等在对乳牛肝菌（*Suillus bovines*）进行农杆菌侵染时，分别选用潮霉素和腐草霉素作为筛选标记，结果表明以潮霉素作为筛选标记时，转化子均为阳性；而以腐草霉素作为筛选标记时，73%的转化子为阳性。目前用于介导丝状真菌的根癌农杆菌菌株很多，如 AGL1、EHA105、C58C1 等，这些菌株都具有较高的转化效率，而且菌株和载体之间还可以相互影响。Flowers 等在利用农杆菌转化禾生炭疽菌（*Colletotrichum graminicola*）时，选用农杆菌 AGL1 菌株，分别用 pBIN 和 pJF1 作为载体，结果表明，前者的转化效率明显高于后者。

对于丝状真菌，除了上述因素外，在转化过程中还有一些因素可以影响其转化效率。研究表明，乙酰丁香酮（acetosyingone，AS）是转化成功与否的关键之一。有文献报道，在共培养时如果缺少 AS，则不会产生转化子。另外菌体浓度、共培养的时间和温度及农杆菌与受体菌菌浓的比例都能影响其转化效率。研究表明，最佳共培养时间为 48h，最适培养温度为 25℃，农杆菌与受体菌的最适菌浓比为 120:1。

（6）限制酶介导法（REMI）　在常规转化方法中，加入适量特定的限制性内切酶，可以明显提高其转化效率，并且以单拷贝非同源整合为主。对于 REMI 的机理现在仍然没有完全研究清楚，可能是限制酶进入细胞后，真菌染色体 DNA 的相应限制酶位点被切开，尽管大多数切点没有整合外源 DNA 而重新连接，但也有可能外源 DNA 的黏性末端与染色体 DNA 的黏性末端连接而插入，切口由 DNA 连接酶连接后形成转化子，外源 DNA 可造成插入位点基因的失活，通过对转化子的表型筛选可获得目标转化子。REMI 的转化步骤因不同的研究系统而略有差异，一般程序为：提取质粒 DNA；质粒的线性化；线性化质粒 DNA 与原生质体混合，并加入适量限制性内切酶；逐滴加入 PEG/CaCl₂；离心去除 PEG，原生质体在等渗培养液中室温过夜；筛选抗性转化子。REMI 技术已经应用于一系列真菌，包括从半知菌、子囊菌到担子菌。在真菌上应用 REMI 有以下优点：能够创造物理标记的随机插入突变；大幅度地提高转化效率，一般为几倍；一般拷贝为单拷贝插入，而且能够稳定和不发生重排。1991 年 Schiestl 首先在酵母中成功地运用了此方法，随后在丝状真菌中也得到了广泛应用。

2.7.3　丝状真菌转化的特点

丝状真菌转化中用到的载体一般分为自主复制型载体和整合型载体。前者携带有真核系统特异性复制起点，可以在受体细胞中形成多拷贝，但不稳定，在没有选择压力时容易丢失；后者不能在宿主细胞中单独存在，必须整合到宿主细胞染色体上，比自主复制型载体稳定。目前丝状真菌的转化大多数为整合型转化，其又分为非同源重组和同源重组两种方式，且以非同源重组为主。Asch 研究用谷氨酸脱氢酶为筛选标记转化粗糙脉孢霉，发现当同源臂为 5.1kb 时，在 89 个转化子中仅有 1 个为同源重组转化子。

（1）虽然已经发现很多能在丝状真菌中自主复制的质粒，但其适用性并不普遍，目前所用到的载体基本上都来自细菌，并且一般为整合型质粒。

（2）当整合型质粒进入受体细胞后，存在非同源重组和同源重组两种形式，且以前者为主。同源重组时，当发生单交换，则会发生染色体上带有目的基因的连锁重复；当发生双交换，则会发生基因取代。

（3）当发生双交换，相应基因被取代后，在增殖过程中会产生三种细胞类型：异核体、携带外源DNA的同核体和不携带外源基因的同核体。只有第二种为稳定的转化子，所以需要多次传代来筛选出稳定的同核体转化子。

（4）丝状真菌的转化效率极低，每微克DNA只能产生几十个转化子。

目前，产柠檬酸相关基因的表达特点被不断挖掘，同时各种层出不穷的菌种改造方法为黑曲霉基因改造高产柠檬酸提供了大量的研究思路和无限的可能性。

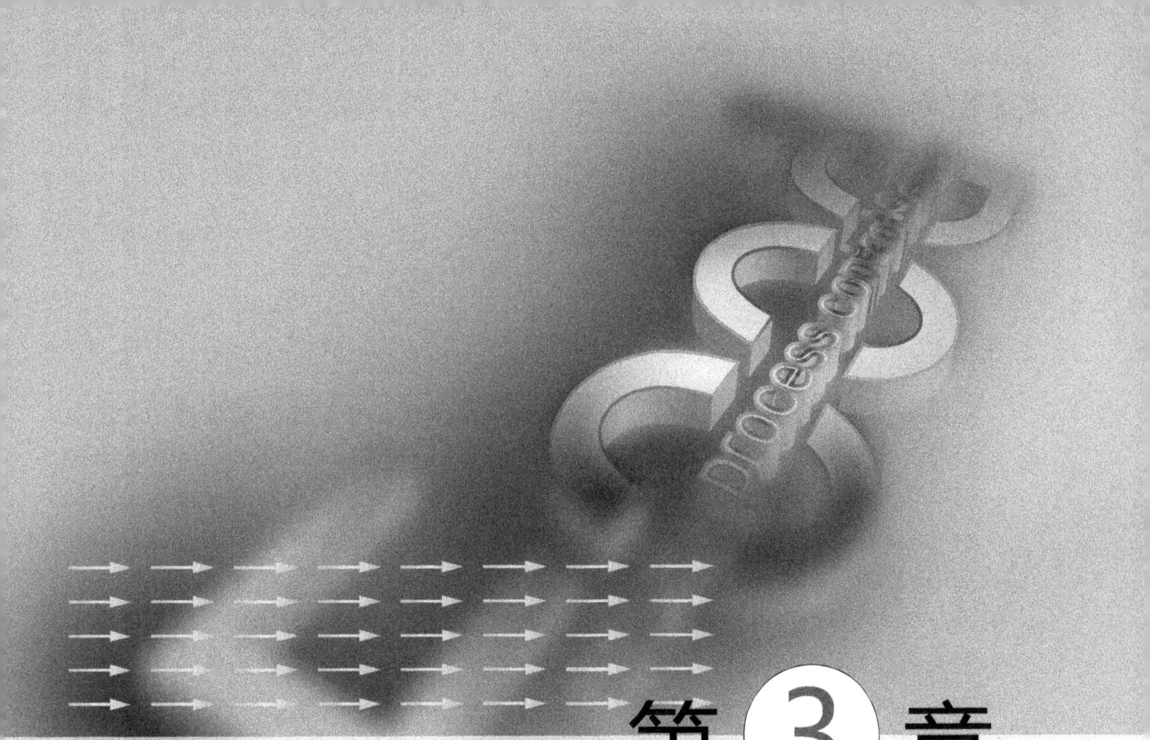

第 3 章

黑曲霉柠檬酸代谢调控与
代谢工程改造

3.1　黑曲霉柠檬酸代谢与调控

3.1.1　柠檬酸代谢途径简述

黑曲霉是柠檬酸的主力生产菌株，黑曲霉深层发酵是柠檬酸生产的主要方式。黑曲霉具有强大的胞外水解酶系，可以高效转化复杂的碳源，实现柠檬酸的快速积累，其糖酸转化率可达到95%。柠檬酸主要通过胞质内的糖酵解途径与线粒体中的柠檬酸合酶催化生成。葡萄糖经糖酵解途径分解为2mol的丙酮酸，然后1mol的丙酮酸由丙酮酸脱氢酶催化形成乙酰CoA，同时释放1mol的CO_2；另1mol的丙酮酸再通过固定1mol的CO_2生成草酰乙酸（图3-1）。草酰乙酸先由苹果酸脱氢酶还原为苹果酸后，再通过苹果酸-柠檬酸反向转运蛋白进入线粒体。苹果酶在线粒体中再转化为草酰乙酸，最后由柠檬酸合酶将乙酰CoA与草酰乙酸缩合形成柠檬酸。从碳平衡的角度来看，葡萄糖生产柠檬酸的过程中没有碳原子的损失，在乙酰CoA与草酰乙酸缩合时还从水分子中引入一个氧原子，其总反应式如下：

$$C_6H_{12}O_6 + 1.5O_2 \longrightarrow C_6H_8O_7 + 2H_2O$$

由此可见，柠檬酸的最大理论糖酸转化率为106.7%（1.06g/g）。从能量平衡的角度来看，每转化1mol的葡萄糖同时生产1mol ATP与3mol的NADH，过量的NADH则由旁路呼吸链完成其再生，以降低ATP的生成，减少其对糖酵解途径的反馈抑制。

柠檬酸循环是生物生长所必需的代谢途径，正常情况下，柠檬酸是代谢途径中的一个中间代谢物，随柠檬酸循环的运转将被快速代谢，不会被大量积累。那么黑曲霉发酵过程为什么能大量积累柠檬酸呢？本节将从原料的分解与吸收利用、柠檬酸合成代谢与调控、柠檬酸转运、能量代谢与还原力平衡、副产物代谢与无机离子的影响等几个方面探讨柠檬酸代谢与调控的分子机制。

3.1.2　原料的分解与吸收利用

黑曲霉具有强大的胞外水解酶系，既能利用如葡萄糖、乳糖与蔗糖等简单碳源，也能利用如玉米淀粉、薯类淀粉与糖蜜等复杂碳源。在柠檬酸工业生产中，发酵原料多为淀粉，淀粉经过淀粉酶液化后过滤，得到清液和混液，通过清液和混液进行勾兑得到种子和发酵培养基，此时培养基中约一半的碳源为葡萄糖，一半碳源以多聚葡萄糖的形式存在。黑曲霉工业生产菌在柠檬酸发酵初期合成大量糖化酶，将多聚葡萄糖分解为葡萄糖，因此，在发酵前期培养基中碳源已经基本

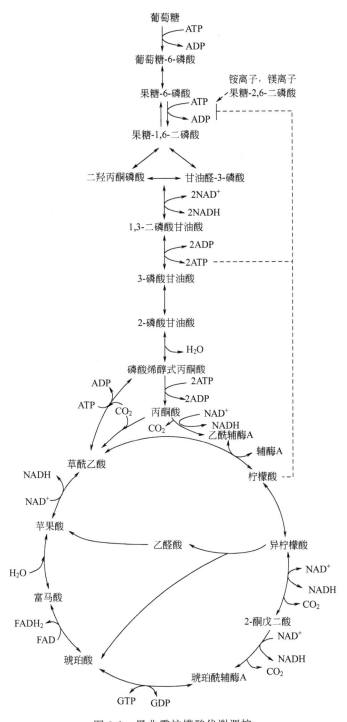

图 3-1　黑曲霉柠檬酸代谢调控

以葡萄糖的形式存在，所以柠檬酸发酵对碳源的吸收实际上就是对葡萄糖的吸收。

糖的水解速度和葡萄糖的转运速度直接影响柠檬酸生产过程中碳源利用效率，发酵初始的单糖供应是迅速启动柠檬酸合成的一个重要条件。黑曲霉存在高亲和力和低亲和力双葡萄糖转运系统。早在 1996 年，Torres 等测定发现黑曲霉吸收葡萄糖时存在 2 个 K_m 值，分别为 260mmol/L 和 3.67mmol/L。其中，低亲和力葡萄糖转运系统在高葡萄糖浓度下起主要作用，而高亲和力葡萄糖转运蛋白在低葡萄糖浓度下具有较高的反应速率。后续，葡萄糖转运蛋白的编码基因不断被鉴定，如 MstA 的 K_m 为 25tA，为超高亲和力的葡萄糖转运蛋白，可催化单糖与 H^+ 的跨膜交换；而 MstC 与 MstE 为低亲和力葡萄糖转运蛋白，其表达受 Cre 的调控，可被葡萄糖激活。柠檬酸会抑制两种葡萄糖转运蛋白，但快速产酸期葡萄糖仍保持较高的吸收速率，由此 Wayman 与 Mattey 推测在此期间葡萄糖可能主要通过协助扩散转运至胞内。因此，柠檬酸发酵过程中葡萄糖的主要转运方式还存在一定的争议。

3.1.3　柠檬酸合成代谢与调控

黑曲霉利用糖类发酵生产柠檬酸，其生物合成途径普遍认为是：葡萄糖经糖酵解途径（Embden-Meyerhof pathway，EMP）与磷酸戊糖途径（pentose phosphate pathway，PPP）生成丙酮酸，丙酮酸一方面氧化脱羧生成乙酰辅酶 A，另一方面经 CO_2 固定化反应生成草酰乙酸，草酰乙酸与乙酰辅酶 A 缩合生成柠檬酸。在菌体生长期和产酸期都存在 EMP 和 HMP 途径，只是在不同的时期代谢流分布不同。在菌体生长期，EMP：PPP 的代谢流比例为 2：1，而在快速柠檬酸合成期 EMP：PPP 代谢流的比例为 4：1。柠檬酸的下游降解途径包括三羧酸循环（tricarboxylic acid cycle，TCA 循环）和乙醛酸循环。当柠檬酸快速积累时，这两个途径被阻断或者是减弱。乙醛酸循环和三羧酸循环中存在某些相同酶和中间产物，异柠檬酸经过乙醛酸循环产生苹果酸，苹果酸在苹果酸脱氢酶的作用下可以生成草酰乙酸，这样可以避免经过三羧酸循环而损失两个二氧化碳。但目前认为丙酮酸羧化酶是草酰乙酸回补的主要途径。柠檬酸存在于三羧酸循环中，是细胞能量代谢过程中一个重要的中间代谢物。一般情况下，三羧酸循环并不会积累柠檬酸，只有代谢出现严重不平衡时才能检测到柠檬酸。黑曲霉能在极低 pH 条件下产生大量的柠檬酸，因此其独特的代谢调控机制受到广泛关注。

3.1.3.1　糖酵解途径

黑曲霉中糖酵解的调控较为复杂，在多个不同水平上进行调控，包括转录水平上的调控、翻译后水平上的蛋白质修饰及代谢水平上的别构调控。其调控节点主要是催化底物磷酸化的激酶：己糖激酶与葡萄糖激酶、磷酸果糖激酶与丙酮酸激酶。

（1）己糖激酶与葡萄糖激酶　己糖的磷酸化由己糖激酶（hexokinase，EC 2.7.1.1）和葡萄糖激酶（glucokinase，EC 2.7.1.2）共同作用。Panneman 等最早对己糖激酶 HxkA 与葡萄糖激酶 GlkA 进行细致的性质分析。己糖激酶与葡萄糖激酶均是组成型表达，其蛋白质稳定性非常好，当停止转录时，其胞内蛋白质水平仍可维持 3～4h 保持不变。

葡萄糖激酶对葡萄糖的亲和力与磷酸化能力比对果糖更强，葡萄糖的 K_m 为 0.063mmol/L，而果糖的 K_m 为 120mmol/L。与己糖激酶不同，葡萄糖激酶不受 6-磷酸海藻糖的抑制，但受 ADP 的抑制，其 K_m 为 2.7mmol/L，ADP 对底物 ATP 是非竞争性抑制，对底物葡萄糖是反竞争性抑制。柠檬酸对葡萄糖激酶的抑制可能是由于 ATP 中的 Mg^{2+} 被螯合，但由于体内生理条件下 Mg^{2+} 是过量的，所以柠檬酸不会影响葡萄糖激酶的活性。另外，葡萄糖激酶对 pH 变化较为敏感，在低于 pH 7.5 时酶活显著下降，如在 pH 7.0 与 pH 6.5 时分别仅保留 56% 与 17%，这也可能是细胞体内调控葡萄糖激酶活性的方式，在 pH 7.5 的条件下葡萄糖激酶起主要作用，当 pH 下降时己糖激酶则占主导。

己糖激酶则有更宽的底物谱，可催化葡萄糖、果糖和甘露糖及葡萄糖的衍生物如葡萄糖胺与 2-脱氧葡萄糖的磷酸化。己糖激酶对葡萄糖与果糖都具有较高的亲和力，其 K_m 分别为 0.35mmol/L 与 2.0mmol/L。己糖激酶受到 6-磷酸海藻糖的抑制，K_i 为 0.01mmol/L，在 6-磷酸海藻糖生理浓度（0.1～0.2mmol/L）的条件下受到非常严重的底物竞争性抑制。当在黑曲霉体内破坏 6-磷酸海藻糖合成酶基因（*ggsA*）后，在高蔗糖条件下，可减少体内 6-磷酸海藻糖的含量，减轻其对己糖激酶的抑制，导致柠檬酸更早地积累。过表达 *ggsA* 基因后，则对柠檬酸的积累产生抑制。这表明 6-磷酸海藻糖合成酶通过控制 6-磷酸海藻糖的合成，而参与糖酵解途径代谢流的调控，但其调控作用相对较小。实际上，在柠檬酸发酵过程中，6-磷酸海藻糖仅存在于发酵初期的 48h 内，Peksel 等利用 [13]C-代谢流分析也证实了这一点。Papagianni 推测胞内 6-磷酸海藻糖的变化可能与胞内 pH 的变化相关。当细胞生长到一定阶段，其胞内 cAMP 水平由于细胞质轻微酸化而自发性增加，从而激活 cAMP 的下游级联反应。中性海藻糖酶被 cAMP 依赖的蛋白激酶（PKA）磷酸化后激活，水解胞内的 6-磷酸海藻糖。6-磷酸海藻糖水解后，胞内的大量葡萄糖与果糖被己糖激酶磷酸化，从而改变胞内的代谢流，使磷酸戊糖途径转向糖酵解途径，完成细胞从生长到柠檬酸快速积累的转变。

（2）磷酸果糖激酶　磷酸果糖激酶（phosphofructokinase，PFK，EC 2.7.1.11）是糖酵解途径中的第二别构调控酶，在真核生物是控制糖酵解途径代谢流量的最关键酶。PFK 催化糖酵解途径的第二个不可逆反应，黑曲霉中存在两个磷酸果糖激酶 PFK1 与 PFK2。PFK1 负责 6-磷酸果糖 C1 位的磷酸化生成 1,6-二磷酸果糖，而 PFK2 负责 6-磷酸果糖 C2 位的磷酸化生成 2,6-二磷酸果糖。PFK1 是糖酵解途径的关键调控节点，可被高浓度的 ATP、Mn^{2+} 与柠檬酸所抑制，但被 NH_4^+、Zn^{2+}、Mg^{2+} 与 2,6-二磷酸果糖所激活。2,6-二磷酸果糖可抵消 Mn^{2+} 对 PFK1 的抑制，而 NH_4^+ 则可抵消柠檬酸对 PFK1 的抑制。许多研究发现只有在发酵初期细胞吸收一定量的 NH_4^+ 后才可启动柠檬酸的积累。因此，在柠檬酸发酵条件下，PFK 的别构抑制剂与激活剂的作用相互抵消，使 PFK 处于正常活性状态。提高碳源的浓度也可能利于减轻对磷酸果糖激酶的抑制，原因是黑曲霉在高浓度蔗糖或者葡萄糖中，细胞内磷酸果糖激酶的激活因子 2,6-二磷酸果糖浓度会升高。但 Torres 认为 PFK 对糖酵解的流量没有明显作用，细胞质中抑制因子和激活因子的联合作用可保证糖酵解途径的进行和柠檬酸的积累。

此外，Mesojednik 与 Legisa 等发现 PFK1 存在翻译后修饰的调控，首先表达为 85kDa 的前体蛋白，然后由特定蛋白酶切割得到无活性的 49kDa 的短片段蛋白，最后由 cAMP-依赖蛋白激酶 PKA 的磷酸化而活化。活化后的 49kDa 的短片段蛋白由于去除了 C 端的柠檬酸结合位点而不受柠檬酸抑制，且对 AMP、NH_4^+ 与 2,6-二磷酸果糖的激活作用更加明显。

（3）丙酮酸激酶　丙酮酸激酶（pyruvate kinase，EC 2.7.1.40）是糖酵解途径的另一个限速酶，催化磷酸烯醇式丙酮酸生成丙酮酸与 ATP。Meixner 等发现体外条件下丙酮酸激酶受代谢物影响的程度较小，在 1,6-二磷酸果糖的条件下 ATP 的生理浓度下反而对丙酮酸激酶有一定的激活作用。

3.1.3.2　草酰乙酸回补途径

草酰乙酸是柠檬酸合成的重要前体，也是氨基酸等细胞必需化合物的合成中间体。因此，为维持柠檬酸的快速积累，草酰乙酸需不断得到回补。在生物体中，草酰乙酸回补途径主要有三条：丙酮酸羧化酶反应、磷酸烯醇式丙酮酸羧化酶反应与乙醛酸循环。丙酮酸羧化酶（pyruvate carboxylase，PYC，EC 6.4.1.1）通过固定一分子的 CO_2，将丙酮酸转换成草酰乙酸，是重要的草酰乙酸回补途径。磷酸烯醇式丙酮酸羧化酶（phosphoenolpyruvate carboxylase，PEPC，EC 4.1.1.31）催化磷酸烯醇式丙酮酸与 CO_2 生成草酰乙酸。乙醛酸循环主要由异柠檬酸裂解酶（isocitrate lyase，ICL，EC 4.1.3.1）与苹果酸合成酶（malate synthetase，MS，EC 2.3.3.9）调控，异柠檬酸裂解酶将异柠檬酸分解为琥珀酸和乙醛酸；再在苹果酸合成酶催化下，乙醛酸与乙酰 CoA 结合生成苹果酸。

（1）丙酮酸羧化酶反应

$$\text{丙酮酸} + CO_2 + ATP + H_2O \longrightarrow \text{草酰乙酸} + ADP + Pi$$

（2）磷酸烯醇式丙酮酸羧化酶反应

$$\text{磷酸烯醇式丙酮酸} + CO_2 + H_2O \longrightarrow \text{草酰乙酸} + Pi$$

（3）乙醛酸循环

1）异柠檬酸裂解酶

$$\text{异柠檬酸} \longrightarrow \text{琥珀酸} + \text{乙醛酸}$$

2）苹果酸合成酶

$$\text{乙醛酸} + \text{乙酰 CoA} \longrightarrow \text{苹果酸}$$

Cleland 和 Johnson 发现黑曲霉中草酰乙酸形成所固定的 CO_2 的量与乙酰辅酶 A 形成释放的 CO_2 的量相等，将保证碳源向柠檬酸的完全转化，减少碳源损失。黑曲霉中，丙酮酸羧化酶是主要的草酰乙酸回补途径。与其他生物中不同，黑曲霉丙酮酸羧化酶存在于细胞质中，可将糖酵解产生的丙酮酸直接在胞质中转化为草酰乙酸，并被细胞质中的苹果酸脱氢酶异构酶进一步转化为苹果酸，然后再由线粒体膜上的三羧酸转运蛋白（tricarboxyalte transporter，TCT）转运至线粒体中，同时将生成的柠檬酸转运至细胞质中。丙酮酸羧化酶可将乙酰 CoA 生成所释放的 CO_2 固定，可以减少碳源的损失，提高柠檬酸的转化率。丙酮酸羧化酶是组成型表达，仅被天冬氨酸抑制，而不被乙酰辅酶 A 或 α-酮戊二酸抑制。

除丙酮酸羧化酶以外，乙醛酸循环也可能是产生苹果酸与草酰乙酸的回补途径，与完整的三羧酸循环生产草酰乙酸相比，不会损失 2mol CO_2。最初，Müller 等认为乙醛酸循环可能参与副产物草酸的形成；但 Kubicek 等发现在柠檬酸发酵过程，可能并不存在异柠檬酸裂解酶，推测所有的草酰乙酸与苹果酸是通过丙酮酸羧化酶回补。Meijer 等希望通过在黑曲霉野生型中过表达异柠檬酸裂解酶或加入琥珀酸脱氢酶的抑制剂丙二酸来激活乙醛酸循环，结果发现异柠檬酸裂解酶的过表达并没有增加乙醛酸途径的代谢通量，反而提高了 TCA 氧化臂的代谢流量，主要增加了富马酸的产量。加入琥珀酸脱氢酶的抑制剂丙二酸后，野生型则产生更多的柠檬酸与草酸，而过表达异柠檬酸裂解酶菌株中产生更多的苹果酸。这进一步说明在糖酵解途径、TCA 途径与多种草酰乙酸回补途径之间有非常复杂且精细的调控，单一代谢途径的扰动可能无法达到预期效果。

3.1.3.3 三羧酸循环

柠檬酸是三羧酸循环 [tricarboxylic acid(TCA) cycle] 途径中的中间代谢产物，但是在黑曲霉中却能大量积累，这引起许多研究者的关注。一种观点认为柠檬酸下游降解酶如顺乌头酸酶与异柠檬酸脱氢酶的失活是柠檬酸得以积累的关键。但有研究却发现在柠檬酸发酵过程中仍然存在完整的 TCA 循环，并且其胞内蛋白质水平仍有所上升，这说明 TCA 循环仍可为细胞生长提供必要的中间代谢物。Kubicek 等认为柠檬酸从线粒体到胞外的转运是柠檬酸积累的关键，在线粒体上存在的三羧酸转运子与顺乌头酸酶竞争性结合柠檬酸，使柠檬酸合成后被快速分泌至胞外，TCA 循环则因为底物不足而被减弱。但目前柠檬酸快速大量积累的分子机制还需进一步的验证。

（1）柠檬酸合酶　柠檬酸合酶（citrate synthase，EC 2.3.1.1）是三羧酸循环的第一个酶，催化草酰乙酸和乙酰辅酶 A 生成柠檬酸，催化的反应方程如下：

$$乙酰辅酶 A+草酰乙酸 \rightleftharpoons 柠檬酸+CoA\text{-}SH$$

这个反应方向虽然是可逆的，但是由于 CoA-SH 能够快速地水解生成 CoA 使反应可以一直向柠檬酸合成的方向进行。反应速度只依赖于底物浓度，由于草酰乙酸先与柠檬酸合酶结合，然后与乙酰 CoA 再结合，所以草酰乙酸的浓度会影响柠檬酸合酶对乙酰 CoA 的亲和力。在体外，ATP 与 CoA 会与乙酰 CoA 竞争性结合其底物结合位点，而抑制其活性，但在体内的生理浓度下，该酶则基本不受其他代谢物的抑制。

（2）顺乌头酸酶　顺乌头酸酶（aconitase）为含铁-硫结合簇的蛋白质。在三羧酸循环中，是催化柠檬酸通过顺乌头酸中间步骤立体专一性可逆异构化为异柠檬酸的酶，这一步为 TCA 循环中的非氧化还原步骤。柠檬酸由顺乌头酸酶催化脱水生成顺乌头酸，然后再加水，从而改变分子内—OH 与—H 的位置，生成异柠檬酸。两步反应的标准自由能变化 G^0 分别为 $+8.4kJ/mol$ 与 $-2.1kJ/mol$，异柠檬酸的不断消耗，可催动反应的进行。

顺乌头酸酶催化"柠檬酸 $\rightleftharpoons$ 顺乌头酸 $\rightleftharpoons$ 异柠檬酸"这个可逆反应，在黑曲霉中三种代谢物的比例为 90∶3∶7。在柠檬酸积累的过程中，顺乌头酸酶催化的反应总是趋向于生成柠檬酸，当柠檬酸积累到一定量时胞内 pH 下降，顺乌头酸酶受抑制，柠檬酸进一步积累。CoX 等研究细菌的顺乌头酸酶发现该酶受葡萄糖调控，当葡萄糖浓度高于一定值时，顺乌头酸酶受阻遏。

（3）异柠檬酸脱氢酶　异柠檬酸脱氢酶（isocitrate dehydrogenase）是柠檬酸下游代谢的关键酶，催化异柠檬酸生成 α-酮戊二酸，这一步是三羧酸循环的限速步骤。根据辅酶依赖性的不同，黑曲霉中存在 NAD^+ 专一性（EC 1.1.1.41）和 $NADP^+$ 专一性的异柠檬酸脱氢酶（EC 1.1.1.42）。NAD^+ 专一性的酶只存在于线粒体，$NADP^+$ 专一性的酶有 2 种，分别存在于线粒体和细胞质中。$NADP^+$ 专一性的酶数量远多于 NAD^+ 专一性的酶。线粒体中的 NAD^+ 异柠檬酸脱氢酶受柠檬酸的抑制，当柠檬酸积累时，会抑制 NAD 异柠檬酸的活力，使得柠檬酸进一步积累。另外，线粒体中的 AMP、顺乌头酸、草酰乙酸、$NADH/NAD^+$ 和 $NADPH/NADP^+$ 比例都会影响异柠檬酸脱氢酶的活性。Mn^{2+} 与 Mg^{2+} 是 $NADP^+$ 专一性的异柠檬酸脱氢酶的必须激活剂，而 ATP、

NADPH、柠檬酸和 α-酮戊二酸都是 NADP$^+$ 依赖的酶的抑制剂，有助于柠檬酸的积累。

(4) α-酮戊二酸脱氢酶　α-酮戊二酸脱氢酶（α-ketoglutarate dehydrogenase）是三羧酸循环的另一个限速酶，催化 α-酮戊二酸生成琥珀酰辅酶 A。α-酮戊二酸脱氢酶受 NADH、草酰乙酸、琥珀酸、顺乌头酸及高浓度葡萄糖和 NH$_4^+$ 的强烈抑制，进而抑制柠檬酸的下游代谢。在以葡萄糖为碳源，可能由于胞内葡萄糖、NH$_4^+$ 及 NADH 与草酰乙酸的抑制，α-酮戊二酸脱氢酶活力非常低，而导致柠檬酸的积累。由于 α-酮戊二酸脱氢酶催化不可逆反应，当其活力被抑制时，使 TCA 成马蹄状，TCA 循环中其他代谢物如苹果酸、富马酸、琥珀酸等都由草酰乙酸沿着 TCA 循环的逆反应（rTCA）方向合成。

3.1.4　柠檬酸转运

Torres 等通过柠檬酸合成代谢模型发现柠檬酸合成的三大控制节点在于己糖的吸收与磷酸化、柠檬酸从线粒体至胞质的转运，以及柠檬酸向胞外的分泌。Ahmed 等对柠檬酸发酵整个过程中三羧酸循环上的酶进行了分离鉴定，发现这些酶在整个发酵过程中都是存在的，说明在柠檬酸积累过程中三羧酸循环仍然是流通的。柠檬酸产生后能够快速运输到胞质并外排到发酵液可能是柠檬酸快速积累的重要原因。Kubicek 等认为可能有一种三羧酸转运子在柠檬酸积累过程中起到重要作用，这种三羧酸转运子与顺乌头酸酶竞争性结合柠檬酸，如果三羧酸转运子的亲和力较高，柠檬酸合成后就会被快速的运输到胞质，那么三羧酸循环中其他酶就可以在没有抑制剂存在的情况下减弱通量。2018 年，Steiger 等通过蛋白序列比对发现并鉴定到 CexA 为柠檬酸外排蛋白，其过表达可显著提高柠檬酸的积累。

Mattey 等研究发现柠檬酸发酵过程中发酵罐中的柠檬酸逐渐积累，但是细胞质内却能维持柠檬酸的浓度在 $1.0 \sim 2.5 \text{mmol/L}$。柠檬酸的胞外分泌并不是一个简单的物理扩散作用，而是主动运输过程。及时地将胞内积累的柠檬酸外排到发酵液，能够有效防止柠檬酸对代谢途径的反馈抑制，使柠檬酸能够持续积累。在哺乳动物细胞和酵母细胞中，线粒体中的柠檬酸通过逆向运输的方式与胞质中的苹果酸进行交换进入细胞质。这种运输方式可能也存在于黑曲霉的柠檬酸线粒体转运过程中。Kubicek 等发现在柠檬酸发酵初始，胞内苹果酸有所积累。Nielsen 等推测细胞质内苹果酸的积累将通过线粒体膜上的苹果酸-柠檬酸反向转运蛋白而激活柠檬酸的快速积累。在野生型黑曲霉中，苹果酸积累的限制因素可能是胞质内的 NADH 水平或柠檬酸代谢关键酶仅具有较低的亲和力或催化活性或是各关键酶的转录水平过低，比如草酰乙酸的代谢流方向就取决于苹果酸脱氢酶（Mdh）与草酰乙酸酰基水解酶（OAH）的亲和力大小。Nielsen 等发现过表达胞质苹果酸脱氢酶可提高柠檬酸的初始生产速率，但减慢柠檬酸总体生产速率。这证明胞质苹果酸的积累可激活柠檬酸合成，但在激活后柠檬酸的积累受其他关键因素的控制。

3.1.5　能量与还原力平衡

葡萄糖经糖酵解途径最终合成柠檬酸的过程会生成两分子的 ATP 和三分子的 NADH。一分子的 NADH 经呼吸链完全氧化磷酸化会生成 2.5 个 ATP。发酵过程中多余的 ATP 会抑制糖酵解途径，不利于柠檬酸的合成。柠檬酸的快速积累需要一个高效快速的糖酵解途径，糖酵解途径产生的 NADH 必须快速地被氧化生成 NAD^+ 来维持细胞内部氧化还原力的平衡，同时还需要避免 ATP 的过剩。实际上，黑曲霉发酵后期柠檬酸合成时，电子传递主要通过侧呼吸链完成，侧呼吸链受水杨基氧肟酸（SHAM）抑制，交替氧化酶是侧呼吸链的关键酶，缺氧会造成侧呼吸链不可逆的失活。

电子通过呼吸链从 NADH 传递到分子氧，并产生 ATP。正常的呼吸链包含四个大的复合体，复合体 I 是"NADH：泛醌氧化还原酶复合体"，复合体 II 由琥珀酸脱氢酶和一种铁硫蛋白组成，复合体 III 是"泛醌：细胞色素 c 氧化还原酶复合体"，复合体 IV 是细胞色素氧化酶。其中复合体 I、III 和 IV 中电子传递过程会伴随质子跨膜运输，复合体 II 中电子从琥珀酸传递到泛醌，不伴随质子跨膜运输。质子的跨膜运输产生电势差，能够偶联氧化磷酸化产生 ATP。在黑曲霉等真菌中，存在旁路呼吸链，包括替代 NADH 脱氢酶和替代氧化酶，能够氧化 NADH 而不产生 ATP，如图 3-2 所示。黑曲霉中的替代 NADH 脱氢酶和替代氧化酶基因有助于黑曲霉应对强烈的氧化压力，进行无能量存储的 NAD^+ 再生，使柠檬酸能够快速地积累。

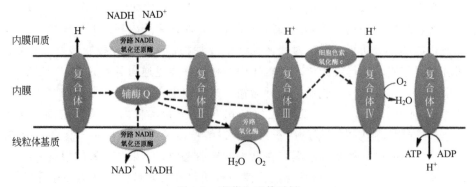

图 3-2　真菌电子传递链

替代 NADH 脱氢酶催化线粒体基质和细胞质中的 NADH 氧化，并将电子传递给泛醌，整个过程不涉及质子的跨膜运输，也不会伴随 ATP 的产生，多余的能量以热能的方式释放到环境中。复合体 I 受鱼藤酮抑制，但是替代 NADH 脱氢酶对鱼藤酮不敏感，可以用鱼藤酮来检测替代 NADH 脱氢酶的活力。替代氧化酶可以直接从泛醌获得电子，并将电子传递给最终受体 O_2。替代氧化酶会绕过复合体 III 和 IV 的作用，同时抑制细胞色素 c 氧化酶。替代氧化酶也不涉及质子的跨膜运输，不会伴随 ATP 的产生。细胞色素 c 氧化酶对氰化物敏感，而替代氧化酶对氰化物不敏感，对水杨基氧肟酸敏感，这个特点通常可以用来检测替代氧化酶的活力。

Wallrath 等研究发现在一个高产柠檬酸的菌株（A. niger strain B60）中，氧化还原酶复合体 I 是没有活性的。Schmidt 等进一步证实在 A. niger strain B60 中存在氧化还原酶复合物 I 的序列，只是复合物的组成形式不同。敲除 A. niger strain B60 中氧化还原酶复合物 I，菌株的氧化磷酸化水平只有野生型的 60%，菌株能够在胞内积累柠檬酸，但是却不能有效地将这些柠檬酸外排，反而野生型菌株胞外的柠檬酸量要高于氧化还原酶复合物 I 缺失的菌株。Schmidt 等认为野生型菌株可以通过氧化磷酸化和旁路呼吸链两个途径来氧化 NADH，而敲除菌株只能利用旁路呼吸链的作用来氧化 NADH，这样敲除菌株循环利用 NADH 的效率就不如野生型菌株高，使得糖酵解途径通量低于野生型菌株。

3.1.6 发酵副产物代谢

3.1.6.1 草酸

黑曲霉能够积累大量的有机酸，其中之一就是草酸。黑曲霉柠檬酸发酵过程中，草酸是主要的副产物之一。草酰乙酸乙酰水解酶（OAH）是黑曲霉中合成草酸的关键酶，草酸的积累受低 pH 的抑制作用，当 pH 降到 2 以下就没有草酸生成。Leangon 等研究发现，发酵液中存在高浓度葡萄糖时积累柠檬酸，葡萄糖浓度较低时积累草酸。Pedersen 等研究发现破坏黑曲霉的草酰乙酸水解酶（EC 3.7.1.1）可以使菌株不积累草酸，对其他代谢通路也没有明显的影响。Poulsen 等通过研究 pH 响应下的差异表达基因，发现草酸抑制因子 OafA 的敲除有助于草酸的积累。Muller 等研究认为柠檬酸的下游代谢途径乙醛酸循环会利用柠檬酸向下代谢合成副产物草酸，不利于柠檬酸的积累；而 Kubicek 等研究发现在柠檬酸积累过程中乙醛酸循环缺失，异柠檬酸裂解酶不表达，并且验证了草酰乙酸脱氢酶与柠檬酸合酶对草酰乙酸的利用是竞争性关系。

3.1.6.2 葡萄糖酸

葡萄糖酸也是柠檬酸发酵过程中的副产物之一。Sankpal 等研究表明黑曲霉积累葡萄糖酸和柠檬酸的比例跟发酵液中氮的浓度有关，发酵液中氮的浓度为 4mmol/L 时只积累葡萄糖酸，浓度为 18mmol/L 时只积累柠檬酸。Podgorski 等研究表明黑曲霉生产葡萄糖酸和柠檬酸的能力跟 O_2 的利用和 CO_2 的释放有关，葡萄糖酸的生成需要更多的 O_2。Poulsen 等发现草酸抑制因子 OafA 的敲除不会影响葡萄糖酸的积累，但是葡萄糖酸可以再吸收合成草酸。葡萄糖氧化酶是葡萄糖酸合成的关键基因，其表达为诱导型表达，需要在高浓度葡萄糖与强供氧及低营养元素的条件下才能表达。葡萄糖氧化酶仅在柠檬酸发酵前期催化葡萄糖生成葡萄糖酸，但是当胞外 pH 下降至 3.5 以下，其将完成失活。胞外的葡萄糖酸能否重新被吸收利用生成柠檬酸还尚无定论。

3.1.7 无机离子

Mn^{2+} 影响着黑曲霉柠檬酸代谢的诸多方面，如菌体蛋白质及核酸等大分子物质合成、中心代谢调控、电子传递链、细胞壁组分与柠檬酸转运、菌体形态调控等。

（1）菌体蛋白质及核酸等大分子物质合成 Kubicek 等发现当培养基中缺乏 Mn^{2+} 时，菌体内蛋白质合成受阻，胞内外氨基酸浓度升高。Mn^{2+} 的不足将导致核酸与蛋白质合成受阻，而使胞内 NH_4^+ 异常提高可达 25mmol/L，高浓度的 NH_4^+ 又可解除柠檬酸与 ATP 对 PFK 的抑制，丙酮酸与草酰乙酸水平升高；同时高糖与高 NH_4^+ 的浓度将抑制 α-酮戊二酸脱氢酶的合成，抑制柠檬酸的下游降解，使柠檬酸大量积累。

（2）中心代谢调控 Mn^{2+} 不仅是微生物生长所需的营养物质而且还是许多酶的激活剂，如乌头酸酶、异柠檬酸脱氢酶等。有研究 Mn^{2+} 对柠檬酸代谢途径的关键酶活力的影响时，发现当发酵培养基中存在 1.5mg/L Mn^{2+} 时，Mn^{2+} 敏感菌株 $NAD^+/NADP^+$-异柠檬酸脱氢酶及乌头酸酶酶活力均增加，从而加速柠檬酸下游代谢，不利于柠檬酸的积累。

（3）电子传递链 Mn^{2+} 还会影响黑曲霉体内电子传递链的活性，调节菌体能量代谢。Jiirgen 等发现当培养基中存在 Mn^{2+} 时，黑曲霉体内电子呼吸链中复合物 I 活性增加，而增加体内 ATP 的水平，对糖酵解途径产生反馈抑制。

（4）细胞壁组分与柠檬酸转运 Orthofer 等研究表明当培养基中缺乏 Mn^{2+} 时，细胞壁的成分发生变化影响细胞壁的通透性。另外，Mn^{2+} 还参与柠檬酸的转运调控，黑曲霉只能在无 Mn^{2+} 的培养基向胞外分泌柠檬酸，在 Mn^{2+} 存在的条件下，黑曲霉则倾向向胞内转运柠檬酸。

（5）菌体形态调控 Kisser 等研究表明 Mn^{2+} 影响菌体形态，当发酵培养基中 Mn^{2+} 浓度大于 1×10^{-7} mol/L 时，菌体呈丝状；Mn^{2+} 浓度小于 1×10^{-7} mol/L 时，

菌体呈球状。Dai 等通过抑制消减杂交技术（suppression subtractive hybridization, SSH）确定出 22 个参与 Mn^{2+} 应答的相关基因，从分子水平上研究其与菌丝形态的关系，发现 Mn^{2+} 参与菌丝形态相关基因的表达。

培养基中氮源的限制是增加柠檬酸产量的关键，但同时 NH_4^+ 在黑曲霉柠檬酸发酵过程中起重要的作用，NH_4^+ 的胞内浓度与柠檬酸生产速率密切相关。NH_4^+ 是磷酸果糖激酶、丙酮酸激酶与柠檬酸合酶的激活剂。黑曲霉在高糖缺锰的培养基中时，由于 Mn^{2+} 是核糖核酸形成第一步反应酶的必需辅因子，因此 Mn^{2+} 的不足将导致核酸与蛋白合成受阻，而使胞内 NH_4^+ 异常提高可达 25mmol/L，高浓度的 NH_4^+ 又可解除柠檬酸与 ATP 对 PFK 的抑制，丙酮酸与草酰乙酸水平升高；同时高糖与高 NH_4^+ 的浓度将抑制 α-酮戊二酸脱氢酶的合成，抑制柠檬酸的下游降解，使柠檬酸大量积累；然后谷氨酸、谷氨酰胺、鸟氨酸、精氨酸与 GABA 的积累与分泌，解除 NH_4^+ 对细胞的毒性。Papagianni 等发现胞内的 NH_4^+ 可与葡萄糖生成葡萄糖胺分泌至胞外。另外，有研究发现外源添加 NH_4^+（如 0.01%~0.05%硫酸铵）尤其是在生产速率下降时，添加 NH_4^+ 最为有利，可加强柠檬酸生产速率。目前，在 NH_4^+ 转运方面的研究还比较少，仅 Papagianni 在柠檬酸综述中总结由于代谢抑制剂会影响到 NH_4^+ 的吸收速率推测 NH_4^+ 的吸收是需要 ATP 的。在其他的生物中，也发现 NH_4^+ 吸收是在胞外低浓度下通过主动转运实现的。

总之，从酶的表达调控与代谢调控等多种分子水平上来看，黑曲霉能大量积累柠檬酸的机制可归结为以下几点。

（1）黑曲霉可分泌大量的胞外水解酶，快速降解复杂的多聚物，为细胞生长与发酵提供足够可利用的单糖。黑曲霉存在高亲和力与低亲和力的葡萄糖转运蛋白，从而胞外葡萄糖快速吸收至胞内。

（2）黑曲霉具有高代谢通量的糖酵解途径，NH_4^+、Zn^{2+}、Mg^{2+} 与 2,6-二磷酸果糖等激活剂可有效解除 ATP、柠檬酸与 Mn^{2+} 等对磷酸果糖激酶的反馈抑制。磷酸果糖激酶也存在一种翻译后修饰，产生不受柠檬酸抑制的短的活性蛋白质片段。丙酮酸激酶基本不受代谢调节控制。

（3）黑曲霉的丙酮酸羧化酶位于细胞质中，可直接固定一分子 CO_2，将丙酮酸转换成草酰乙酸，为柠檬酸的合成提供充足的草酰乙酸。该 CO_2 固定途径可与丙酮酸脱氢酶生成乙酰 CoA 释放的 CO_2 取得平衡，以减少碳源的损失，提高柠檬酸的转化率。

（4）黑曲霉胞内酸化导致代谢模式的转变，由 EMP/PPP 为 2：1 的细胞生长模式转变到 EMP/PPP 为 4：1 的柠檬酸快速积累模式。苹果酸在细胞质内的微量积累导致细胞质轻微酸化，从而使胞内 cAMP 水平自发性增加，从而激活

cAMP 的下游级联反应。如中性海藻糖酶被 cAMP 依赖的蛋白激酶（PKA）磷酸化后激活，水解胞内的 6-磷酸海藻糖。6-磷酸海藻糖水解后，解除了其对己糖激酶的抑制，胞内的大量葡萄糖与果糖被己糖激酶磷酸化，从而改变胞内的代谢流，使磷酸戊糖途径转向糖酵解途径，完成细胞从生长到柠檬酸快速积累的转变。

（5）黑曲霉在柠檬酸大量积累时，其线粒体内的 TCA 途径的酶系的表达水平也发生显著变化，如顺乌头酸酶与异柠檬酸脱氢酶等柠檬酸下游代谢的关键酶表达明显下调。α-酮戊二酸脱氢酶受高浓度葡萄糖和 NH_4^+ 的强烈抑制，使 TCA 循环变成马蹄状，减弱 TCA 的代谢通量。

（6）黑曲霉具有独特的旁路呼吸链，包括替代性 NADH 脱氢酶与 AOX 的两条旁路呼吸链，可实现 NADH 再生的同时，减低 ATP 的生成，从而降低胞内的 ATP 水平以减轻 ATP 对磷酸果糖激酶与柠檬酸合酶的反馈抑制，保证糖酵解途径的顺畅，增加柠檬酸的生物合成。

（7）锰离子的不足将导致核酸与蛋白质合成受阻，而使胞内铵离子异常提高可达 25mmol/L，高浓度的铵离子又可解除柠檬酸与 ATP 对 PFK 的抑制，丙酮酸与草酰乙酸水平升高；同时高糖与高铵离子的浓度将抑制 α-酮戊二酸脱氢酶的合成，抑制柠檬酸的下游降解，使柠檬酸大量积累。

3.2　黑曲霉柠檬酸的代谢工程改造

柠檬酸是非常重要的大宗有机酸，广泛用于食品与医药等工业，具有巨大的市场需求量，但利润空间狭小。目前，柠檬酸工业发酵水平的提升是解决整个柠檬酸产业困境的关键。其中，发酵成本的降低与柠檬酸生产菌株的升级改造成为研究热点。虽然很多研究通过发酵工艺的优化与廉价碳源的利用等来降低柠檬酸发酵成本，然而高产菌种的选育是提升发酵性能的基础。紫外诱变与等离子诱变等随机诱变筛选方法长期用于柠檬酸生产菌株的选育，获得了许多转化率与发酵性能显著提升的优秀菌株，但其需要繁重的筛选工作且可能积累大量未知有害突变。随着对柠檬酸代谢调控机制的认识深入与遗传操作工具的提升，理性代谢改造（rational metabolic engineering）甚至系统代谢改造（systems metabolic engineering）也慢慢成为柠檬酸生产菌株设计优化的有力工具。本节将从碳源吸收利用的优化、柠檬酸合成途径的改造、前体供给的强化、反馈抑制的解除、副产物途径的弱化与敲除、旁路呼吸链的调控等方面介绍柠檬酸生产菌株的改造策略。

3.2.1　碳源吸收利用的优化

在黑曲霉以玉米淀粉液化液为碳源进行柠檬酸发酵时，胞外糖化能力的不足与培养基中产生的不可利用的异麦芽糖等成为提升柠檬酸糖酸转化率的限制因素。天津科技大学王德培课题组通过在柠檬酸生产菌株 A. niger CGMCC10142 中敲除 α-葡萄糖苷酶基因 agdA，并进一步过表达糖化酶基因后，分别获得重组菌株 A. niger TNA101ΔagdA 与 OG1，其柠檬酸产量可达 172.7g/L 与 185.7g/L，比出发菌株分别提升 8.68％ 与 16.87％，并且发酵残糖的比例分别降低 52.95％ 与 88.24％，发酵液基本检测不到异麦芽糖。

3.2.2 柠檬酸合成途径的改造

柠檬酸合成途径限速酶的过表达对提升柠檬酸的生产性能较为有限，因为中心代谢途径具有非常严谨的转录调控与代谢调控。Ruijter 等虽然将丙酮酸激酶和磷酸果糖激酶过表达至出发菌株的 3～5 倍，但对柠檬酸产量、胞内代谢物水平以及糖酵解途径上的其他酶的酶活均无明显影响，由此可见丙酮酸激酶和磷酸果糖激酶并非从葡萄糖到柠檬酸转化过程中的限速步骤。同时，中心代谢途径存在多种不同水平的调控，磷酸果糖激酶表达量的增加反而导致胞内其激活效应因子果糖-2,6-二磷酸的浓度下降，从而使磷酸果糖激酶的酶活水平并不因表达量增加而提高，最终重组菌的柠檬酸产量为 55g/L，转化率为 64％，与出发菌株无显著差异。与此类似，当在黑曲霉中过表达柠檬酸合酶使其表达量达到出发菌株的 11 倍时，仍然对柠檬酸的生产没有明显影响，柠檬酸的产量仅为 46g/L。当在黑曲霉野生型 N402 中过表达异柠檬酸裂解酶预期提高乙醛酸循环，增加苹果酸的回补时，反而发现其改造提高了 TCA 氧化臂的代谢流量，导致富马酸产量的提高，加入琥珀酸脱氢酶的抑制剂丙二酸后，野生型则产生更多的柠檬酸与草酸，而过表达异柠檬酸裂解酶菌株中产生更多的苹果酸。

3.2.3 前体供给的强化

乙酰 CoA 与草酰乙酸是柠檬酸合成的直接前体物质。真核细胞有 4 个部位可以合成乙酰 CoA：丙酮酸脱氢酶合成乙酰 CoA，主要用于 TCA 循环；过氧化物酶体中的乙酰 CoA 通过氧化脂肪酸形成，随后进入线粒体进行氧化；在细胞质中，乙酰 CoA 合成酶（ACS）和 ATP-柠檬酸裂解酶（ACL）转化乙酸和柠檬酸形成乙酰 CoA；此外，ACS 和 ACL 也涉及在细胞核中合成乙酰 CoA，为组氨酸乙酰化提供乙酰基。乙酰 CoA 是细胞内重要的分子，在多个细胞器内产生，主要用于生产能量，合成多种分子及蛋白质的乙酰化。在黑曲霉中敲除 acl1 和 acl2 两个编码 ATP-柠檬酸裂解酶的亚基的基因，造成乙酰 CoA 和柠檬酸含量的下降，伴随着营养生长的减弱，色素的减少，产孢的减弱，孢子萌发减弱。外源添加乙酸可以使基因工程菌的生长和孢子萌发能力恢复，但对产色素和产孢能力没有改善。过表达这两个基因可以增加柠檬酸的产量。但另一项研究基于模型预测对 ATP-柠檬酸裂解酶进行敲除，实现了琥珀酸产量的提升，同时也增加了柠檬酸产量。因此，还需要更多的实验来证实乙酰 CoA 的调节对柠檬酸合成的作用。

草酰乙酸由丙酮酸羧化酶在细胞质中催化丙酮酸生成，然后转化为苹果酸，进入线粒体后，由苹果酸脱氢酶再催化生成草酰乙酸。de Jongh 与 Nielsen 通过单独表达和共表达的方式细致研究了细胞质中引入 TCA 的还原途径（rTCA）对柠檬酸合成的影响。在黑曲霉 A. niger A742 中，分别单独表达和共表达截短的来自酿酒酵母的细胞质延胡索酸酶 Fum1s 与米根霉的延胡索酸酶 FumRs、来自酿酒酵母的细胞质延胡索酸还原酶 Frds1 和苹果酸脱氢酶 Mdh2。结果发现，当过表达 FumRs 与 Frds1 可提高柠檬酸的转化率，但当在胞质中过表达 Mdh2时，仅能提高柠檬酸的初始合成速率。

3.2.4　反馈抑制的解除

己糖激酶是糖酵解途径的关键调控酶，会受 6-磷酸海藻糖的抑制。当在黑曲霉体内敲除 6-磷酸海藻糖合成酶基因（ggsA）后，在高蔗糖条件下，可减少体内 6-磷酸海藻糖的含量，减轻其对己糖激酶的抑制，导致柠檬酸更早的积累。黑曲霉磷酸果糖激酶（6-phosphofructo-1-kinase，PFK1）是糖酵解途径的关键调控节点，受柠檬酸与 ATP 的反馈抑制，同时受果糖-2,6-二磷酸与 NH_4^+ 的激活，具有较为复杂的代谢调控。Capuder 等发现 PFK1 存在翻译后修饰，85kDa的新生蛋白质可被切割为一个无活性的 49kDa 片段，经磷酸化将重新激活。该49kDa 的 PFK1 能够更好地解除柠檬酸的抑制与果糖-2,6-二磷酸的更强激活效果。在黑曲霉 A. niger A158 中过表达 C 端截短不同长度的 PFK1 或将其 89 位的苏氨酸突变为谷氨酸以去除磷酸化位点，获得的重组菌株大部分柠檬酸产量有所提升。其中，A. niger TE23 在发酵近 300h 后，其柠檬酸产量可接近 120g/L，比出发菌株提升 70%。

3.2.5　副产物途径的弱化与敲除

黑曲霉中可大量积累柠檬酸、草酸与葡萄糖酸等多种有机酸。草酸与葡萄糖酸的合成系统位于细胞膜外膜，需在较高 pH 下作用，草酸需在胞外 pH 5～8 条件下合成，而葡萄糖酸则仅在 pH 4～6 条件下合成。柠檬酸则需在低于 pH 3 的条件下大量合成积累，因此胞外 pH 的快速酸化是保证柠檬酸产量与纯度的关键。除发酵控制外，基因改造也是消除副产物的重要方法。在黑曲霉中，胞外葡萄糖氧化酶直接氧化葡萄糖生成葡萄糖酸。Swart 等利用克隆筛选的方法，获得葡萄糖氧化酶的突变株 goxC17，可有效降低葡萄糖酸的合成。草酰乙酸乙酰基水解酶（OAH）催化草酰乙酸水解为草酸与乙酸。黑曲霉中存在比较强的乙酰 CoA 合成酶基因（*acuA*），所以可快速利用乙酸，不会造成乙酸的积累。OAH 的表达受胞外 pH 的调控，仅在 pH 5～6 时表达。Ruijter 等发现当敲除葡萄糖氧化酶基因（*goxC*）与 OAH 基因后，黑曲霉可在 pH 5 及 Mn^{2+} 存在下生产柠檬酸。

3.2.6　旁路呼吸链的调控

天津科技大学高年发与王德培研究组通过向柠檬酸工业菌株 *A.niger* CGMCC 5751 的发酵体系中额外适量添加传统呼吸链抑制剂抗霉素 A（antimycin A）与解偶联剂 2,4-二硝基酚（DNP）后，可提高柠檬酸的产量，当在摇瓶发酵 24h 时添加 0.2mg/L 抗霉素 A 或 0.1mg/L DNP 后，其柠檬酸产量最高分别为 151.67g/L 与 135.78g/L。适量抗霉素 A 的加入可抑制电子从复合体Ⅲ的细胞色素 cytb 到 cytc1 的传递，而减少质子从线粒体基质到内膜间质的转运，进一步降低 ATP 的生成，减少其对糖酵解途径的抑制，而最终增加柠檬酸的产量。过量的抗霉素 A 可能导致传统电子传递链的弱化或阻断，而严重影响细胞生长，反而引起柠檬酸的产量下降。解偶联剂 DNP 可阻断电子传递链与 ATP 生成之间的偶联而降低胞内 ATP 水平，但当 DNP 过量添加时，与抗霉素 A 相似，反而由于胞内 ATP 水平过低，而影响生长，最终导致柠檬酸产量下降。另外，该研究组在柠檬酸工业菌株 *A.niger* CGMCC10142 中，采用传统同源重组的方法，分别过表达与敲除 *aox1*，结果发现，当初糖为 130g/L 时，相对于出发菌的 116.68g/L，过表达菌株 72 和 102 产酸量分别为 132.37g/L 与 129.34g/L，分别提高 13.45% 与 10.85%；而敲除菌 3-4 和 4-10 产酸量分别为 105.83g/L 与 108.63g/L，分别降低 9.29% 与 8.61%。通过检测胞内的 ATP 与 NADH 的水平发现，*aox1* 基因的过表达使得菌株抗氧化性能增强，同时加快 NADH 氧化速率，侧呼吸链传递产生相对出发菌更少的能量，适当程度减轻了胞内的 ATP 和 NADH 对 EMP 及糖酵解途径关键酶的抑制作用，因此，柠檬酸产量明显升高。

3.2.7　Mn^{2+} 的应答与菌球形态的改造

Mn^{2+} 对黑曲霉柠檬酸合成与积累起非常重要的作用。Dai 等鉴定出参与 Mn^{2+} 应答与菌球形态相关基因，发现 Brsa-25 参与 Mn^{2+} 的应答，为一个膜整合蛋白或氨基酸转运蛋白。当采用反义 RNA 来弱化该基因的表达时，可使在 Mn^{2+} 存在的条件下形成菌球，提高了菌株对 Mn^{2+} 的抗性。同时，与出发菌株相比，反义 RNA 弱化的菌株发酵 60h 后可产生 2.4g/L 的柠檬酸。由此相似，对细胞壁合成中的关键基因几丁质合酶基因 *chsC* 的弱化，也可显著降低柠檬酸发酵中的分散菌球比例，增强菌球的紧实度，最终可使柠檬酸的产量提高 42.6%。

总而言之，虽然基于先验知识，已经获得一些成功的改造实例，但是由于柠檬酸发酵是一个复杂的过程，因此，基于多组学的系统生物学解析与高效的多位点基因组编辑系统是解决柠檬酸生产瓶颈，使柠檬酸产量获得不断提升的重要研究策略。

3.3　黑曲霉柠檬酸发酵的系统生物学

系统生物学通过基因组、转录组、蛋白质组、代谢组及代谢网络模型等组学分析技术，系统解析细胞在 RNA、蛋白质与代谢物等不同水平上的变化规律与调控机制，进而通过数据驱动的方法与数学模型化来模拟和认识工业细胞工厂的生命过程。自 2007 年，随着黑曲霉基因组的发布，黑曲霉的研究也进入了后基因组时代。

3.3.1　基因组

基因组 (genome) 是生物体的全部遗传信息的总和，是研究认识生命过程的基础。2007 年，第一株黑曲霉菌株 CBS513.88 的基因组公布，至今，已有十几株黑曲霉的基因组陆续公布，为黑曲霉研究奠定坚实基础。

比较基因组可通过对比具有不同表型的菌株的基因组，获得与特定表型相关的单核苷酸多态性 (single nucleotide polymorphisms，SNPs)、基因的插入与缺失等，为代谢改造提供新的靶点。产酶黑曲霉菌株 CBS513.88 与产酸黑曲霉菌株 ATCC1015 的比较基因组发现在产酶黑曲霉菌株 CBS513.88 中具有丰富的糖化酶 (glucoamylase A)、tRNA 合成酶，以及参与氨基酸代谢与蛋白合成的相关转运蛋白的编码基因等，而在产酸黑曲霉菌株 ATCC1015 中则具有多拷贝的参与有机酸合成途径相关基因。Yin 等对国内柠檬酸工业菌株 H915-1 进行全基因组测序，并与诱变后产量下降的菌株 A1 和 L2 进行比较基因组分析，发现中心代谢通路的顺乌头酸酶和 γ-氨基丁酸 (γ-aminobutyric acid，GABA) 通路的琥珀酸半醛脱氢酶基因发生变异，可能是导致柠檬酸变化的主要因素。

3.3.2　转录组

转录组 (transcriptome) 指在特定环境条件下表达的所有 RNA。转录组学通过对不同条件下特定细胞内的所有 RNA 的定量检测，来分析各基因的表达水平。转录组学研究作为一种宏观的整体论方法改变了以往选定单个基因或少数几个基因零打碎敲式的研究模式，将基因组学研究带入了一个全新的高速发展时代。

目前，转录组检测与分析平台包括基因表达芯片与 RNA 测序等。2008 年，Anderse 等开发出了针对黑曲霉、米曲霉与构巢曲霉三种重要曲霉的基因芯片，可用于这三种曲霉的比较转录组分析。利用这一芯片，后续进行了 A.oryzae 与 A.niger 的碳源利用差异研究与三种曲霉在甘油代谢上的差异研究。虽然这些研究表明基因芯片可用于不同代谢途径的基因调控系统研究，但由于基因芯片在 RNA 的数量、转录水平的定量与序列分析等方面的局限，故将 RNA-seq 用于转录组分析有很大的优势。RNA-Seq 技术具有高准确度、高分辨率、高灵敏度等优点被广泛使用。Delmas 等利用 RNA-Seq 技术研究不同营养条件下黑曲霉响应木质纤维素的基因表达情况，发现在饥饿状态下会诱导产生大量的水解酶。Novodvorska 等研究分生孢子休眠被打破的黑曲霉转录组，发现糖酵解途径和三羧酸循环等途径参与孢子萌发。Yin 等对黑曲霉 H915-1 在柠檬酸合成阶段的 4 个时间点和菌体生长阶段的转录组数据进行分析，发现 479 个基因的表达发生变化，确定了黑曲霉中心代谢通路的主效基因。糖酵解通路的大部分酶的表达没有变化，磷酸丙糖异构酶表达上调，丙酮酸激酶表达下调，TCA 循环大部分酶的表达下调；发现 GABA 通路关键酶的表达上调；ATP-柠檬酸裂解酶表达上调，与 TCA 循环一起构成了一条消耗 ATP 的无效循环；鉴定到 35 个转运蛋白表达持续上调，包含 3 个有机阴离子转运蛋白，以及 1 个单羧酸转运蛋白，拓展了对黑曲霉柠檬酸发酵过程的全局基因表达变化的认识。

3.3.3　蛋白质组

蛋白质组（proteome）指某一生物或细胞在各种不同环境条件下表达的所有蛋白质。蛋白质组学是对某一生物或细胞在各种不同环境条件下表达的所有蛋白质进行定性和定量分析的科学，对蛋白质的加工、修饰及蛋白质之间的相互作用进行研究。

目前，已有许多不同的方法用于蛋白质组的研究，如蛋白质芯片、酵母双杂交、二维聚丙烯酰胺凝胶电泳-质谱（2D-PAGE/MS）与液质联用（HPLC-MS/MS）等。近年来，基于质谱的相关技术的迅速发展极大地促进了蛋白质组的发展。[15]N 代谢标记、细胞培养氨基酸稳定同位素标记（stable isotope labeling with amino acids in cell culture，SILAC）、同位素亲和标签（isotope coded affinity tag，ICAT）与同位素标记相对和绝对定量标记（isobaric tags for relative and absolute quantitation，iTRAQ）等技术在定量蛋白质组的应用，为全面、系统地定性和定量分析复杂细胞蛋白质组提供了有效的方案。

Tsang 等先利用计算的方法对 *A. niger* ATCC1015 全部基因进行预测，一共预测出 691～881 个可能的分泌蛋白质；同时将黑曲霉在六种不同的培养基上培养，并用质谱检测胞外蛋白质，最后一共鉴定了 222 种蛋白质。Adav 等研究结果发现不同的 pH 条件下胞外蛋白质的组成存在差异。Lu 等利用二维凝胶电泳和 nano-HPLC MS/MS 相结合的方法分别检测了黑曲霉在木糖和麦芽糖培养基上胞内、胞外蛋白质的表达情况，发现不同的培养基对胞内蛋白质的组成影响不大，对胞外蛋白质的组成影响较显著。Adav 等对黑曲霉在不同 pH 下的胞外蛋白质进行 iTRAQ 标记的蛋白质组定量方法，一共鉴定了 102 种蛋白质，其中包含多种水解酶，如纤维素酶、半纤维素酶、糖苷水解酶、蛋白酶等。另外，膜蛋白质组也是发现鉴定关键转运蛋白的有效方法。Sloothaak 等借助不同葡萄糖浓度下的膜蛋白质组数据，利用隐马尔可模型鉴定到两个新的高亲和力葡萄糖转运蛋白 MstG 与 MstH，进一步加深了对黑曲霉双葡萄糖转运系统的认识。

3.3.4 代谢组

代谢组指的是在特定生理条件下，一个细胞所有代谢组分的集合，尤其指小分子物质（分子量为 1000 以下的小分子）。而代谢组学则是一门在新陈代谢的动态进程中，系统研究代谢产物的变化规律，揭示机体生命活动代谢本质的科学。基因与蛋白质的表达紧密相连，代谢物则更多地反映了细胞所处的环境。在某些情况下，基因突变或者环境扰动不会影响转录和翻译过程，然而酶活性和代谢物浓度会受到很大的影响；使代谢组学比转录组学和蛋白质组学有更强大的辨别力。

黑曲霉代谢组的研究还处于起步阶段，可靠的胞内代谢物组数据的获取离不开快速的取样、充分的猝灭与完全的提取。中国科学院天津工业生物技术研究所郑小梅等系统评估了不同的细胞猝灭与代谢物提取方法，建立黑曲霉基于液质联用的胞内代谢组分析流程，发现以液氮快速猝灭可有效降低细胞破损与胞内代谢物的泄漏，采用热乙醇与冷乙腈相结合的方法可保证胞内代谢物提取的完整性。利用该胞内代谢组分析流程，郑小梅等进一步分析了柠檬酸发酵过程中的胞内代谢组变化，发现高效的糖酵解代谢流的维持和丙酮酸与草酰乙酸等前体物质的有效供给是柠檬酸快速积累的重要因素。

3.3.5 代谢网络模型

黑曲霉中柠檬酸的代谢途径，以及关键酶的性质已经得到了很好的认识。组学数据的不断丰富为从系统的角度研究黑曲霉的柠檬酸代谢奠定了基础。全基因组规模的代谢网络的不断发展，进一步推动了基于流量平衡分析的细胞代谢分析。

Torres 等利用线性规划的方法优化黑曲霉的柠檬酸生产过程，建立了黑曲霉柠檬酸生产条件下的碳代谢数学模型。该模型运用稳态系统模型（S-system）来表示生物化学系统，利用线性规划的方法求解最优化模型。通过将代谢物的通量控制在比较窄的范围（稳定状态上下波动 20%），并且允许酶的浓度范围为其稳定状态的 0.1～50 倍，在维持 100% 转化率时，糖酵解途径的流量提高了 2 倍。通过计算结果，要达到糖酵解途径提高 2 倍的目标，只需要同时调整 7 个或者更多酶的活力。Alvarez-Vasquez 等在 Torres 等的基础上进一步优化了黑曲霉产酸条件下的中心代谢模型。优化后的模型是一个自相似模型，符合幂律分布，具有更高的稳定性和鲁棒性。研究结果表明，虽然在目前的酶活性状态下柠檬酸产量较高，但是仍然有使底物合成速率提高 5 倍的改造优化空间；如果整个酶浓度能翻倍的话，柠檬酸的产生速率将增加 12 倍以上。经过计算，要提高的柠檬酸产量，至少有 13 个酶需要被改造。

David 等根据黑曲霉基因组数据、生化反应数据等构建了黑曲霉的计量学模型。这个模型包含 284 个代谢物和 335 个反应，其中包含 268 个物质转换反应、67 个运输反应。David 等利用这个模型模拟黑曲霉在不同碳源上生长的情况，并对生长相关的反应进行单敲除进而获得不同碳源下起重要作用的生化反应。Sun 等构建了第一个黑曲霉全基因组规模的代谢网络。通过将两株黑曲霉（*A. niger* ATCC 9029 和 *A. niger* CBS 513.88）的基因组数据进行整合，构建了一个包含 2443 个反应、2349 个代谢物的黑曲霉全基因组代谢网络。通过代谢网络的比较分析，发现了替代氧化还原酶和柠檬酸合酶的多个拷贝，这两个基因都与柠檬酸的高产有直接的关联。黑曲霉全基因组规模的代谢网络，为系统地研究黑曲霉的代谢机制奠定了基础。Andersen 等根据多组学信息，包括黑曲霉基因组信息、代谢组信息、生化反应数据及来自文献的数据，构建了一个可以计算的黑曲霉全基因组规模代谢网络。这个网络模型进一步展示了黑曲霉高产有机酸和水解酶的应用潜力。

虽然有许多研究对中心代谢的关键酶进行分析，但单一酶的研究较难预测代谢瓶颈，可通过代谢网络模型从全局来定量研究能有更加清晰的认识。代谢网络模型可定量分析代谢途径上的各酶对代谢流量的贡献，从而为代谢改造提供靶点，比如过表达特定酶或代谢途径会提高目标产物的产量或转化率等，比如同时协同糖酵解途径的 7 个酶可显著提高糖酵解途径的代谢流，从而增强丙酮酸的供给而提高柠檬酸的产量。但囿于当时黑曲霉遗传操作水平的限制，尚无实验验证。

3.4 黑曲霉的基因组编辑系统

黑曲霉柠檬酸高产菌的菌丝形态一般粗短且具有分枝，细胞壁增厚，细胞膜成分变化，导致其遗传操作较低。因此，还需发展更加高效简便的遗传操作工具来加快对柠檬酸菌株的改造。近年来，CRISPR/Cas9 基因组编辑技术的快速发展，为黑曲霉工业菌株的升级改造带来新的发展契机。

3.4.1 CRISPR/Cas 基因组编辑系统简介

近年来，基因组编辑技术（genome editing technologies）的快速发展为生物学研究带来了新纪元。与传统的基因克隆技术不同，基因组编辑技术可直接在基因组上进行 DNA 序列的敲除、插入、定点突变及组合编辑等，实现基因功能与调控元件的系统研究，在生物工程等方面具有广阔的应用前景。早期，基因组编辑技术主要利用同源重组介导的打靶技术，但由于效率较低（$10^{-9} \sim 10^{-6}$），极大地限制了其应用。

为解决这一难题，一系列人工核酸内切酶介导的基因组编辑技术被开发，可通过在基因组特定位置上形成 DNA 双链断裂（DNA double stranded break，DSB），借助于细胞自身的修复系统如非同源末端连接（non-homologous end joining，NHEJ）或同源重组（homology recombination，HR），从而实现在不同生物与细胞类型中有效的定点基因组编辑。目前，主要有四种不同的人工核酸内切酶已应用于基因组编辑：meganucleases；锌指核酸内切酶（zinc finger endonuclease，ZFN）；类转录激活因子效应物核酸酶（transcription activator-like effector nuclease，TALEN）与 RNA 靶向 DNA 内切酶 Cas9。其中，RNA 靶向内切酶 CRISPR-Cas9 介导的基因组编辑技术则通过一段短的引导 RNA（guide RNA）来识别特定的 DNA 序列，只需通过改变这段引导 RNA 序列即可，使 Cas9 定位到新的 DNA 序列。该技术以设计操纵简便、编辑高效与通用性广等优势成为新一代基因组编辑技术，为基因组定向改造调控与应用等带来突破性革命。

CRISPR/Cas（clustered regularly interspaced short palindromic repeats/CRISPR-associated proteins）系统为细菌与古生菌中抵御外源病毒或质粒 DNA 入侵的获得性免疫系统。该系统在 crRNA 的指导下，使核酸酶 Cas 识别并降解外源 DNA。其中，Ⅱ型 CRISPR-Cas 系统最为简单，仅包括一个核酸酶 Cas9 与 tracrRNA：crRNA 二聚体便可完成其生物功能。Cas9 的蛋白结构包括 α-螺旋组成的识别区（REC）与由 HNH 结构域与 RuvC 结构域组成的核酸酶区以及位于

C 端的 PAM 结合区。位于 RuvC 结构域中的 D10A 突变体可导致 RuvC 结构域的失活，位于 HNH 结构域的 H840A 突变体可导致 HNH 结构域的失活，但单点突变体可使 Cas9 成为切口酶，形成单链 DNA 断裂。在 REC 识别区中的一个富含精氨酸的 α-螺旋负责与 RNA-DNA 异源二聚体的 3′端 8～12 个核苷酸的结合。

Cas9 与靶 DNA 的识别依赖于 tracrRNA：crRNAs 与靶 DNA 序列下游的 PAM 序列。首先 RNA-Cas9 复合体沿外源入侵 DNA 进行扫描，当遇到 PAM 序列且 DNA 序列可与 crRNA 互补配对形成一个 R 环时，Cas9 蛋白将分别利用 HNH 与 RuvC 结构域对 DNA 的互补链与非互补链进行切割，而形成 DNA 的双链断裂。PAM 序列是 Cas9 识别靶 DNA 的重要影响因素。SpCas9 的研究表明 PAM 序列的识别将引发 Cas9 从结合构象向切割构象的转变。在嗜热链球菌中，PAM 序列多数为 5′-NGG，而 5′-NAG 虽然效率低一些，但也可用于靶 DNA 的定位，可扩展在基因组编辑中靶 DNA 的选择范围。Cas9 的同源蛋白可识别不同的 PAM 序列，如嗜热链球菌 I 型 Cas 蛋白识别的 PAM 序列为 5′-NNAGAAW，III 型 Cas 蛋白为 5′-NGGNG，来源于 Neisseriameningitidis 的 Cas9 识别 5′-NNNNGATT PAM 序列。Cas9 蛋白的 PAM 特异性可进行改造，如将嗜热链球菌 III 型 Cas 蛋白的 PAM 识别区替换为 *Streptococcus pyogenes* SpCas9 的 PAM 识别区，则可将其识别的 PAM 序列由原来的 5′-NGGNG 变为 5′-NGG。

CRISPR-Cas9 的基因组编辑技术的基本原理（图 3-3）为将 crRNA-tracrRNA 设计为引导 RNA，引导 RNA 包含位于 5′端的靶 DNA 的互补序列及位于 3′端的 tracrRNA：crRNA 的骨架序列，利用靶 DNA 的互补序列来定位靶位点，利用

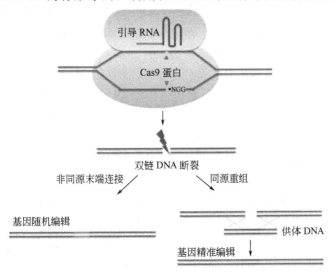

图 3-3　CRISPR/Cas9 基因组编辑的技术原理

tracrRNA：crRNA 的骨架序列与 Cas9 结合。当 Cas9-sgRNA 在基因组上扫描遇到 PAM 序列且 DNA 序列可与 crRNA 互补配对形成一个 R 环时，Cas9 蛋白将分别利用 HNH 与 RuvC 结构域对 DNA 的互补链与非互补链进行切割，而形成 DNA 的双链断裂。DNA 双链断裂可被体内的 NHEJ 系统或 HR 系统所修复。若被 NHEJ 系统修复，就会在 DNA 双链断裂处引入一些未知 DNA 插入或缺失，使靶基因失活；但体内存在含有同源臂的供体 DNA 时，HR 系统将以供体 DNA 为模板对 DNA 双链断裂进行准确修复。该技术仅设计引导 RNA 就可实现对含有 PAM 序列的任一靶 DNA 序列进行敲除、插入与定点突变等修饰。

3.4.2　黑曲霉的 CRISPR/Cas9 基因组编辑系统

CRISPR/Cas9 基因组编辑系统主要包括三大要点：Cas9 的核定位表达、sgRNA 的合理设计与有效表达及供体 DNA 的设计与构建等。目前，黑曲霉中，已开发出了多个 CRISPR/Cas9 基因组编辑系统（图 3-4）。

Cas9 的核定位表达多通过在其蛋白的 N 端与 C 端添加核定位信号如 SV40、GAL4p 或核质蛋白的核定定位信号来实现。另外，Cas9 的密码子优化有助于基因组编辑效率的提升。在有的物种中，发现 Cas9 的持续组成型表达可能会对细胞造成一定的毒性，并增加了脱靶的概率，因此用诱导型启动子表达 Cas9 可避免这些问题，并可带来更加灵活可控的基因组编辑。

sgRNA 的表达一般采用以 U6 启动子来起始 RNA 聚合酶Ⅲ进行转录，以多聚胸腺嘧啶来终止转录。但是由于黑曲霉中此前未鉴定到可用的 U6 启动子，2015 年 Nodvig 等在曲霉中建立 CRISPR/Cas9 系统时，选用了来自构巢曲霉的 RNA 聚合酶Ⅱ所识别的强启动子 $PgpdA$ 来进行 sgRNA 的表达。但由于 RNA 聚合酶Ⅱ用于小 RNA 转录时，往往引起通读，而严重影响 sgRNA 的构象，因此，需在 sgRNA 的 5′端与 3′端添加可用于自我切割的核酶。这将大大增加含有不同靶序列的 sgRNA 构建工作量，影响了 CRISPR/Cas9 系统的简便性。后续，Kuivanen 等则采用体外转录的方法进行 sgRNA 的合成，虽然避免了 sgRNA 的表达问题，但是这种策略仅能用于瞬时编辑，sgRNA 无法在细胞内稳定存在。另外，sgRNA 的吸收效率与稳定性也会影响 CRISPR/Cas9 系统的基因组编辑效率。

为解决黑曲霉中无 RNA 聚合酶Ⅲ所识别启动子可用的问题，郑小梅等首先从 NCBI 数据库中鉴定一个黑曲霉内源的 U6 启动子，然后将该内源 U6 启动子与来源于人类与酵母的两个外源 U6 启动子进行 sgRNA 表达，构建了三个由不同 U6 启动子驱动的 sgRNA 表达盒。然后以黑曲霉孢子色素控制基因 $albA$ 为靶基因进行基因编辑效率的检测。结果发现，三个不同来源的 U6 启动子均可成功

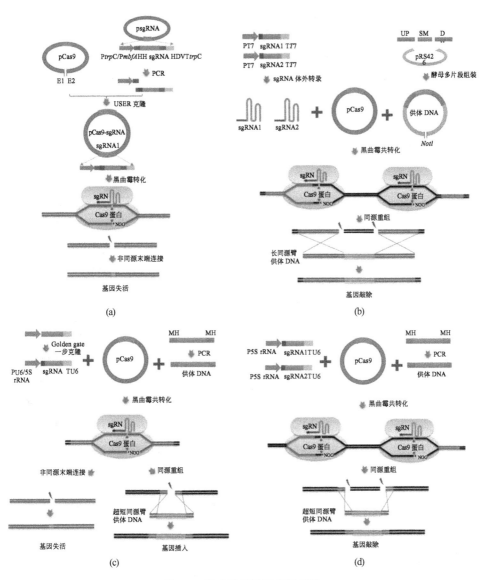

图 3-4　黑曲霉基因组编辑系统

启动 sgRNA 的转录，sgRNA 进一步可介导 Cas9 定位至 *albA* 的靶位点并产生 DNA 双链断裂，再由 NHEJ 系统引入随机突变而使 *albA* 功能失活。另外，测试发现将含有 40bp 同源臂的供体 DNA 进行共转化后，可大大简化同源臂的构建问题，实现黑曲霉中基因精准编辑。与黑曲霉传统基因组编辑相比，CRISPR/Cas9 系统可有效提高同源重组效率。为进一步提升基因组编辑效率，郑小梅等首次提出以 5S rRNA 基因为启动子介导 sgRNA 的表达，在黑曲霉中开发了一种基于 5S rRNA 的新型高效的 CRISPR/Cas9 系统。该新型 CRISPR/Cas9 系统成功解决黑曲霉基因组编辑的关键技术瓶颈,大大推动了后续黑曲霉大规模的功能基因组研究与细胞工厂的开发利用。同时,基于 5S rRNA 在不同物种中的高度保守性,本研究首创的 sgRNA 表达策略,也为真核生物中基因组编辑系统的开发与优化提供了新思路。

另外,sgRNA 靶序列与供体 DNA 的设计会对基因组编辑效率带来一定的影响。如有研究表明若在 sgRNA 靶序列的 3′端中含有 GG 或 GC 会提升基因组编辑效率。另有研究表明,若供体 DNA 采用不对称的同源臂可使同源重组效率提高 60%。当然,由于黑曲霉中 NHEJ 系统是主要的 DNA 修复方式,同源重组效率不足 5%。黑曲霉传统基因组编辑中,供体 DNA 中的同源臂长度的增加将有助于提高同源重组效率,如当同源臂为 100bp 时,野生型基因编辑效率仅为 4%。因此,在黑曲霉 NHEJ 系统失活的菌株,组合使用 CRISPR/Cas9 系统与短同源臂的供体 DNA 时,可大大增加基因组编辑的高效性与简便性。

3.5 展望

黑曲霉已经长期用于柠檬酸的发酵产生,生产菌种的改造和选育是柠檬酸发酵工业的基础,决定了发酵过程的成败和发酵产品工业化生产的价值。我国是柠檬酸生产大国,虽然柠檬酸转化率已经接近理论水平,产量可以达到 170g/L,但发酵周期偏长,工业发酵水平还有待提高,现在整个行业处于产能过剩的困局中。而根据 Alvarez-Vasquez 的模型,黑曲霉的柠檬酸生产仍然有巨大的提高空间,因此几十年来黑曲霉柠檬酸生产菌种的改良一直是关注的焦点。目前,黑曲霉的柠檬酸工业生产菌株均通过诱变获得,大量研究依然集中于对工业生产菌株利用甲基磺酸乙酯、亚硝基胍、[60]Co-γ 射线、紫外线等进行单一或复合诱变来选育更高产的菌株,依赖于诱变筛选的菌株提升策略进入瓶颈。

近年来,黑曲霉基因组测序数据被公布,可以构建黑曲霉全面的代谢网络,利用代谢工程改造黑曲霉可以有目的地修饰细胞代谢途径,减少诱变育种筛选所面临的庞大工作量。随着系统代谢工程的发展,黑曲霉菌株的理性设计与代谢改造也逐渐起步,但未来充满了挑战(图 3-5)。首先,需要建立柠檬酸工业菌株的遗传转化体系,突破代谢改造的技术瓶颈;其次,借助系统生物学的研究方法,从全局的角度更加系统地认识黑曲霉的中心代谢过程与调控,建立基因组规模的代谢调控网络与转录调控网络,形成计算指导设计,实现产量有效提升的技术体系;最后,借助 CRISPR/Cas9 系统的发展,实现黑曲霉合成生物学的飞跃,为系统可控地优化柠檬酸细胞工厂提供可能,可通过计算机辅助设计来确定

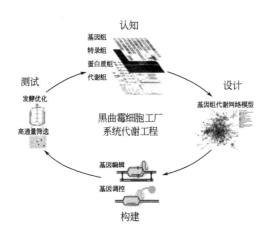

图 3-5　黑曲霉细胞工厂的系统代谢工程

各模块的最佳流量，然后通过不同来源的酶或突变体的替换或新代谢途径的引入等来实现碳源利用的最大化、发酵鲁棒性与环境耐受性的提升。此外，结合如转录因子工程或 DNA 修复系统的弱化等策略的半理性定向进化，也可能成为柠檬酸菌株提升的有效策略。

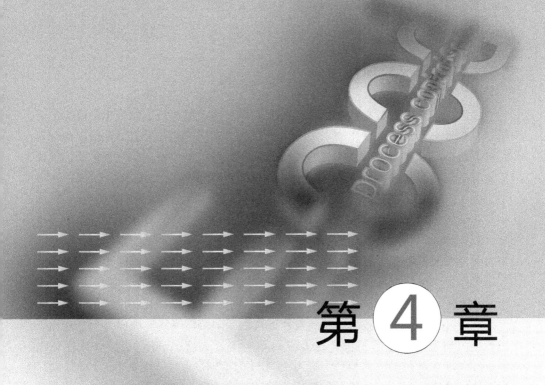

第 4 章

柠檬酸发酵原理与工艺控制

4.1 柠檬酸发酵原理

发酵工业发展的历史表明，停留在反应器尺度参数调控上的优化及放大工艺研究存在技术局限性。微生物发酵过程中，从微观尺度的角度来了解细胞内部代谢物质流情况，并对整个发酵过程进行有效及时的工艺调控是非常重要的。在需氧微生物发酵过程中，氧消耗速率（OUR）和二氧化碳释放速率（CER）在新型工业生产中是很容易实现在线测量的重要生理代谢数据，呼吸商（RQ）也是细胞代谢过程中二氧化碳释放速率与氧消耗速率的比值，是反映发酵过程中微生物生理代谢状态、胞内代谢途径通量分布情况和衡量发酵水平的重要指标。这些实时代谢参数的变化情况，是我们从反应器宏观代谢尺度来研究和指导胞内微观代谢尺度的纽带。能够很好地指导我们控制发酵过程中微观代谢途径通量的变化，最大限度地减少副产物的积累，提高发酵水平。

随着发酵过程装备技术的不断发展，尾气采集分析系统逐渐成为微生物生产过程检测与控制的重要手段。与传统的基于溶氧电极、pH 电极、氧化还原电极、在线活菌浓仪的检测相比，通过尾气分析得到的参数 OUR 和 CER 反映了微生物的呼吸代谢情况，能更加深入地揭示微生物的生理特性，尤其是计算得到的微生物呼吸商（RQ），反映了菌体的生理代谢状态，揭示了发酵过程微观代谢途径通量的变化，是微生物菌体生长、能量代谢维持、产物和副产物合成代谢共同作用的结果，受到发酵过程中工艺控制条件和菌体阶段性代谢状态的影响（图 4-1）。

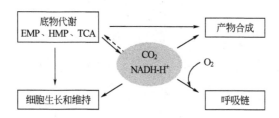

图 4-1　好氧和微好氧微生物培养过程中的物质代谢简图

微生物发酵过程中因消耗底物种类及合成产物的不同，使得胞内代谢途径网络呈现明显的差异，从而影响了代谢过程中二氧化碳生成速率和氧消耗速率的变化，即影响了 RQ 值。

柠檬酸主要是通过黑曲霉利用糖类发酵生成，从代谢途径分析来看，葡萄糖经 EMP、HMP 途径降解生成丙酮酸，丙酮酸一方面氧化脱羧生成乙酰辅酶 A，另一方面经二氧化碳固定化反应生成草酰乙酸，草酰乙酸与乙酰辅酶 A 缩合生成柠檬酸。生物化学合成分子式表征如下：

$$C_6H_{12}O_6 + \frac{3}{2}O_2 + 3NAD^+ + ADP \longrightarrow C_6H_8O_7 + 2H_2O + 3NADH + ATP$$

由葡萄糖生成柠檬酸的过程中，碳原子没有损失，而在乙酰辅酶 A 与草酰乙酸缩合时，又引进了一个氧原子；从反应方程来看，生成的产物 NADH 抑制柠檬酸合酶和丙酮酸脱氢酶，高比例的 [NADH]/[NAD$^+$] 不利于 EMP 途径的通量，从而使糖耗降低，产物合成速率下降。因此在发酵过程中，必须保证充足的供氧速率来提供 NADH 重新氧化的氢受体。但从上述合成途径来看，当 TCA 循环和 HMP 途径都很弱时，过程中几乎没有二氧化碳的生成，因此 RQ 值也应非常低。然而在实际的发酵过程中，菌体还会通过 HMP 途径和 TCA 循环为菌体生长和维持提供中心碳骨架和能量。据报道，在菌体生长期，EMP：HMP 的比例约为 2：1，而在快速合成期该比例增加到了 5：1。从发酵过程代谢参数图（图 4-2）中可以看出，随着发酵过程中菌体的生长，RQ 逐渐增加到 0.76，随后 RQ 值开始下降，说明柠檬酸合成途径通量开始大幅度增强，由丙酮酸脱氢酶催化生成的二氧化碳被固定化用于由三碳羧化生成草酰乙酸的羧化回补途径，因此，二氧化碳的释放速率随着柠檬酸合成速率的增加而迅速下降。在柠檬酸的快速合成过程中，生成了大量的 NAD(P)H，这些还原力除了用于菌体生长以外，绝大部分还需要通过呼吸链被氧化，以减少过多的 NAD(P)H 对糖消耗和柠檬酸合成途径酶活性的反馈抑制作用。由此可见保证充足的供氧，同时控制更多的二氧化碳被羧化利用，是提高柠檬酸产量和增加转化率的最佳控制模式。

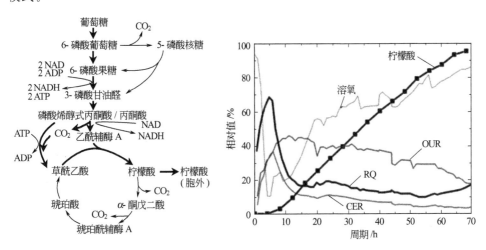

图 4-2　柠檬酸生物合成途径及发酵过程宏观代谢动力学变化

通过分析柠檬酸代谢途径，发现不同的二氧化碳浓度下，柠檬酸的合成速率也有一定差异，通过进一步实验证明，适当调控柠檬酸发酵过程中二氧化碳浓度，对其发酵速率和最终产量有重要影响。二氧化碳不仅是微生物的代谢产物，而且是多种微生物进行生物合成反应的必要原料。二氧化碳能够对微生物发酵产生刺激作用，实验数据表明，当柠檬酸发酵环境中二氧化碳浓度高于$0.90mol/L$时，微生物的生物活性开始降低。黑曲霉菌在柠檬酸发酵过程中充当催化剂，从而加速了培养液中丙酮酸和磷酸合成草酰乙酸（草酰乙酸进一步转化生产柠檬酸），而草酰乙酸的合成速率与二氧化碳的暗固定速率成正比关系。由此可知，要想加快柠檬酸的发酵产量和质量，需要将更多的二氧化碳固定反应生成草酰乙酸。也有很多学者通过基因工程来提高丙酮酸及其羧化酶的基因表达能力，进而达到预期的实验效果。

4.2 柠檬酸发酵工艺控制

4.2.1 柠檬酸发酵过程中生理生化代谢参数的变化

由过程代谢曲线（图4-3、图4-4）分析可知，在种子培养过程中，孢子萌发准备期大约需要13h，孢子开始萌发后OUR、RQ逐渐上升，随着葡萄糖被利用，pH逐渐下降。RQ在23h左右达到最高值，随着进入柠檬酸的快速合成阶段，糖代谢更大通量地流向柠檬酸的合成代谢途径，RQ值快速下降，开始从生长阶段过渡转向柠檬酸合成阶段。

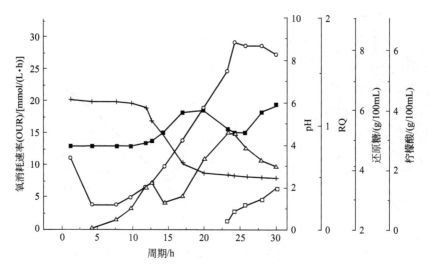

图4-3 曲霉种子培养过程中参数的趋势

—○— OUR；—+— pH；—△— RQ；—■— 还原糖；—□— 柠檬酸

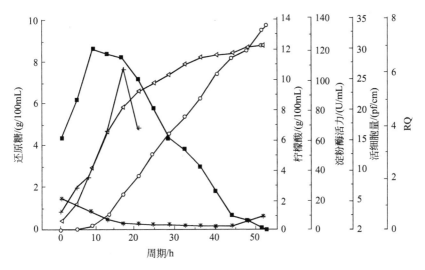

图 4-4　柠檬酸发酵过程中生理生化代谢参数的变化
■— 还原糖；○— 柠檬酸；+— 淀粉酶活力；＊— RQ；◁— 活细胞量

在发酵过程中，黑曲霉经过短暂的菌体生长期进入快速产酸期，在糖化酶的作用下，发酵液中的小分子糊精被降解为还原糖，8h 还原糖含量上升到最高含量，随着产酸的快速进行，还原糖被大量消耗，浓度逐渐下降。菌体量在发酵前期大幅增长，后期增长缓慢。进入快速产酸期后，RQ 一直处于较低水平，发酵后期菌体活性降低，RQ 有所回升。黑曲霉在 8h 左右开始大量合成柠檬酸，一直保持高产酸水平到发酵结束。

4.2.2　溶氧与氧消耗速率、菌形、产酸之间的相关性

溶氧（DO）是发酵调控中的一个关键因素，直接影响着发酵生产的稳定性和生产成本，一直受到工业生产和实验室研究的重视。一般在发酵过程中 OUR 的变化和 DO 的变化呈现一定的相关性，这种相关性可以反映出菌体对氧的临界代谢特性，为发酵过程的溶氧控制策略提供了依据。

通常在发酵过程中当 OUR 上升时 DO 呈下降趋势，如图 4-5 所示。当 OUR 下降 DO 也呈现下降趋势时，说明此时 DO 已经处于临界氧水平以下，这对于好氧发酵是非常不利的，因此应当从曲线中找出柠檬酸发酵的临界氧水平，确定发酵过程的 DO 控制策略。

溶解氧浓度还可以通过影响菌体生长影响发酵过程，柠檬酸发酵菌黑曲霉是好氧型丝状真菌，当溶氧不足时，会形成大量菌丝，菌球松动，分枝多，这对于菌体产酸是非常不利的。图 4-6 是不同溶氧条件下产酸情况与缺氧和溶氧充足时的菌

形对比图，当溶氧充足时有利于黑曲霉形成结实的菌球，菌丝短而粗，分枝少。

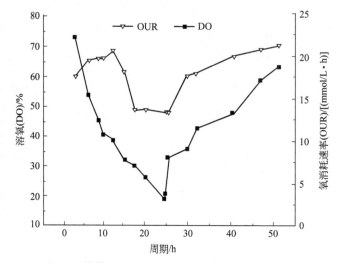

图 4-5　柠檬酸发酵过程中 OUR 与 DO 的相关特征

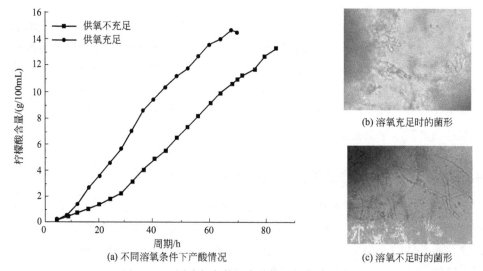

(b) 溶氧充足时的菌形

(c) 溶氧不足时的菌形

(a) 不同溶氧条件下产酸情况

图 4-6　不同溶氧条件下产酸情况与菌形的对比

　　研究表明黑曲霉体内不仅有一条正常的呼吸链还存在一条侧呼吸链，在柠檬酸发酵后期电子传递主要通过侧呼吸链进行，缺氧时这条呼吸链会不可逆失活，因此柠檬酸发酵过程必须保持充足的溶氧，否则会使柠檬酸产量大幅下降。

4.2.3　搅拌与菌形、RQ 和产酸的相关特性

　　搅拌与 DO 和菌形均有一定的相关性，提高搅拌转速有利于提高发酵介质的

溶氧水平，但是高搅拌转速下容易形成高的剪切力，使得菌丝大量断裂，不利于发酵结果。图 4-7 为发酵过程缺氧一定时间后提高搅拌转速至 600r/min 后菌体形态，高搅拌转速下，缺氧形成的长菌丝大量断裂现象。研究搅拌与菌形、溶氧的相关性能为发酵过程中控制合适的搅拌转速提供依据。

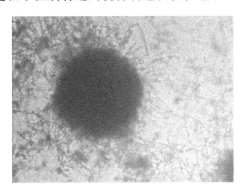

图 4-7　高搅拌转速对周边菌丝分散性的影响

搅拌转速与溶氧呈现理化相关特性，柠檬酸发酵中，溶氧不足会导致黑曲霉侧呼吸链不可逆失活，黑曲霉固定 CO_2 的量大大减少，使得 CO_2 释放量增加，二氧化碳释放速率升高，从而造成 RQ 值升高。如图 4-8 所示，37.8h 时搅拌停止 2min，DO 急剧下跌，OUR 随之下降，而 CER 大幅上涨，RQ 也随之呈现上升趋势。2min 后搅拌开启，溶氧逐渐恢复，CER 和 RQ 均逐渐降低，但 OUR、CER 和 RQ 都无法恢复至停搅拌前的水平，说明停搅拌对黑曲霉代谢情况造成了不可逆转的影响。图 4-8 反映了搅拌对柠檬酸产生速率的影响，停搅拌前柠檬酸产率已高达 4g/(L·h)，停搅拌后柠檬酸产生速率急剧下降，36~40h 柠檬酸产量仅增加了 1.5g/(L·h)，恢复搅拌后柠檬酸产率也无法恢复到停搅拌前水平。这反映了搅拌对柠檬酸发酵过程至关重要，在发酵过程中必须做好监控。尤其是在产物的快速合成期，溶氧浓度的高度限制将使得菌体合成柠檬酸的酶系快速失活，同时氧的高度限制使得菌球内部细胞死亡，从而影响产物的合成速率。

4.2.4　菌体形态变化与氧传递的关系与控制

在浸没培养时，菌丝形态的改变会影响营养物质的消耗和氧的吸收速率，而且形态的变化对发酵液的流变性质和反应器的应用有很大的影响。丝状菌发酵容易出现的问题是随着菌丝的生长，发酵液的黏度增加，而高黏度的发酵液不利于传质，特别是气-液质量传递速率，菌丝以团状生长，发酵液黏度较低，为牛顿流体行为，混合和供氧效率会在一定程度上改善，也能提高得率，故丝状菌的生长相对于团状需要较高的功率输入，以提供充分的搅拌和氧的传递。然而比较大

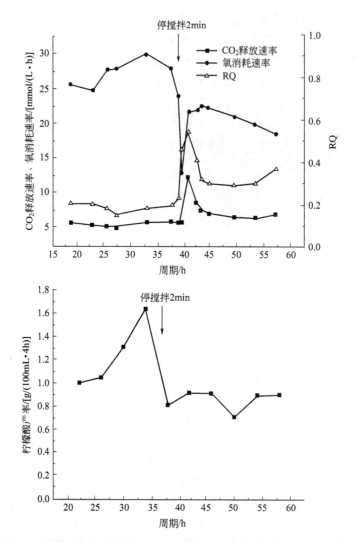

图 4-8　搅拌对发酵过程中 CER、OUR、RQ 及柠檬酸产生速率的影响

的菌团的中心部分经常由于营养的限制而自溶，因此一般认为较小的菌团相对于较大的菌团是丝状菌发酵的理想形态，但要控制菌团大小均一还不容易做到，因为有很多因素影响菌团的形成。

　　在柠檬酸的发酵过程中，菌体的氧消耗速率（OUR）对柠檬酸的合成速率有着决定性的影响，OUR 受到菌体对氧的亲和力和氧的传递速率的双重影响，而氧的传递速率受菌体形态的影响非常大。在柠檬酸发酵过程中，前期随着菌体的生长，菌球不断增大。菌球的直径越大，溶解氧传递到菌球内的速率越发降低，从而在供氧一定的情况下，严重影响了球状菌丝的氧摄取速率，进而抑制了柠檬酸的快速合成。

　　为了进一步控制黑曲霉菌球体积的大小，通过增加种子接种到发酵罐的菌球数量，同时适当降低速效氮源的浓度，在保证菌体量的情况下，使菌体生长尽快处于氮源限制状态，从而限制菌球体积的膨大。图 4-9 可以看出接种菌球数增加和速效氮源限制后，12h 的调控组菌球大小已明显小于对照组，后期的发酵过程，菌球直径在持续增大。

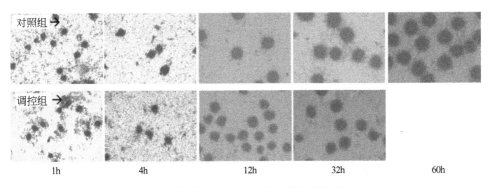

图 4-9　菌体调控与对照实验发酵过程中菌体形态的变化

　　从图 4-10 代谢过程曲线中可以看出，在同样的溶解氧浓度情况下，调控组的OUR 上升速率明显高于对照组，同时最高氧消耗速率达到了 32mmol/(L·h)，比对照组 [22mmol/(L·h)] 高出了 45%。高的氧消耗速率明显促进了柠檬酸的合成速率，调控组的发酵周期显著缩短。同时其呼吸商（RQ）也低于对照组。由于菌球体积小、比表面积大，氧传递到菌球内的速度快，同时也促进了底物的传递速率，因而大幅度促进了柠檬酸合成速率，缩短了周期。使得更多的碳源底物用于有效菌体的生长和柠檬酸的合成，发酵终点的柠檬酸浓度也大幅度高于对照。

　　有学者研究表明在黑曲霉种子培养过程中，孢子的聚集作用使得种子培养过程中，大量孢子聚集在一起萌发菌丝成网结球。这种聚集作用是由于黑曲霉孢子的黑色素静电吸引作用引起的，因此部分学者研究了敲除黑色素基因来改变孢子的带电状态。在一定的孢子接种量条件下，最大限度地促进菌球数量。也有学者通过添加不同性质的表面活性剂来改变孢子的静电状态，促使更少的孢子聚集成团，增加种子阶段一定孢子量情况下菌球的数量。

　　随着系统生物学研究技术的发展，结合宏观和微观代谢流变化，深入研究生产菌表型变化所隐藏的基因与分子层次的代谢调控机理，有针对性地进行相关合成与调控基因代谢的改良，并进一步与以数据驱动性的宏观代谢变化特性分析相结合，实施基于细胞生理代谢特性的发酵过程工艺优化和工程规模放大。

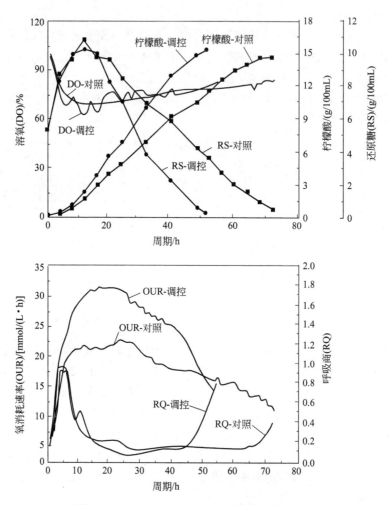

图 4-10   菌体形态大小控制与对照实验发酵过程生理代谢参数的变化

第 5 章

柠檬酸生产原料及其工艺流程

能够生产柠檬酸的微生物很多，青霉、毛霉、木霉、曲霉、葡萄孢菌及酵母中的一些菌株都能够利用淀粉质原料或烃类大量积累柠檬酸。至今世界上消费的柠檬酸主要采用发酵法生产得到，而最具商业竞争优势的是采用黑曲霉菌株的深层液体发酵。目前国内外普遍采取黑曲霉的糖质原料发酵柠檬酸。本书着重介绍以玉米、木薯、玉米淀粉乳为原料发酵生产柠檬酸的工艺。

5.1 原料预处理工艺

5.1.1 以玉米为原料的预处理工艺

玉米是禾本科玉蜀黍属一年生草本植物。别名玉蜀黍、棒子、苞米等。玉米中含有丰富的蛋白质、脂肪、维生素、微量元素等。玉米的单位面积产量高，总产量也大，其用途广，经济价值很高，是我国重要的商品粮之一，也是生物工业产品淀粉、酒精、赖氨酸、柠檬酸、饲料等的主要生产原料。

5.1.1.1 玉米籽粒结构组成与化学成分

成熟的玉米籽粒由根帽、皮层、胚和胚乳四部分组成。玉米籽粒的形态是底部窄而薄，顶部宽而厚。

玉米籽粒各部分的化学成分含量见表 5-1。

表 5-1　玉米籽粒各部分的化学成分含量　　　　单位：%（干基）

籽粒部分	占粒重	淀粉	糖	蛋白质	脂肪	灰分	纤维素及其他
胚乳	82.9	86.4	0.64	8.0	0.8	0.3	2.7
胚	11.1	8.2	10.8	18.4	33.2	10.1	8.8
皮层	5.3	7.3	0.34	3.7	1.0	0.84	86.7
根帽	0.8	5.3	1.61	9.1	3.8	1.64	78.6
整粒	100	72.4	1.94	9.5	4.4	1.43	9.8

玉米籽粒中蛋白质含量分布见表 5-2。

表 5-2　玉米籽粒中蛋白质含量分布　　　　单位：%（干基）

籽粒部分	总蛋白	球蛋白	醇溶蛋白	谷蛋白	不溶性蛋白
胚乳	18.4	—	5	51	7
胚芽	8.0	37	52	17	11
皮层	3.7	20	—	—	—
整粒	9.5	25	48	25	2

5.1.1.2 玉米制糖工艺流程

玉米原料预处理分为干法加工预处理工艺和湿法加工预处理工艺。本节介绍干法玉米加工预处理工艺，主要包括玉米粉碎、液化、烘干等工序（图 5-1）。

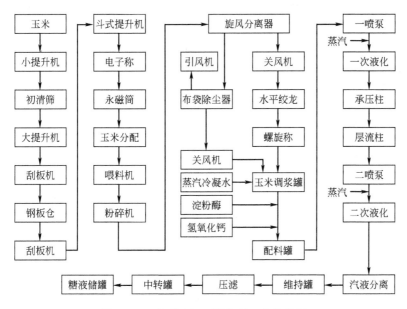

图 5-1 玉米干法加工预处理工艺流程图

5.1.1.3 玉米粉碎

（1）玉米除杂 收购来的玉米中含沙石、编织物、金属、纤维物等杂质，这些杂质常造成设备损坏、管道堵塞和破坏正常生产工艺，必须予以去除。一般通过玉米下料格栅、初清筛、永磁筒等设备除去玉米中杂物，为粉碎工序提供合格的玉米。玉米通过下料格栅时除去体积较大的石块、玉米芯、包装物等杂物，然后经输送设备进入初清筛的小端。随筛筒转动，粒度大的杂质截留在筛面上从大端排出，玉米落入外层筛面上从大端排出，小杂质从筛下收集后排出。玉米经提升机输送到玉米筒仓顶部刮板机，由刮板机将玉米输送到各玉米筒仓。筛分后的玉米通过室内提升机输送到永磁筒除铁，完成最终的除杂过程。

（2）粉碎 玉米中的淀粉是植物体内的储备物质，以颗粒状态存在于细胞中，受到植物组织下细胞壁的保护，既不溶于水，也不和酶接触。粉碎可以破坏植物组织，使淀粉释放出来，增大淀粉颗粒与水的接触面积，有利于淀粉颗粒吸水膨胀、糊化、液化，提高热处理效率，缩短热处理时间，为酶能均匀地水解淀粉创造良好的条件。另外，粉末状原料加水混合后容易流动输送。

钢板仓中的玉米由室内刮板机输送到室内提升机，提升进入电子式计量秤进行称重，每60kg为一个计量单位（包），称重后的玉米经过永磁筒除铁后进入粉碎机，在高速旋转的锤片打击和筛板摩擦作用下物料逐渐被粉碎，并在离心力和气流作用下穿过筛孔从粉碎机底座出料口排出。

粉碎后的玉米粉经风运系统输送到玉米粉调浆槽，与水混合成玉米粉浆，然后经泵输送到配料槽供液化生产使用。

玉米原料的粉碎粒度对糊化有很大的影响。原则上是粉碎越细越好，从糊化角度考虑，粒度细的粉比表面积大，溶解性好，容易糊化。如果把每一粒玉米粉看作一个球，根据 $V = 4/3\pi R^3$ 和 $S = 4\pi R^2$ 计算公式，相同质量（体积）的玉米粉，若玉米粉颗粒半径由 $2R$ 变为 R，则半径是 R 时颗粒的总表面积就增加为半径是 $2R$ 时颗粒总表面积的 2 倍。α-淀粉酶与玉米粉的接触面积就会增加一倍。但是，从过滤性看，玉米粉太细，淀粉粒易堵塞滤布孔眼，不利于过滤，滤饼抽吸不干，滤渣中含糖量增加，造成糖的损失。另外粉碎过细，消耗电力也大大增加。因此，粉碎度过细也无必要。而粒度过大，蒸汽很难渗透到粉粒的内部，可能造成糊化不完全。由于淀粉颗粒的结晶结构对酶的抵抗力增强，从而使液化不透，导致液化不能完全进行，蛋白质饲料的量增加。由蛋白质饲料带走的糖量增加，使发酵总糖降低，最终降低了产酸量。这样的液化液作为氮源进入发酵罐会使发酵液灭菌不透，给正常发酵带来麻烦。根据工业化规模生产结果表明，粉浆细度不低于50目，不高于80目，以70目为宜，这样液化性和过滤性均好（表5-3）。

表 5-3　玉米粉碎颗粒规格

名称	单位	标准	备注
40目玉米粉通过率	%	≥75	1.0mm 筛片
		≥70	1.0/1.2mm 筛片
		≥65	1.2mm 筛片

（3）液化　在液化之前先进行玉米粉调浆，调浆的目的是加快吸收水分，促进组织软化，淀粉膨化，提高原料的液化效果。浸泡效果与浸泡时间、原料质量、浸泡水温有关。浸泡水温不能太高，否则，原料与高温水接触时，来不及混合均匀，部分原料已糊化而结块，造成料液输送困难，导致最终液化不彻底。另外要防止低温浸泡时间过长，因为原料在低温浸泡时除吸水速度慢外，还容易滋生乳酸菌，产生乳酸使液化困难。玉米粉液化工艺流程如图5-2所示。

玉米淀粉是一种结构紧密的晶体，不易受 α-淀粉酶的作用，在加热到75～85℃时，淀粉粒的结构逐渐被破坏，体积膨胀、破裂而溶于水，同时附着于淀粉的蛋白质也分离而凝聚。此时，在 α-淀粉酶的作用下，以随机的方式切断 α-1,4-

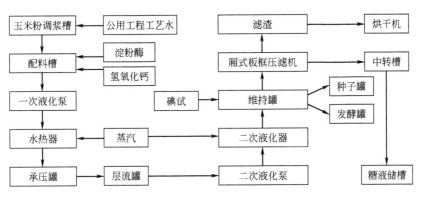

图 5-2 玉米粉液化工艺流程图

糖苷键，从而把直链淀粉和支链淀粉分解为小分子糊精、低聚糖和葡萄糖。淀粉-葡萄糖转化率是指 100 份淀粉中有多少淀粉转化成葡萄糖。

糖化反应方程：

$$(C_6H_{10}O_5)_n + nH_2O \longrightarrow nC_6H_{12}O_6$$

直链淀粉和支链淀粉结构见图 5-3。

(a) 直链淀粉

(b) 支链淀粉

图 5-3 淀粉结构示意图

　　玉米粉浆在配料槽添加淀粉酶后，按照一定的比例加水，对玉米浆进行定容、配制，并用氢氧化钙调节料液 pH 值至规定范围，然后输送配好的物料经一次加热（水热器）、连续层流液化、二次加热（水热器，图 5-4）、汽液两相分离（闪蒸）后进入维持罐继续液化，在维持罐液化以碘液测试呈本色为液化终点。如果按照湿法工艺控制碘试颜色呈棕红色或红色，就会导致压滤相对困难，滤渣水分含量增大，从而造成糖液损失。因此一般把控制液化以碘液测试呈本色为液化合格标准。

图 5-4　水热器结构示意图

　　液化时间、液化温度和淀粉酶的添加量对液化结果均有很大影响，不同的温度条件，液化时间不同；不同的酶制剂所对应的液化温度和时间也不同。需要根据碘试颜色做适当的选择。控制液化结果在所需要的液化 DE 值范围内。

　　（4）固液分离　液化液在维持罐碘试合格后，经板框或离心机进行固液分离，除去玉米淀粉渣、不溶性蛋白质、纤维等混合滤渣，滤出液经糖液中转槽至糖液储槽，供发酵工序使用。另外预留少部分未经压滤的玉米液化液作为发酵氮源。

　　液化液流经过滤介质（滤布），固体截留在滤布上，先逐渐在滤布上堆积形成滤饼。利用过滤介质两侧的压力差作为推动力，达到将固、液两相分离的目的。

　　液化液在维持罐持续经进料泵输送到板框压滤机，再通过顶干泵达到固液相分离，分离后的清液通过小溜槽、半圆槽到达清液中转槽，然后通过中转泵进入清液储槽，供发酵工序使用。分离后的固体，经压滤机斜槽进入烘干机缓冲斗，进入烘干工序。

目前行业中普遍采用的固液分离设备为板框压滤机或全自动板框压力机（图 5-5）。

(a) 全自动板框   (b) 半自动板框

图 5-5　板框压滤机

在新建工厂中，为了提高糖渣中可溶性糖的回收率和降低人工成本，建议采用卧螺离心机设备替代板框过滤设备。可以将一次分离的固体滤渣直接进入调浆槽进行二次调浆过滤，加大滤渣中可溶性糖的回收，提高淀粉利用率。同时，卧螺离心机更便于固体滤渣的集中收集，提高自动化程度。

5.1.1.4　副产物处理

液化的副产物为固液分离所得固形物，一般水分在 48%～52%，主要成分为蛋白质、淀粉、灰分、纤维、脂肪等（见表 5-4）。一般采用管束烘干机将物料的水分汽化排出进行烘干，使物料水分符合质量要求当作饲料淀粉蛋白粉出售。

表 5-4　副产品主要成分

成分	粗蛋白质	粗灰分	粗脂肪	粗纤维	淀粉	水分
占比/%	≥24	≤6	≥8	≤12	≥10	≤12

5.1.2　以木薯为原料的预处理工艺

木薯，原产巴西，现全世界热带地区广泛栽培。中国福建、台湾、广东、海南、广西、贵州及云南等省、自治区有栽培，偶有逸为野生。木薯的块根富含淀粉，是工业淀粉原料之一。因块根含氰酸毒素，需经漂浸处理后方可食用。木薯在中国栽培已有百余年，通常以枝、叶淡绿色或紫红色两大品系，前者毒性较低。

5.1.2.1 木薯成分

木薯的主要用途是食用、饲用和工业生产使用。块根淀粉是工业上主要的制淀粉原料之一。世界上木薯产量的65%用于人类食物，是热带湿地低收入农户的主要食用作物。作为生产饲料的原料，木薯粗粉、叶片是一种高能量的饲料成分。在发酵工业上，木薯淀粉或干片可制酒精、柠檬酸、谷氨酸、赖氨酸、木薯蛋白质、葡萄糖、果糖等，这些产品在食品、饮料、医药、纺织（染布）、造纸等方面均有重要用途。在中国木薯主要用作饲料和提取淀粉。木薯主要成分如表5-5。

表 5-5　木薯主要成分

成分名称	含量	成分名称	含量	成分名称	含量
可食部/g	99	水分/g	69	能量/kCal	116
能量/kJ	485	蛋白质/g	2.1	脂肪/g	0.3
碳水化合物/g	27.8	膳食纤维/g	1.6	核黄素/mg	0.09
灰分/g	0.8	硫胺素/μg	0.21	钾/mg	764
尼克酸/mg	1.2	维生素C/mg	35	铁/mg	2.5
钙/mg	88	磷/mg	50		
钠/mg	8	镁/mg	66		

注：表中为每100g木薯中各组分含量。

木薯淀粉主要是以淀粉颗粒的形式存在于木薯原料的细胞之中，为了使淀粉能转化成糖进而发酵成柠檬酸，首先要使淀粉尽可能全部从细胞中游离出来。为此，原料要粉碎，以破坏木薯细胞组织，便于淀粉的游离。

有相关文献介绍可以用鲜木薯直接破碎制糖发酵柠檬酸，但是鲜木薯在储存过程中很容易变质，工业化操作性比较差，因此真正工业化生产的还是木薯干或木薯块。这里主要介绍木薯干或木薯块制糖工艺。中粮生化泰国工厂就是利用木薯生产柠檬酸的代表。工艺为木薯干（块）除杂除铁后，由锤片式粉碎机粉碎，通过风运系统输送至调浆槽；粉料调浆后，再输送至调浆罐；然后添加适量的淀粉酶，经喷射器喷射液化、层流维持进入维持罐得到木薯液化液，液化液经板框压滤机过滤去除粗纤维等杂质，进入发酵罐，具体如下所述。

5.1.2.2 木薯制糖工艺流程（图 5-6）

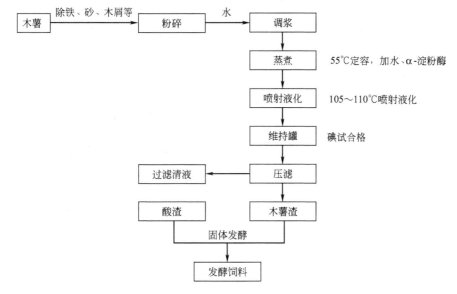

图 5-6 木薯制糖工艺流程图

（1）木薯除杂 木薯原料在正式进入过程前，必须进行称重计量和木薯原料除杂，以保证生产的正常进行。

木薯属于根茎类植物，生长在地下。木薯原料在收获和干燥的过程中往往会掺杂进泥土、沙石、金属块等杂物。这些杂质如果不在投入生产前予以除去，则将严重影响生产的正常运转。石块和金属杂质会使粉碎机的锤片磨损严重，减少锤片使用寿命；同时还会使筛板损伤，造成筛网漏料，从而造成生产的中断；泥沙等杂质的存在也会影响正常的木薯制糖过程，容易造成离心泵磨损，同时还会造成罐底沉积，影响正常的生产运行。因此除杂的目的是保证设备正常和生产顺利。

除杂方法如下。①风选初清筛。可除去细杂、细沙。用于谷物原料除杂用。凡是厚度和宽度或空气动力学性质与所用谷物不同的杂质，都可以用气流-筛选分离器将其分离。②永磁筒。可以磁力除铁器，铁质杂质通常用永磁筒来分离。

（2）粉碎 对于连续蒸煮来说，原料必须预先进行粉碎，才能进一步加水制成粉浆，然后再用泵连续均匀地输送入连续蒸煮系统。原料进行水-热处理的目的是要使包含在原料细胞中的淀粉颗粒从细胞中游离出来，充分吸水膨胀，糊化乃至溶解，为随后的淀粉酶系统作用，并为淀粉转化成可发酵性糖创造条件。

木薯原料粉碎方法主要包括干式粉碎和湿式粉碎。干式粉碎一般采用粗碎和细碎。粗碎：原料过磅称重后，进入输送带，电磁除铁后进行粗碎。粗碎后的物料以薯干为例应能通过 6～10mm 的筛孔，然后进行细粉碎。细碎：经过粗碎的原料进入细碎机，细碎后的原料颗粒一般应通过 1.2～1.5mm 的筛孔。中粮安徽生化公司曾经进行以木薯为原料发酵柠檬酸试验，粉碎主要采用一次锤片粉碎，1.0～1.5mm 筛孔（是原玉米线生产柠檬酸系统）。湿式粉碎是指粉碎时将拌料用水与原料一起加到粉碎机中进行粉碎。

木薯粉原料的输送，主要是气流输送，其原理是：固体物料在垂直向上的气流中受到两个力的作用，一个是向下的重力，一个是向上的推力，如果推力大于重力，则物料被气流带动向上运动，从底部移到高位。如木薯粉碎后小颗粒通过筛网，通过引风机被吸料管中的上升气流带动，从低位运送到高位而颗粒较大的木薯块就被粉碎机筛网截留，继续被粉碎。气流输送木薯粉至指定位置后，通过旋风分离器、布袋除尘器等相关设备把木薯粉卸下，通过绞龙输送机输送至调浆槽。木薯粉碎的主要设备——锤式粉碎机结构示意见图 5-7。

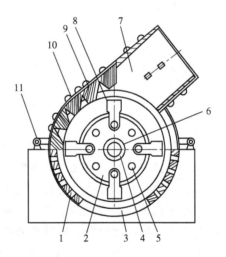

图 5-7　锤式粉碎机结构示意图

1—筛板；2—转子盘；3—出料口；4—中心轴；5—支撑杆；6—支撑环；

7—进料口；8—锤头；9—反击板；10—弧形内衬板；11—连接机构

（3）调浆　木薯粉碎后输送至调浆槽，制成固液混合体再通过离心泵输送至调浆罐中定容，调节 pH 值至 5.6～5.8 范围后，添加耐高温 α-淀粉酶进行喷射蒸煮液化。而调浆控制是决定着发酵残糖的重要因素。

木薯淀粉颗粒呈白色，不溶于冷水和有机溶剂，颗粒内部呈复杂的结晶组织。木薯粉具有蛋白质少、淀粉含量高等特点。并且其淀粉颗粒较大，形状也比较整齐，大多数呈圆形或卵形。相比较玉米淀粉，木薯淀粉更容易糊化和液化。

图 5-8 是木薯淀粉的结构示意图,其中直链淀粉和支链淀粉全部以 α-1,4-糖苷键连接,而支链和直链以 α-1,6-糖苷键连接。

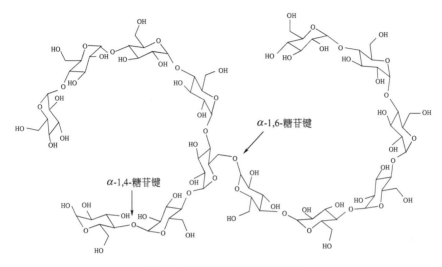

图 5-8 两种糖苷键连接示意图

木薯淀粉在水中加热,即发生膨胀。这时淀粉颗粒好像是一个渗透系统,其中支链淀粉起着半透膜的作用,而渗透压的大小及膨胀程度则随温度的增高而增高。从 40℃ 开始,膨胀的速度就明显加快。当温度升高到 60~80℃ 时,淀粉颗粒的体积膨胀至原来体积的 50~100 倍时,淀粉分子之间的联系削弱,引起淀粉颗粒的部分解体,形成了均一的黏稠液体,这也就是上述的淀粉糊化。与此相应的温度就是木薯的糊化温度。糊化现象发生后,如果温度继续上升,支链淀粉也已几乎全部溶解,网状组织彻底破坏,木薯淀粉溶解变成黏度较低的流动性醪液,这种现象为木薯淀粉的溶解,如果有 α-淀粉酶的存在,木薯淀粉就会快速被水解成大小不同的糊精段,这些糊精段也是葡萄糖的连接体,只是数量远远小于直链或支链淀粉,并且这些糊精段能溶解于水中。

液化了的淀粉醪液在温度降低时,黏度会逐步增加。冷却到 60℃ 时,变得非常黏,到 55℃ 以下会变成冻胶,随着时间延长,则会重新发生部分结晶的现象。这种现象称淀粉糊化醪的“返生”,又称淀粉老化。淀粉的老化实际上是分子间氢键已断裂的糊化淀粉又重新排列形成新氢键的过程,也就是一个复结晶过程。

基于以上原因,木薯原料调浆一般控制 pH 5.6~5.8,调浆温度 50~60℃。一方面防止不可发酵性糖前体生成,另一方面防止淀粉在调浆罐中糊化,不利于离心泵输送至喷射器中。

（4）喷射液化 喷射液化器（或水热器）是木薯淀粉与淀粉酶混匀后快速糊化和液化的关键设备。由于木薯淀粉比玉米淀粉颗粒大，且蛋白质含量少，容易糊化和液化，因此也有直接用蒸煮罐进行加热蒸煮液化的。相比较蒸煮罐加热液化，喷射液化瞬时达到糊化与液化温度，并且有强大的剪切力作用，淀粉糊化更彻底。喷射液化后再进蒸煮罐或者层流罐，使淀粉酶与淀粉充分反应，能快速降低黏度，快速水解，因此生成的糊精糖均匀性更好。由于木薯淀粉相对于玉米淀粉更容易水解，因此一般采用一次加酶一次喷射工艺即可。

液化喷射器其结构主要由料液进口、蒸汽进口、气液混合室、扩散管和缓冲管构成。如图5-9所示。

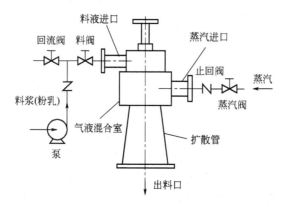

图5-9 液化喷射器结构示意图

缓冲管是在出料口接入的同直径的长管或者连接一个较小体积的缓冲罐。一方面起到缓冲的作用，另一方面延长糊化时间，使淀粉更彻底地糊化。

喷射液化后，木薯糊化液进入层流罐和维持罐维持（或直接进入蒸煮罐保温维持），在α-淀粉酶的作用下，木薯淀粉快速降黏并水解成单糖、寡糖和较大分子的能溶解于热水的糊精，为下一步固液分离做准备。

（5）固液分离 木薯液化液碘试呈浅红色或碘本色时，即为碘试合格，利用板框或其他离心机将液化合格的液化醪液进行固液分离。分离出来的液体糖液进入糖液储罐，分离出来的木薯渣与发酵的酸糟一起，配以其他营养物并加入微生物进行固体发酵，发酵一定时间后达到相关指标，形成发酵饲料产品。

固液分离的目的是把木薯纤维等不溶于水的杂质去除，使发酵流动性更好，发酵液黏度降低、发酵的传质传热更好，更有利于发酵。

也有企业对木薯液化醪液不进行固液分离，直接进入发酵罐进行带渣发酵。

在压滤过程中，由于木薯渣和清液糖分离过程中，会带走部分糖液。因此一般情况下，压滤快结束时，用热水顶入木薯滤饼中，从而带走木薯渣中的部分溶解糖，进而减少木薯渣带走的糖液损失。

5.1.3 以玉米淀粉乳为原料的处理工艺

进入21世纪中国淀粉工业的发展更是迅猛，玉米淀粉产量位居世界第二，涌现了规模大和水平高的玉米淀粉加工骨干企业。产业链不断延长，玉米淀粉企业90%以上有多种深加工产品的生产。技术装备水平更进一步提高，有力地促进了淀粉加工业的技术水平提高和装备技术的更新换代。由此可见中国淀粉加工业正在开创一个崭新局面，淀粉产品加工成本的大幅度下降，玉米淀粉回收率得到很大提升。

随着玉米价格的逐渐上升和国家对农作物实施的保护价措施，使玉米作为柠檬酸发酵原料的成本逐渐上升。因此，各个企业通过各种途径研究如何降低玉米消耗，提高淀粉的利用率，于是，开发了利用淀粉或淀粉乳制糖的工艺。中粮生化已经成功建设了一条利用玉米淀粉乳为原料的柠檬酸生产线。

5.1.3.1 淀粉乳生产工艺流程（图5-10）

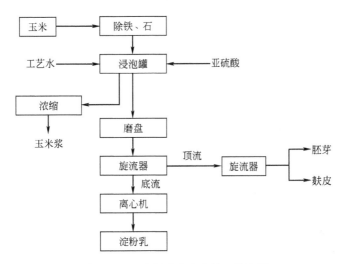

图 5-10 玉米湿法生产淀粉工艺流程

随着淀粉工业技术的发展，目前我国淀粉生产企业可以达到吨玉米生产0.71t淀粉的水平，相对于玉米粉液化生产柠檬酸工艺，淀粉回收率提高36kg/t玉米。

5.1.3.2 淀粉乳成分

由玉米生产淀粉乳的工艺经过几十年的发展，已经非常成熟，生产的淀粉乳指标基本情况如表5-6所示。

表 5-6   淀粉乳指标

pH	5.0～6.0
干物/%	38～43
蛋白质含量/%	≤0.45
二氧化硫/(μL/L)	≤30

5.1.3.3   淀粉乳制糖工艺流程（图 5-11）

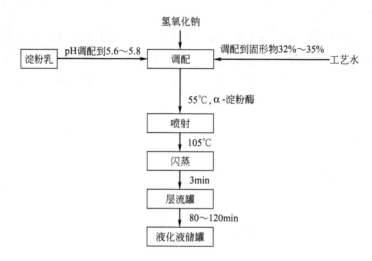

图 5-11   淀粉乳制糖工艺流程

（1）调配   调配的目的主要有两个：一是调整淀粉乳的 pH，使淀粉乳达到最佳液化 pH 范围内；二是调整淀粉乳固形物含量，即达到高浓度液化节省能量的同时，又使液化的效果满足发酵需要。

（2）液化   通过水热器喷射后使调配好的淀粉乳瞬间达到 105℃，强剪切力增大淀粉颗粒膨胀效果，闪蒸回收余热。

液化主要在层流罐中进行，利用层流罐的先进先出和层流罐数量的切换，调整液化时间来控制液化效果。由于淀粉乳液化后不需要进行固液分离，因此淀粉乳液化 DE 值（糖化液中还原性糖全部当作葡萄糖计算，占干物质的百分比）可以控制在 17% 左右，提高后续工序糖化的 DX 值（糖化液中葡萄糖占干物质的百分比），对降低发酵残糖有利。

5.2   发酵工艺

我国于 20 世纪 70 年代研究了玉米发酵柠檬酸，80 年代黑龙江省龙江县建成一条年产千吨的玉米发酵柠檬酸生产线。但是采用全玉米直接发酵，由于蛋白质含量过于丰富，导致产酸低于薯干发酵水平，该工艺未得到推广。随着工艺研究的深入，清液深层发酵工艺得到广泛应用，以木薯和玉米为代表的淀粉质玉米原料逐渐作为柠檬酸发酵的主要原料被使用。

山东潍坊英轩、山东日照金禾、宜兴协联等柠檬酸生产厂家均是以玉米为原料生产柠檬酸的工艺，中粮生化、丰原集团等在利用玉米为原料生产柠檬酸的同时，还利用木薯为原料生产柠檬酸。2016～2017年间，中粮生化还成功研发了以淀粉乳为原料的全清液发酵生产柠檬酸新工艺，并在吉林榆树建立中国第一条年产12万吨、以淀粉乳为原料生产柠檬酸的生产线。

本书主要介绍以玉米为原料的玉米清液发酵工艺、以木薯为原料的柠檬酸发酵工艺和以淀粉乳为原料的柠檬酸发酵工艺。

5.2.1 玉米清液发酵工艺

5.2.1.1 玉米清液发酵工艺流程（图 5-12）

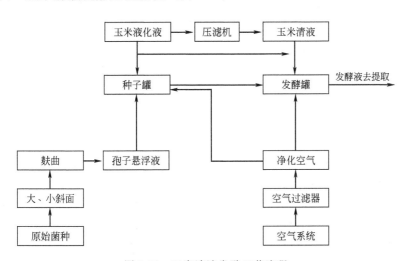

图 5-12 玉米清液发酵工艺流程

种子罐以液化液为培养基为孢子萌发和菌体生长提供丰富的营养和碳源，发酵罐以玉米预处理所得玉米液化液和液化清液混配为培养基，根据培养基营养需求调整玉米液化液的添加比例。

5.2.1.2 玉米清液发酵工艺的优点

① 可以合理调整培养基中的碳源和氮源比例，使培养基中的营养更适合于柠檬酸生产，培养基中的营养变得可以机动调整。

玉米糖液指标见表5-7。

表 5-7 玉米糖液指标

项目	总糖/%	总氮/%	总磷/(mg/L)
过滤前液化液	22.0～23.0	0.30	650
过滤后清液	22.0～22.5	0.05	150

由于全玉米中蛋白质含量高达10%左右，玉米粉中的碳源和氮源比例在20以下，且玉米粉中的磷含量也在2500mg/L以上，导致培养基中的营养过于丰富，菌体疯长，产酸水平降低。

玉米清液发酵可以通过对玉米粉液化液的固液分离方式，使糖液中的大部分固形物被截留从而带走了很大一部分的蛋白质和没有溶解在液体中的磷。种子罐培养基和发酵罐培养基都可以根据过滤前液化液和过滤后清液的比例进行调整，从而达到最适宜种子生长的种子罐培养基和最适宜产酸的发酵罐培养基营养需求。

② 培养基成分简单，生产成本低。由于玉米液化液中的营养丰富，几乎涵盖了柠檬酸种子生长和发酵产酸所需要的所有氮、磷及金属离子等需求，因此利用玉米进行清液发酵，几乎不需要额外添加其他营养。

③ 由于玉米清液发酵工艺去除了大部分液化液中的固形物，物料黏度降低，大大提升了发酵过程中氧的溶解效果，降低了生产能源消耗。

5.2.1.3 玉米清液发酵工艺的缺点

（1）玉米产地、品种的影响 玉米产地、品种不同，玉米成分差异很大，玉米液化液和过滤清液的品质发生变化，因此培养基稳定性差，波动较大。

（2）原料工艺的影响 采用不同的原料处理工艺得到的玉米液化液也存在较大的差异，特别是玉米液化液中溶解的氮、磷等物质差异较大，使培养基的稳定性难以控制。如高温喷射液化使溶解的总氮升高，液化时间延长使溶解的总磷升高。

（3）设备的影响 传统工艺中采用板框对液化液进行固液分离，由于滤布型号的差异，预涂时间和流速的控制及滤布透滤现象的发生，使过滤后清液中的固形物含量变化较大。

但是，随着近年来全自动板框和卧螺离心机在原料预处理工艺中的应用和推广，特别是卧螺离心机的使用，不仅提高了设备自动化程度，降低了人工成本，也保障了糖液质量的稳定，同时还有利于玉米渣的水洗工艺。

5.2.2 木薯原料发酵工艺

木薯产量高且淀粉含量高，价格低廉，是工业发酵的重要淀粉质原料之一，也是生产柠檬酸的重要原料之一。但木薯的营养比较贫瘠，在柠檬酸发酵过程中需要额外使用其他富含高营养的原料作为营养平衡剂。玉米粉通常被选择作为木薯发酵的营养平衡剂，种子罐一般采用玉米液化液作为培养基，在发酵罐中，也添加一定量的玉米液化液平衡营养物（图 5-13）。

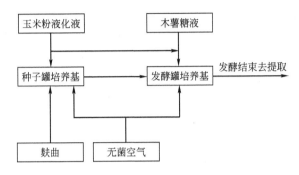

图 5-13 木薯原料发酵工艺流程

木薯中含有较高的氰酸，是一种挥发性物质，该物质对黑曲霉生长有一定的抑制作用，一般采用向糖液里通入足量空气，使糖液中氰化物随着空气挥发的方法，降低氰化物对黑曲霉生长的影响。

为了降低木薯糖液对黑曲霉生长的影响，缩短种子接入发酵罐时的延滞时间，种子培养时间一般控制在 18～21h，即种子生长旺盛期时转种。

5.2.3　淀粉乳原料发酵工艺

5.2.3.1　淀粉（乳）发酵工艺流程（图 5-14）

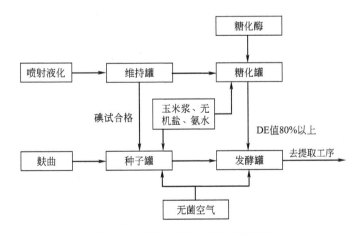

图 5-14 淀粉（乳）发酵工艺流程

5.2.3.2 淀粉或淀粉乳生产柠檬酸发酵工艺的特点

（1）淀粉收率高　由于淀粉生产工业技术的迅速发展，使得淀粉生产时的淀粉回收率显著提高。中粮榆树公司可以达到吨玉米回收淀粉 0.611t（绝干淀粉）的水平。

（2）培养基配方更稳定　以淀粉或淀粉乳为原料的柠檬酸发酵工艺中，淀粉和淀粉乳杂质含量低，淀粉和淀粉乳只提供碳源，其他营养元素需外加。因此培养基的成分可控，培养基性能稳定，有利发酵指标的稳定控制。

（3）柠檬酸生产菌代谢的调节　在培养基中，由于玉米浆的 pH 偏低，为了适应黑曲霉柠檬酸发酵培养基 pH 的需求，需要加碱调整 pH。氨水既可以调整 pH 同时还可以增加培养基中的氮源。另外，在黑曲霉柠檬酸代谢中，铵离子可以解除柠檬酸积累和 ATP 对糖酵解 EMP 途径的反馈抑制，还可以阻遏 α-酮戊二酸脱氢酶的合成，都有利于柠檬酸的积累。

（4）便于副产品的高价值化　淀粉或淀粉乳柠檬酸发酵工艺，是全清液柠檬酸发酵工艺，培养基中成分都是可溶解的物质，便于溶氧控制。同时，在发酵结束后固液分离又可以得到纯净的菌丝体，菌丝体中没有玉米皮、纤维等杂质，直接当饲料出售可以提升饲料的品级，也大大增加了菌丝体的开发利用价值，可用于提取壳聚糖、氨糖等。淀粉发酵工艺又解决了淀粉生产企业的另外一大副产品玉米浆处理问题，玉米浆作为氮源回用到工艺中去，大大减轻生产企业的环保问题。

5.3　发酵工艺控制工厂实例

中粮生物化学（安徽）股份有限公司在柠檬酸行业中有着长达 30 多年的生产经验，在工艺技术上不断地进行研究、摸索和创新，同时拥有以木薯为原料发酵生产柠檬酸的生产线、以玉米为原料的玉米清液发酵生产柠檬酸的生产线和全国第一条以淀粉乳为原料发酵生产柠檬酸的生产线。本章节以该公司的柠檬酸生产工厂实例分别对三种发酵工艺进行介绍。

5.3.1　柠檬酸发酵孢子制备

5.3.1.1　菌种

菌种为 Co827。

5.3.1.2　麸曲制作流程

（1）沙土管制备　先将待保藏菌种接种于斜面培养基上，经培养后制成孢子悬液，将孢子悬液滴入已灭菌的沙土管中，孢子即吸附在沙子上，将沙土管置于真空干燥器中，吸干沙土管中的水分，经密封后置于 4℃冰箱中保藏。此法利用干燥、缺氧、缺乏营养、低温等因素综合抑制微生物生长繁殖，从而延长保藏时间。

① 取河沙烘干，先用 60 目筛子筛去大颗粒，再用 80 目筛子去除小颗粒备用。

② 取地面下 40～60cm 非耕作层不含腐殖质的瘦黄土或红土，一般从淮河边取。烘干、碾碎后过筛（过筛同河沙）。

③ 将沙和土用 1mol/L 稀盐酸，煮沸 30min，浸泡 24h，以去除其中的有机质，如河沙中有机质较多，可用 20%盐酸。

④ 倒去酸水，用自来水浸泡并冲洗至中性，可用试纸测试。

⑤ 再用 1mol/L 氢氧化钠浸泡 24h，倒去碱水，用自来水浸泡并冲洗至中性，可用试纸测试。

⑥ 烘干，用 40 目筛子过筛，以去掉粗颗粒，备用。

⑦ 按沙∶土＝2∶1 或 3∶1 的比例（也可根据需要用其他比例，甚至可全部用沙或全部用土）掺合均匀，分装入 10mm×100mm 的小试管或安瓿管中，每管装 2g 左右，塞上棉塞，灭菌，烘干。

⑧ 抽样进行无菌检查，按照 10%比例抽查沙土管。将 10mL 无菌生理盐水倒入沙土管内，充分摇匀，振荡约 5min 后，涂布细菌、PDA 平板，每板涂布 0.2mL。平板置于 36℃培养基箱中培养 48h，观察是否有杂菌，若平板无杂菌，则沙土管合格，可以使用；若平板有杂菌，则沙土管继续灭菌 2～3 次，再次抽查，直至平板培养无杂菌方为合格。

⑨ 直接将在斜面培养基上长好的孢子，用经火焰灭菌后的接种针挑接 4～5 环孢子到无菌的砂土管中（注意勿把培养基带入）搅匀，塞紧塞子，置于盛有干燥剂的容器中，密封、低温保藏即可。

⑩ 菌种检查

a. 每 10 支抽取一支，无菌条件下用接种环取出少量沙土粒，接种于斜面培养基上，进行培养，观察生长情况和有无生长。

b. 如出现杂菌或菌落数很少或根本不长，则说明制备的沙土管不合格，需重新制备。

c. 若经检查没有问题，放冰箱或室内干燥处保存。每半年检查一次活力和杂菌情况。用此方法，通常可以保藏 2～10 年时间不等。

⑪ 复苏、活化。需要使用菌种复活培养时，在无菌条件下打开沙土管，用接种环取少许沙土移入斜面培养基内进行划线，置 36℃培养箱内培养。

（2）麸曲的制备　用麸皮作为培养基，进行菌种的扩大培养。在 1000mL 三角烧瓶中，装入淘好的麸皮约40g（湿重）或在2000mL三角烧瓶中，装入淘好的麸皮约120g（湿重）。塞好棉塞牛皮纸封口扎紧，121℃灭菌75min后冷却至常温，在无菌室内从大试管中挑出少许孢子快速转接到三角瓶的麸皮上，重新塞好棉塞、牛皮纸封口扎紧放置在培养间的架子上，培养间温度（34±2）℃。培养过程中要定时翻种。在培养间培养8～10d后取出进行合格抽检，抽检合格的进入仓库备用，抽检不合格的在121℃下45min灭活处理后废弃。

5.3.1.3 孢子悬浮液的制备

由于1000mL三角瓶或2000mL三角瓶中孢子数量相对较少，往往一个生产种子罐需要接几十个、上百个三角瓶的孢子。一瓶一瓶直接接入生产种子罐染菌风险很大。为了降低种子罐接种染菌风险，需要提前把几十个、上百个三角瓶中的孢子集中到接种钢瓶中，一次性接入到种子罐中，因此需要提前做好孢子悬浮液。孢子悬浮液制作流程见图5-15。

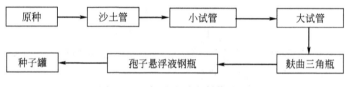

图 5-15　孢子悬浮液制作流程

一个种子罐需要多少瓶麸曲，须通过试验验证，种子罐孢子浓度控制在每毫升培养基30万～35万个孢子为最佳。根据种子罐的培养体积计算一个接种钢瓶需要多少瓶麸曲。

5.3.2 原料预处理

5.3.2.1 玉米为原料的预处理工艺

（1）低温喷射液化工艺　玉米经除杂后进入粉碎机将玉米粉碎成80目的玉米粉，按照图5-16的工艺流程图生产出玉米液化液和液化清液。

（2）高温喷射液化工艺　2011年中粮安徽生化公司研发部在上述的玉米粉低温二次喷射液化工艺的基础上，通过试验，改进为图5-17。

原工艺与改进工艺不同之处在于喷射温度对液化的影响。原工艺一次喷射至82～84℃，不是生产用酶——诺维信利可来耐高温 α-淀粉酶的最佳作用温度，同时玉米淀粉糊化速度和酶解速度在不高于淀粉酶最适温度的最高值时，与温度关系很大。因此玉米粉液化效果不好。二次喷射至90～95℃，虽然达到了诺维信利可来淀粉酶的最佳作用温度范围，但是淀粉酶主要作用层流时间在82～84℃时已经结束，在该温度下维持罐维持时间很短，至碘试合格。据资料报道，

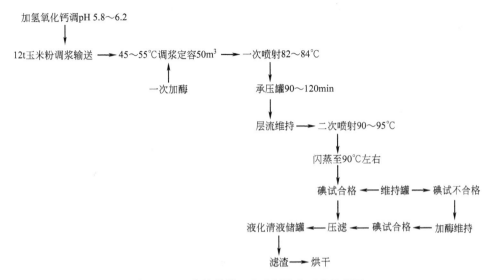

图 5-16 玉米粉低温二次喷射液化工艺流程图

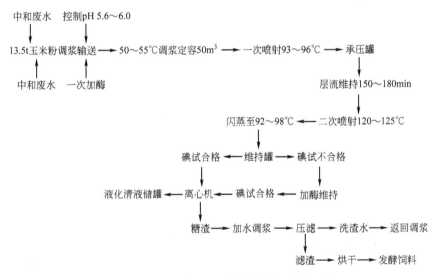

图 5-17 玉米粉高温二次喷射液化工艺流程图

玉米淀粉在 100℃ 以上才能真正完全溶解。原工艺通过较大的加酶量虽然保证了绝大部分吸水溶胀淀粉酶解，但是很难作用到较大颗粒内部。最后现象为：碘试滤渣外部呈碘本色，对滤渣进行机械破碎后，再碘试呈蓝紫色，说明尚有大分子糊精和淀粉存在，这些显色高分子糊精有可能是没有糊化或糊化不彻底导致没有酶解完全。

（3）高低温喷射液化工艺对比　高温喷射后进行闪蒸，更有利于淀粉颗粒结构的破坏，使淀粉颗粒从包裹的蛋白质或纤维内裸露出来，便于淀粉酶的作用，从而提高淀粉得率（表5-8、图5-18）。

表 5-8　高低温喷射液化工艺对比

项目	低温喷射液化工艺	高温喷射液化工艺
调浆浓度/%	24～27	24～30
调浆 pH	5.6～6.0	5.6～6.0
加酶量/(kg/t 干物)	0.781	0.521
一次喷射温度/℃	82～83	93～96
二次喷射温度/℃	93～95	120～125
糖浓度/%	17.0～18.5	17.0～21.0
过滤残渣水分/%	51.0～53.0	49.7～51.0
过滤残渣残淀粉/%	35.6～36.6	30.5～31.5

  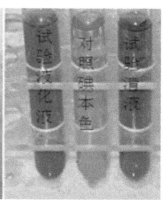

(a)加酶量 0.781kg/t 干物　　　　(b)加酶量 0.521kg/t 干物　　　　(c)加酶量 0.417kg/t 干物

图 5-18　不同加酶量对应的碘试颜色图

5.3.2.2　木薯为原料的预处理工艺

（1）玉米粉蒸煮液化　其流程见图5-19。

玉米粉蒸煮液化至碘试合格，不经过固液分离处理，作为种子罐培养基和发酵罐培养基的营养物。液化终点 pH 在 5.5 左右，碘试颜色控制在红棕色，DE值 25% 左右，总糖 17%～18%。

（2）木薯粉蒸煮液化　其流程见图5-20。

木薯为地下块根，木薯收藏会带有较多的沙子，虽经过除杂除沙处理，但木薯粉中还不可避免地带有沙子，如果使用喷射泵使物料流速很快时，物料中带有的沙子对喷射泵及运输管道产生很大的摩擦，对喷射泵和管道磨损较大。采用蒸煮液化能够较大程度地避免设备磨损问题。

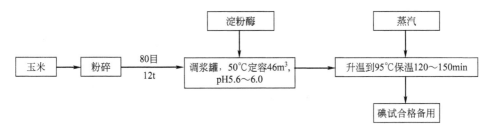

图 5-19　玉米粉蒸煮液化流程

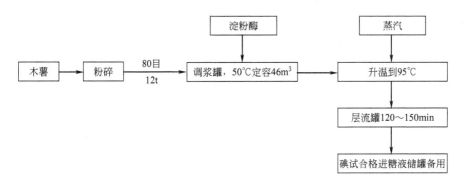

图 5-20　木薯粉蒸煮液化流程

5.3.3　种子罐培养基及种子罐培养

5.3.3.1　种子罐培养基

在中粮生化公司柠檬酸生产中，根据生产原料和工艺的不同，种子罐培养基有两种配方。

（1）玉米和木薯原料的种子罐培养基和控制　用泵打入 $20m^3$ 玉米粉液化液到 $70m^3$ 种子罐中，添加 $15m^3$ 工艺水定容至 $35m^3$，按照常规灭菌方式对培养基进行 $121\sim123℃$ 保压 $30min$ 的灭菌处理，体积大约在 $40m^3$。灭菌后通入无菌空气保压降温至 $36℃$ 接入制备好的孢子悬浮液进入培养阶段。

温度控制在 $35.5\sim36.5℃$，$0\sim8h$ 通风 $360m^3/h$，罐压 $0.03MPa$；$8h$ 后将风量调整到 $1080m^3/h$，罐压调整到 $0.08\sim0.10MPa$。

种子罐培养 $26h$ 左右，pH 下降到 $1.8\sim2.0$，柠檬酸含量 $1.5\sim3.5g/100mL$，菌球大小均匀，菌丝短粗，即可准备转接到发酵罐（图 5-21）。

（2）淀粉乳原料的种子罐培养基　中粮生化榆树公司有机酸车间以淀粉乳为

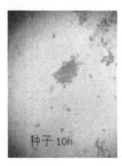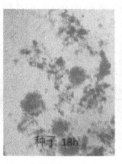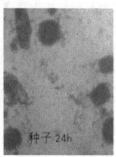

图 5-21　不同周期种子镜检图

原料的全清液发酵工艺。70m³ 种子罐（表 5-9）中泵打入 20m³ 淀粉乳液化液，添加 11m³ 玉米浆后加工艺水定容至 36m³，按照常规灭菌方式对培养基加热到 121～123℃保压 30min 的灭菌处理，灭菌后体积大约在 40m³。灭菌后通入无菌空气保正压降温至 36℃接入制备好的孢子悬浮液进入培养阶段。

表 5-9　种子罐培养基成分

总糖/%	还原糖/%	总氮/%	总磷/(mg/L)	钾/(mg/L)	镁/(mg/L)	钙/(mg/L)
12.0	2.3	0.18	500	≤600	约 50	约 50

温度控制在 35.5～36.5℃，0～8h 通风 360m³/h，罐压 0.03MPa；8h 后将风量调整到 1080m³/h，罐压调整到 0.08～0.10MPa。

种子罐培养在 30h，pH 下降到 1.8～2.0，柠檬酸含量 2.5～3.5g/100mL，菌球大小均匀，菌丝短粗，即可准备转接到发酵罐。

5.3.4　发酵罐培养基和发酵罐控制

中粮生化公司对不同的原料，发酵罐采用的发酵配方和发酵工艺不同。泰国润泰生化采用木薯原料，采用的是木薯带渣发酵工艺；中粮安徽生化柠檬酸生产采用玉米粉原料，发酵使用玉米清液发酵工艺；榆树公司有机酸车间利用淀粉乳为原料，采用淀粉乳全清液发酵工艺。

5.3.4.1　木薯原料发酵培养基及控制

300m³ 发酵罐：190m³ 木薯糖液，添加 30m³ 碘试合格的玉米液化液、100kg 硫酸铵。检查设备后进行蒸汽灭菌。通过蒸汽对发酵罐上封头部位、旋击器部位、罐底阀门、取样口部分等进行蒸汽灭菌，料液温度保持在 70℃以上，维持 25min 即可通无菌空气保压降温。降温到 37℃接入培养好的种子即可进入发酵培养。

接种后，温度控制 36.5～37.6℃，通风 2800m³/h，罐压 0.08MPa，搅拌转速 85r/min，培养过程中每 8h 检测一次还原糖和酸度，培养至检测还原糖（稀释 10 倍）为 0 时停罐。结果如表 5-10 所示。

表 5-10　工厂生产指标

发酵指标	总糖/%	产酸率/%	转化率/%	发酵周期/h	发酵强度/[kg/(m³·h)]
数值	14.89	14.52	97.52	68.53	2.12

5.3.4.2　玉米原料发酵培养基及控制

450m³ 发酵罐：玉米粉液化清液 275m³ 和液化液 25m³ 泵入发酵罐中，同时在地槽中加工艺水 10m³ 并倒入 100kg 硫酸铵溶解，将硫酸铵溶液泵入发酵罐，然后再次向地槽中加入 10m³ 工艺水泵入发酵罐，利用工艺水将发酵罐定容到 330m³ 后封紧罐盖，检查设备后进行蒸汽灭菌。通过蒸汽对发酵罐上封头部位、旋击器部位、罐底阀门、取样口部分等进行蒸汽灭菌，料液温度保持在 75℃以上维持 25min 即可通无菌空气保压降温，当温度 62℃时关闭降温水，加入 15kg 糖化酶，4h 后开降温水继续降低。温度到 37℃接入培养好的种子即可进入发酵培养。

接种后，温度控制 36.5～37.6℃，罐压 0.08MPa，搅拌转速 88r/min，每 8h 检测一次还原糖和酸度，同时做菌球形态显微镜观察（见图 5-22）。培养至检测还原糖（稀释 10 倍）为 0 时停罐。培养过程中通风根据 DO 值进行动态控制，保持 DO 不低于 40%。如没有在线监控 DO 值，可以按照 0～3h 通风 3550m³/h，3～20h 通风 4500m³/h，20～40h 通风 4000m³/h，40h 之后通风 3300m³/h，如表 5-11 所示。

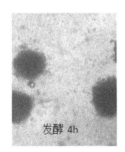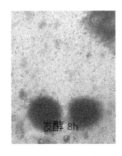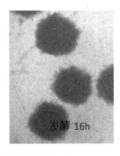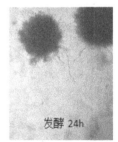

图 5-22　不同周期发酵镜检图

表 5-11　工厂生产指标

发酵指标	总糖/%	产酸率/%	转化率/%	发酵周期/h	发酵强度/[kg/(m³·h)]
数值	17.44	17.52	100.44	65.61	2.67

5.3.4.3　淀粉乳为原料的发酵培养基及控制

570m³ 发酵罐：淀粉乳液化液 260m³ 和玉米浆 40m³ 泵入发酵罐中，并加硫酸铵 50kg、磷酸二氢钾 75kg（如表 5-12 所示），补入工艺水定容至 420m³，封紧罐盖，检查设备后进行蒸汽灭菌。通过蒸汽对发酵罐上封头部位、旋击器部位、罐底阀门、取样口部分等进行灭菌，料液温度保持在 75℃ 以上维持 25min 即可通无菌空气保压降温，当温度 62℃ 时关闭降温水，加入 25kg 糖化酶，4h 后开降温水继续降低。温度到 37℃ 接入培养好的种子即可进入发酵培养。

表 5-12　发酵罐培养基成分

总糖/%	还原糖/%	总氮/%	总磷/(mg/L)	钾/(mg/L)	镁/(mg/L)	钙/(mg/L)
18.0	14.5	0.12	约 90	约 300	约 90	约 50

接种后，温度控制 36.5～37.6℃，罐压 0.08MPa，培养至检测还原糖（稀释 10 倍）为 0 时停罐。培养过程中通风根据 DO 值进行动态控制，保持 DO 不低于 40%。如没有在线监控 DO 值，可以按照 0～3h 通风 4500m³/h，3～20h 通风 5500m³/h，20～40h 通风 4800m³/h，40h 之后通风 3800m³/h，如表 5-13 所示。

表 5-13　发酵指标

发酵指标	总糖/%	产酸率/%	转化率/%	发酵周期/h	发酵强度/[kg/(m³·h)]
数值	17.81	18.02	101.24	62.64	2.88

5.3.4.4　培养基 pH 控制

黑曲霉孢子悬浮液接入到种子罐培养基中，在前期需要吸水膨胀，使孢子由处于休眠状态恢复到生长代谢状态。孢子生长代谢的恢复快慢与孢子吸水膨胀速度有关。试验证明孢子在 pH 6.5～7.2 时吸水膨胀很快，而超过 7.2 时因膨胀过快导致孢子破裂。而 pH 在 4.5 以下时孢子吸水速度偏慢，相对抑制了孢子生长代谢状态的恢复。

对于发酵过程来说，pH 值对糖化作用和产酸这两个生化过程的影响是既对立又统一的，是相互制约的。低 pH 值是黑曲霉高产酸的一个显著特点，而低 pH 值对糖化酶的活力又有一个极大的抑制。

国标法检测酶活力是将环境 pH 都调整到 pH 4.6 条件下，考察的是酶本身所具有的特性。而在柠檬酸发酵过程中，我们所要的是酶所能发挥的作用。从图 5-23 中可以看出，糖化酶在前 24h 每毫升培养基的酶活力是上升的，说明 24h 前糖化酶是大量合成的。随着 pH 的下降，对糖化酶活力的抑制作用越来越

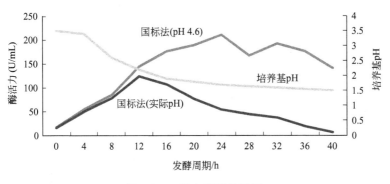

图 5-23　pH 与酶活关系图

明显，在 12h 左右，pH 降低到 2.2 时，每毫升培养基中酶活力开始下降。前期 pH 高、下降慢，发酵周期会延长且杂酸偏高；pH 下降过快抑制酶活力，导致残糖高。糖化酶也是一种诱导酶，大量合成糖化酶也需要消耗能量和营养物质。为了解决这种矛盾，降低糖化酶合成的营养消耗，现在普遍采取外加糖化酶的方式来加快前期的糖化。

图 5-24 是 pH 4.0、60℃条件下，添加糖化酶对培养基进行糖化时，糖化时间与 DE 值的关系。糖化 3h，DE 即可以达到 75%，糖化 5h，DE 达到 80.57%，随后 DE 值增长非常缓慢。因此，可选择在发酵培养基灭菌后，降温至 62℃时添加糖化酶，并保持 3h 左右效果最佳。

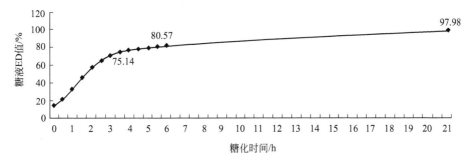

图 5-24　糖化时间与 DE 值关系图

5.3.4.5　培养过程溶氧控制

黑曲霉生产菌是耗氧发酵菌，溶解氧对生产菌的生长和柠檬酸合成过程都起着非常重要的作用。特别是在柠檬酸的合成时期，溶解氧的高低关系到发酵生产的成败。

黑曲霉在生长、繁殖期间所需要的能量是通过呼吸作用获得的，即葡萄糖彻底氧化为 CO_2 和 H_2O，产生大量 ATP 供给菌体生长，此过程需要大量的氧气。

$$C_6H_{12}O_6 + 6O_2 \longrightarrow 6CO_2 + 12H_2O + ATP$$

在黑曲霉合成柠檬酸期间，菌体不生长或生长缓慢，需要的能量少，而柠檬酸合成需要的能量也很少。如果在此期间电子传递仍然走正常的呼吸途径，则会积累大量的 ATP，ATP 对糖酵解途径中的磷酸果糖激酶 PFK 等几个关键反应酶有抑制作用。研究发现，黑曲霉中除了这条正常呼吸途径外，还有一条侧系呼吸途径，这条途径完成电子传递的同时，不产生 ATP，但当缺氧时，只需要很短的时间中断供氧，就会导致此侧系呼吸途径的不可逆损伤，从而导致黑曲霉产酸率急剧下降。一旦恢复供氧，正常呼吸途径恢复正常，对菌体的生长影响较小，而侧系呼吸途径恢复非常缓慢，从而影响黑曲霉产酸率。因此在柠檬酸发酵过程中，特别是在柠檬酸合成期间，一定要供给充足的氧，保证侧系呼吸途径的畅通。

葡萄糖到柠檬酸的化学反应为：

$$C_6H_{12}O_6 + 1.5O_2 \longrightarrow C_6H_8O_7 + 2H_2O + ATP + 3NAD(P)H_2$$

因此，无论在种子培养过程中还是在发酵产酸过程中，均需要供给充足的氧。如何能够既保持充足的供氧又能节省能源？中粮生化公司在利用质谱仪对发酵尾气在线检测结合 OUR、CER、RQ 等多因素动态分析，摸索出种子生长时期和发酵产酸时期的临界氧。

图 5-25 为种子培养过程 DO 和 OUR 趋势图，在前 8～9h 处于孢子生长代谢的恢复期，氧消耗非常低，随着生命代谢的恢复，细胞生长繁殖增快，OUR 快速上升，DO 开始快速下降。在 19h 左右，当 DO 继续降低而低于 20% 时，其 OUR 也同时开始下降。而在 DO 即将到 20% 时通过调整使 DO 维持在 20% 以上，这时对应的 OUR 继续上升。说明该阶段 OUR 受到 DO 的限制。

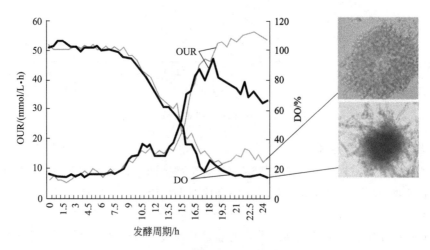

图 5-25　溶氧和 OUR 趋势图

　　OUR 是微生物的摄氧速率，DO 是培养基中的溶解氧。在正常情况下，OUR 上升时，培养基中的 DO 应该下降。如图 5-25 中细灰曲线 OUR 与 DO 的相对应关系。当出现图 5-25 方框中黑色粗的曲线 OUR 与 DO 的关系时，即 DO 下降，对应的 OUR 也下降，说明微生物的摄氧速率受到了溶解氧 DO 的限制。这是对耗氧发酵非常不利的。

　　临界氧研究方法如下。

　　溶氧电极 100% 校正：分别在种子罐和发酵罐接种前，将搅拌转速、通风量和罐压调整到培养条件（罐压 0.08MPa、通风 1:0.6vvm、转速 350r/min），运行 30min，使系统稳定、培养基中溶解氧饱和，在这种状态下校正溶氧电极为 100%。

　　溶氧电极零点校正：在饱和硫代硫酸钠溶液中静置 10~15min，观察电极响应时间并校正零点。如响应时间过长，则需要更换电极电解液或更换探头。也可以在培养间实消灭菌时，当温度达到 100℃ 以上 10min 后校正电极零点。

　　数据取得方式：溶氧电极校正后，种子培养期间利用在线质谱仪实时检测尾气成分、利用溶氧电极实时检测培养基中的溶氧、利用显微镜定时观察菌球形态。

　　分别在黑曲霉生长时期和柠檬酸合成时期，通过调整罐压或通风的微调，使 DO 发生变化，以观察 OUR 与 DO 变化趋势之间的联动关系找到临界氧。

　　通过研究发现，在黑曲霉生长时期，当溶氧低于 20% 时，OUR 的变化趋势变得与 DO 趋势一致，即 DO 下降，OUR 也下降；DO 上升，OUR 也同时上升。这种情况说明是 DO 影响了 OUR 变化，在 DO 下降时，培养基中的供氧不足，导致 OUR 随之下降。当 DO 上升时，因供氧的增加，OUR 会随之上升。而当 DO 超出这个范围时，OUR 不会出现这种同样趋势。同时观察菌球形态也可以发现，当 DO 低于 20% 后，菌球会长出细长菌丝，而 DO 高于 20% 时，菌球不会出现细长菌丝。因此判定 20% 是黑曲霉生长时期的临界氧。

　　利用同样的方法研究出黑曲霉合成柠檬酸时期的临界氧为 40%。

　　在很多文献中提出的溶氧控制条件差异很大，是因为临界氧与溶氧电极 100% 校正条件有很大关系，导致的溶氧电极显示的数值差异较大。试验室研究发现，临界氧只与溶氧电机 100% 校正时的罐压条件有关。试验室不同条件下对溶氧电极校正的 100% 测定出来的临界氧进行了对比分析发现：临界氧与 100% 校正时的罐压的绝对压力成反比例关系，见表 5-14。

　　因此在生产过程中，可以根据过程 DO 值对风量、罐压进行动态控制，保持对应时期内的 DO 值，既能满足种子培养和发酵产酸对氧的需求，又能经济节能。

表 5-14   不同校正 100%罐压时临界数据

校正 100%时罐压(表压)/MPa	0	0.02	0.04	0.06	0.08
校正 100%时罐压(绝对压)/MPa	0.1	0.12	0.14	0.16	0.18
生长时期临界氧/%	35	29	26	22.5	20
柠檬酸合成时期临界氧/%	73	59	52	45	40

5.3.4.6　种子罐移种时机的研究

种子培养的好坏、种子质量的高低对发酵结果影响很大，移种时机非常关键。种子培养过于成熟，则发酵后期耗糖缓慢，葡萄糖没有消耗完菌体就过早衰老，残糖高，产酸率低。种子接入过早，生长还没有成熟导致进入发酵罐后前期产酸推迟，会影响发酵周期。

如何判断种子移种时机，目前的判断标准是 pH 低于 2.5，酸度 1.0 以上，菌丝粗壮。这样的判断标准会因为人为因素存在很多的不确定性。

中粮生化多因素动态分析试验室对黑曲霉移种时机进行了研究，通过在线质谱仪对种子培养过程中的尾气实时监测，利用数据集成软件分析，寻找出能够表征黑曲霉代谢途径变化的参数——呼吸商的变化可以明确地判断种子移种的最佳时机（图 5-26）。

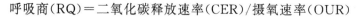

呼吸商（RQ）＝二氧化碳释放速率（CER）/摄氧速率（OUR）

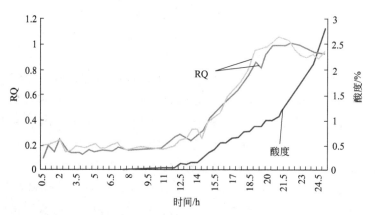

图 5-26   种子罐呼吸商变化趋势图

在种子培养时，前期为孢子吸水膨胀代谢恢复时期，代谢流微弱，耗氧与二氧化碳排放都很小，呼吸商（RQ）值也很低。随着代谢的复苏，代谢逐渐加快。摄氧和二氧化碳排放都随之快速增大。微生物摄取大量氧将葡萄糖氧化成各种代谢中间物，并逐渐释放二氧化碳。因此，摄氧速率比二氧化碳生成速率大，随着生长速率的增快，二氧化碳释放速率渐渐达到摄氧速率水平，RQ 值接近 1，此时菌的生长速率达到最大。在这个速率下生长一定时间后由于营养、pH 环境的改变，菌体逐渐由生长代谢向柠檬酸合成代谢转变。这时有一部分二氧化碳被当作底物固定化成柠檬酸合成前体物质——草酰乙酸。这样二氧化碳释放速率就会降低，RQ 值回落。根据菌体代谢转变的程度，其 RQ 值回落的程度不同。

因此，RQ 值从最高点开始回落的时间，就是黑曲霉菌体代谢发生改变的时刻，这个点就是移种的最佳时机。

5.3.4.7　消泡控制

（1）产生泡沫的机理　泡沫是气体分散于液体中形成的分散体系，气体是分散相，液体是分散介质。液体中的气泡上升至液面，形成少量液体构成的以液膜隔开气体的起气泡聚集物。不溶性气体存在于液体或固体中，或存在于他们的薄膜所包围的独立的气泡称为泡或气泡；许多泡集合在一起，彼此以薄膜隔开的聚集状态，称为泡沫；介于两者之间的、许多独立的、分散的未能集聚的气泡称为分散气泡。气泡是一种具有气-液、气-固、气-液-固界面的分散体系，可以有两相泡及三相泡。

泡和泡沫是由于表面张力作用而生成的。当不溶性气体被周围的液体所包围时，瞬时会生成疏水基伸向气泡内部，亲水基伸向液体，形成一种极薄的吸附膜，膜由于表面张力作用而呈球状，形成泡。由于气液两相密度相差大，液相中的气泡通常会很快上升到液面，如果液面上存在一层较稳定的液膜，大量气泡集聚就形成了泡沫层。

泡沫与乳状液一样，也是热力学不稳定体系。当气体通入水等一些黏度较低的纯液体时并不能得到稳定而持久的泡沫。能形成稳定泡沫的液体，至少要有两种以上的组分。表面活性剂的水溶液就是典型的易产生泡沫的体系。蛋白质及其他一些水溶性高分子溶液，也易产生稳定持久的泡沫。产生泡沫的液体不仅限于水溶液，非水溶液也能产生稳定的泡沫。

根据经验，纯液体不能形成稳定的泡沫。一般把液体泡沫各气泡交界处称为 Plantean 交界，根据 Laplace（拉普拉斯）公式：

$$\Delta p = 2\Gamma / R \tag{5-1}$$

式中，Δp 为液膜的 Plantean 交界处平面膜之间的压力差；Γ 为液体表面张力；R 为交界处的气泡的曲率半径。

由式(5-1)可知，在图 5-27 的气泡相交处，液膜的 P 点所受的压力小于 A 点，故液体会自动从 A 点向 P 点移动，结果液膜逐渐变薄，此过程称为排液过程；另一种排液过程是液体因重力而下流，结果也使膜变薄，但这种作用仅在液膜较厚时才有显著作用，当液膜变薄到一定程度时即会使泡沫破灭。纯液体如水、乙醇、苯都不能形成泡沫，只有在水中存在有表面活性剂时才能形成泡沫，因为表面活性剂为双亲结构，能在界面吸附形成定向排列的单分子界面膜而保护气泡。

图 5-27　气泡交界图

表面活性剂不但能够形成稳定泡沫还能抵抗来自外力的破坏作用，保持泡沫具有长久的稳定性。泡沫的稳定性的关键在于液膜的强度，而液膜的强度主要取决于表面吸附膜的坚固性。当气泡的壁膜上吸附有表面活性剂时，由于表面活性剂分子膜能阻止膜上液体的流动，表面黏度增加，使排液过程难以发生，从而使泡沫稳定性增加。

表面张力对泡沫的液膜有一个修复的作用，当泡沫的液膜受到冲击时，会发生局部变薄的现象。与此同时，变薄之处的液膜表面积增大，表面吸附的分子的密度较前减少，因此液膜的表面张力增大，液膜的表面张力增大后，就会牵引临近的表面活性剂向此处迁移，使液膜变厚，这就是表面张力的修复作用。

当液泡升到液体表面时，受重力影响膜内液体会向下流动，开始排液，泡沫膜变薄，到一定程度泡沫就会破灭，但这时表面活性剂会起到阻止排液作用，防止泡沫膜变薄使泡沫稳定。当排液开始时，液体由高处流向低处，带动表面活性剂向下移动，在低处聚集，因而低处的表面张力变小，高处的表面张力变大，这样高处的高表面张力就会牵动低处的表面活性剂向高处移动，这是维持泡沫稳定的马拉高尼效应（Marangoni effect）。

（2）影响泡沫稳定性的因素　影响泡沫稳定性的因素有液体的表面张力、表面黏度、表面张力的自我修复作用、表面电荷、泡沫气体透过性以及添加的表面活性剂的结构等。具体分析如下。

① 表面张力及其自我修复作用。泡沫形成后体系的气-液表面积增加，体系能量随之增加。从能量的角度考虑降低液体的表面张力有利于泡沫的形成，低表面张力才有助于泡沫的稳定。但是，许多实际现象已经说明，液体表面张力不是泡沫稳定的决定因素。表面张力的另一个作用，是在泡沫的液膜受到冲击而局部变薄时可使液膜变厚复原，使液膜强度恢复，这种作用称为表面张力的自我修复作用。

② 表面黏度。决定泡沫稳定性的关键因素，是液膜的强度，而液膜的强度

主要取决于表面吸附膜的坚固性，通常用表面黏度来衡量。表面黏度越大，液膜表面强度越高，同时使临近液膜的排液受阻，延缓了液膜的破裂时间，增加了泡沫的稳定性。

③ 气体的透过性。泡沫中的气泡总是大小不均的。小气泡中的气体压力比大气泡中压力高，于是小气泡中的气体会通过液膜扩散到相邻的大气泡中，造成小泡变小甚至消失，大泡变大直至破裂。所以，透过性越好的液膜，其气体通过它的扩散速度就越快，泡沫的稳定性就越差。同时，气体的透过性与表面吸附膜的紧密程度有关。表面吸附分子排列越紧密。表面黏度就越高，气体透过性就越差，泡沫也越不易破裂。

④ 表面电荷。如果泡沫液膜带有相同的电荷，该膜的两个表面将相互排斥。当膜变薄至一定程度时两个表面层的静电斥力会阻止液膜的进一步变薄。因此，电荷有阻止液膜变薄增加泡沫稳定性的作用。

⑤ 表面活性剂的分子结构。研究表明，表面活性剂水溶液的起泡性和稳泡性皆随表面活性剂浓度上升而增强，到一定浓度后达到极限。表面活性剂亲水基的水化能力强，就能在亲水基周围形成很厚的水化膜，从而将液膜中流动性强的自由水变成流动性差的束缚水，同时也提高了液膜的黏度，不利于重力排液使液膜变薄，从而增加液膜的稳定性。

综上所述，影响泡沫稳定性的各因素中，液膜强度是最重要的，作为起泡剂或稳定剂使用的表面活性剂，其表面吸附分子排列的紧密和牢固程度是最重要的因素，不仅可以使液膜本身具有较高的强度，而且因表面黏度较高而使临近表面膜的溶液层不宜流动，液膜排液相对困难。同时，排列紧密的表面分子，还能降低气体的透过性，从而也可增加泡沫的稳定性。

（3）起泡的危害

① 降低生产能力。在发酵罐中，为了容纳泡沫，防止溢出而降低装液量，装料系数一般取 0.65~0.75。

② 引起原料浪费（逃液）。如果设备容积不能留有容纳泡沫的余地，气泡会引起原料流失，造成浪费。

③ 影响菌的呼吸。如果气泡稳定，不破碎，那么随着微生物的呼吸，气泡中充满二氧化碳，而且又不能与空气中氧进行交换，这样就影响菌的呼吸。

④ 引起染菌。由于泡沫增多而引起"逃液"，于是在排气管中粘上培养基，就会长菌。随着时间延长，杂菌会长入发酵罐而造成染菌。大量泡沫由罐顶进一步渗到轴封，轴封处的润滑油可起点消泡作用，从轴封处落下的泡沫往往引起杂菌污染。

（4）泡沫的控制 泡沫控制的目的是如何使泡沫中的气泡及时破裂，使气相和液相分离。因此，可以通过化学方法，降低泡沫液膜的表面张力或黏度，使泡沫破灭，也可以利用机械消泡的方法使泡沫液膜的某些部分局部受力，打破液膜原来的受力平衡而破裂。通常可以归纳为以下三种：物理消泡法、机械消泡法、化学消泡法。

黑曲霉柠檬酸发酵是高耗氧发酵，在发酵 6～30h 期间，会有大量泡沫产生。以玉米粉液化液和液化清液为主要培养基组成的发酵液，由于玉米中的脂肪在液化中会有部分浸出到糖液中，使玉米粉液化液和液化清液中有一定的玉米油，玉米油也能起到消泡和抑泡的作用，因此添加消泡剂的时间集中在 10～15h，吨酸消泡剂消耗为 0.25～0.30kg。中粮榆树公司以淀粉乳液化液为主要培养基组成的发酵液，因玉米中的脂肪在淀粉乳生产过程中被分离出去了，淀粉乳中几乎没有脂肪，导致在发酵过程中，从发酵 4h 起，至发酵 48h，起泡就比较旺盛，为了降低消泡剂消耗，采用机械消泡——吞沫机和化学消泡——消泡剂两种相结合的方式进行消泡（如图 5-28），消泡剂消耗量较玉米粉原料的高 2 倍左右，吨酸消泡剂消耗为 0.9～1.0kg。

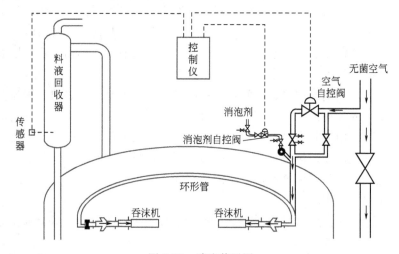

图 5-28　消泡装置图

为了很好地控制料液逃逸和染菌风险，泡沫液面控制在罐面视镜下方为宜，消泡剂添加应少量多次。

5.4　发酵工艺的综合利用

随着工艺技术的进步和对降低成本、环保意识的追求，中粮生化开发了全新的绿色清洁生产工艺。从淀粉回收、废水和热能综合利用等方面加以改进和提高。

5.4.1 提高液化淀粉收率

在目前的生产中，企业均采用下面的玉米粉制糖的预处理工艺流程，调浆浓度在 23%～27%，制备的糖液在 18.5%～21.0%。在这个流程中存在以下考虑。

（1）由于生产需要考虑能源的消耗，所以在玉米粒粉碎的时候会控制粉碎的电耗，通常玉米水分在 14% 左右时，玉米粉 40 目通过率 80% 时的粉碎电耗为 7～9 度/t（图 5-29）。如果继续降低玉米粉粒度直径，电耗会明显上升。玉米粉碎粒度直径降低，在液化时，玉米淀粉与水的接触面积增大，吸水膨胀效果增强，与液化酶的接触机会增多，使液化效果增强。10～40 目之间，随着粉碎粒度直径的降低，残淀粉降低十分明显，大于 40 目对糖渣残淀粉含量的下降影响减弱，因此一般企业控制玉米粉碎粒度 40 目筛网通过率高于 80%。

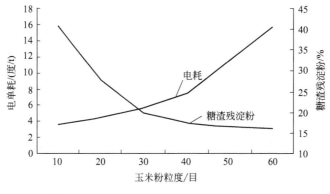

图 5-29　玉米粉碎粒度与电耗图

（2）液化液固液分离时，板框过滤后，滤布之间形成滤饼。正常情况下，滤饼水分在 45%～50% 范围，而这 45%～50% 的水分溶解了与过滤得到的清液糖浓度相同的糖，即为 18.5%～20.0% 的糖。为了减少这一部分糖液的损失，企业最直接的办法就是从板框进料口压入清水对滤饼进行简单的清洗后再通入空气进行吹干回收，料水比为 10∶1 或 10∶2。由于水在进入板框对滤饼进行洗涤时会走短路，洗涤不充分，通空气吹干时最终水分也在 45% 左右，这种方法仅能够回收约 30% 糖，70% 仍然损失了，如图 5-30 所示。

糖渣在板框中直接水洗效果较低，于是借鉴发酵酸渣二次水洗工艺，将糖渣集中收集后进行二次加水调浆洗涤后再次压滤回收的工艺，其工艺流程如图 5-31 所示。

工艺调整后，糖渣水洗更充分，不仅可将糖渣中的糖液洗下来 75% 以上，还将包裹在纤维、蛋白质等里面没有被淀粉酶液化的部分淀粉洗下来，大大降低了糖渣中残淀粉含量。

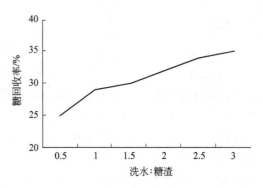

图 5-30　洗水量与糖回收率关系图

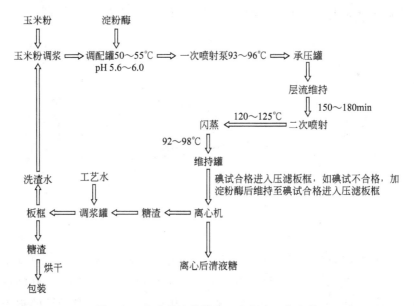

图 5-31　玉米粉液化糖渣二次水洗工艺流程

从图 5-32 中的趋势线可以看出，洗水少的时候，糖回收的效果越明显，随着洗水量的增加，糖的回收效果在逐渐减弱，糖回收率在提升。

通过糖渣二次水洗工艺，能够将糖渣中的糖回收 75％以上，大大降低了糖渣中的淀粉含量，减少淀粉损失，使发酵玉米单耗下降。且糖渣二次水洗工艺对原有工艺的改造较小，只需要增加一台带有搅拌的调浆罐、几台绞龙、几台板框压滤机和一台糖液回收槽即可，投资成本低。

5.4.2　中和废水再利用

柠檬酸生产中产生废水量最多的工序是利用碳酸钙中和发酵液形成柠檬酸氢

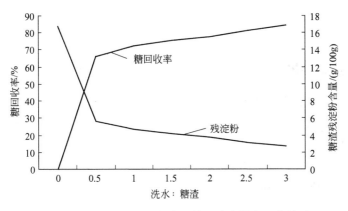

图 5-32　洗水量与糖回收率、糖渣残淀粉含量的关系

钙所产生的废水，工厂一般称废糖水或中和废水，一般吨柠檬酸产生 $11\sim12m^3$ 废水。在国家对环保要求日益严格的当前，如何综合处理这部分废水，降低环保处理的费用和压力，对企业经营非常重要。有的企业采用废水进环保车间产生沼气，利用沼气发电提供电、蒸汽循环利用的方式。以下介绍利用废糖水作为原料调浆的综合利用工艺，如图 5-33 所示。

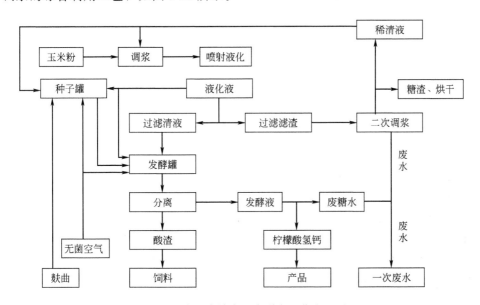

图 5-33　中和废糖水二次利用工艺流程图

在中和生产过程中，第一次排出的是浓废水，其不可利用性糖和杂质浓度最高，在第二次和第三次排出的时候，不可发酵性糖和杂质就非常低，可再次利用。

废糖水中含有柠檬酸根 2~4g/L、钙离子 50mg/L 左右及其他少量的金属离子。这部分水套用到原料玉米粉调浆、喷射液化以及种子罐定容用水。

5.4.3　降温热能再利用

为了达到清洁生产、能源综合利用的目的，前面介绍了增加淀粉回收、减少废水排放等，在发酵生产中还有一些热能能够耦合利用。如在种子罐灭菌后的降温热水和发酵罐培养基灭菌后的降温热水可以根据需要，采用不同温度段回收不同温度热水，可以用于玉米粉或淀粉乳的调配、种子罐和发酵罐培养基的定容等，还可以用于压滤滤布的冲洗、压滤糖渣的调浆、酸糟的调配。

5.5　柠檬酸发酵染菌防治

柠檬酸稳定发酵是柠檬酸成品生产的保证，是整条柠檬酸生产线的重中之重，发酵的稳定运行直接影响到产品的产量、质量，关系到柠檬酸生产线的正常运行。发酵的防染菌工作一直是柠檬酸发酵生产的头等大事。

所谓染菌，是指在发酵过程中，生产菌以外的其他微生物侵入发酵系统，从而使发酵过程失去真正意义上的纯种培养。发酵过程中的染菌原因主要集中在以下几个方面：空气系统、环境因素、设备因素、操作因素和种子因素等几个方面。因此，要克服染菌问题，必须着重从以上几方面入手，层层把关，严防杂菌污染。本文将从上述几方面结合工厂多年来发酵生产过程中防染菌的工作实践谈几点发酵防染菌过程中的经验与体会。

5.5.1　空气系统

随着折叠式空气膜过滤器在氨基酸发酵行业的普及，空气带菌而引起整个工厂大面积染菌的现象相对少见。但不能因为有了高效率的除菌过滤器就放松对空气系统的警惕。在生产实践中稍有不慎就可能因为空气系统的问题导致发酵过程染菌。在日常的生产中，我们可以从以下几点加强管理和控制。

（1）因生产需要切换备用空气管路前，必须严格执行管路吹扫方案。首先用蒸汽吹扫，以杀死管道中藏匿的杂菌；然后用空气吹扫，以除去管道中的锈渣（部分厂家过滤器前的空气管道为碳钢材质）和水，保障进入过滤器前的空气质量，保障过滤器的过滤效率。若忽视此点，将会导致大面积染菌，严重影响发酵生产的稳定。

（2）空气过滤器要定期消毒，杀死膜过滤器表面富集的杂菌。新型折叠式膜过滤器过滤精度为 0.01μm，过滤效率可达 99.99%，基本保证了压缩空气过滤后无杂菌和噬菌体。但随着使用时间的延长，过滤器表面富集大量杂菌，当出现操作不当或设备故障时，增加了"透滤"的风险。另外起到密封滤芯接口作用的"O"型圈也要定期更换。

（3）定期对过滤器后的空气管道进行焊缝和法兰漏点检查，确保其密封性。若管路（尤其弯头）处存在漏点，当空气流速发生波动时，未经过滤的外部空气有可能通过漏点被"吸"进空气管道，进入发酵罐导致染菌。

（4）空气流速（罐压）平稳，无瞬间大的波动。这要就要求空压机出口压力要稳定，同时操作过程中开关阀门调整风量时，动作要慢。

（5）空气管路和过滤器要安装吹口，定时排水。尤其在阴雨天气和雨季要保持各吹口畅通，定时开阀排水排汽。

5.5.2 环境因素

发酵车间的环境因素是防染菌工作中一个不容忽视的环节。若发酵车间的环境不好，其周围空气中的杂菌密度将大大增加。这一方面加大了空气过滤设备的负荷；另一方面，发酵外部杂菌密度大，若工艺、设备上稍有疏忽和漏洞，杂菌就会乘虚而入，使发酵染菌的可能性急剧增加。

（1）把好源头，严禁控制活菌体排放。发酵过程实施无活菌体料液的排放是杜绝噬菌体的关键，这就要求我们要正确处理取样等操作产生的料液（比如加热杀死活菌体或在其中加入消毒剂破坏菌体细胞），同时要加强设备管理，对阀门和管道的漏点要及时维修。

（2）做好发酵车间的环境检测，定期消毒，改善发酵环境。定时对发酵车间环境进行平板检测，以判断发酵环境的恶劣程度。根据检测结果有重点地进行环境消毒，调整消毒频次和消毒药剂，以降低杂菌的密度。清除发酵周边环境的卫生死角，每天定期对发酵操作面进行清洗，确保无积水和沉积污物。

（3）做好车间封闭，减少空气对流。中粮生化蚌埠分厂发酵车间原为钢结构厂房，厂房无南侧围墙，近乎露天，同时楼层之间的平面为钢筋间隙焊接而成，几乎无遮挡，造成发酵车间内部与外部，内部楼层之间空气对流大，车间内的环境平板检测经常出现大量杂菌菌落。将外墙封闭并在楼层间铺设钢板后，在保持原有消毒方式和频率不变的基础上，车间内部的环境有了较大改进，同期染菌率也有明显下降。同时，发酵车间的窗户应保持关闭。

5.5.3 设备因素

设备是发酵的基础，设备状况的好坏直接影响发酵的染菌率。在环境、空气控制较好的情况下，设备是造成发酵染菌不可忽视的重要一环。下面是针对工厂在防染菌实践中总结出的几点易导致染菌的设备因素。

（1）因安装或使用不当等因素导致发酵罐轴封密封不严，泄露程度可以从消罐时蒸汽外泄量进行判断。此点在国内较多发酵厂家比较常见。若轴封不严，罐压不稳时有可能形成罐内瞬间负压，外界空气进入罐内引起染菌。

（2）降温盘管发生渗漏引起染菌。有些厂家采用蒸汽排尽盘管内的冷却水，但这种方法极易形成"水锤"，使盘管发生剧烈震动，此时降温盘管与盘管固定支架产生摩擦，长期磨损造成盘管渗漏。因此采用低压空气排尽盘管内余水。盘管查漏方法较多，但在生产实际中操作起来很不方便。可使用以下两种方法查漏：①盘管水打压。将盘管表面用蒸汽烘干，冷却后再用冷却水对盘管打压，然后对每道焊缝进行检查，若盘管表面有湿润感，则说明此处可能存在渗漏。但此种方法要注意发酵罐和冷却水的温差不能太大，同时打压时间不能过长，否则盘管表面形成冷凝水后，很难进行判断。②盘管气打压。将高压空气引入盘管内，然后在其表面焊缝处喷洒肥皂水，若起泡沫则说此处存在漏点。由于现在发酵罐体积大部分在 $300m^3$ 以上，其内部盘管有的长达几千米，焊缝较多，因此对盘管查漏一定要由不同的人重复查几次后才能做出判断。

（3）罐底放料第一道阀门渗漏造成杂菌互相传播，大面积染菌。一般罐底放料阀门为不锈钢球阀，但由于长期蒸汽密封受热不均或操作检修不当被硬物损坏，其阀座容易变形导致放料阀门渗漏。在放料或处理染菌异常罐时，若罐底放料阀门存在渗漏，极易导致互相传播，大面积染菌。因此要定期对放料阀阀座进行检查和更换。

（4）罐内加强板脱焊引起发酵染菌。为便于罐内检修和作为搅拌的支撑，发酵罐内需要安装加强板。加强板脱焊后，放料空罐后加强板与罐壁间的夹层内有可能夹带料液和气体，发酵罐空消过程中夹层内的料液和气体可能存在消不透的现象，发酵罐接种运转后，夹层内的料液或气体通过脱焊处进入发酵液中引起发酵染菌。针对此问题，在上罐前要进行认真检查，确保发酵罐的密封性，同时要对加强板焊缝进行补焊打磨处理，进而降低染菌率。

5.5.4 操作因素

在防染菌过程中，操作者的操作方法、操作质量和操作者的工作责任心直接影响染菌发生的概率，同时操作也是众多染菌因素中最难以控制的。

首先，要加强对员工的培训，让其懂得操作原理、懂得操作环节的重要性，让其树立无菌观念，降低操作失误。

其次，要制定科学的操作规程并严格落实，加强操作检查、监督与考核，以提高操作者的操作质量。

最后，加强对操作工的责任心教育，建立完整的检查记录制度。引入竞争机制，使操作工的收入与其上罐成功率直接挂钩。若通过检查发现重大染菌隐患，对相关人员进行重点奖励，充分发挥员工的主观能动性。

5.5.5　种子因素

优良的菌种是保证生产正常进行的关键。在菌种纯化、复壮、筛选和扩大培养菌种的过程中要严格控制，确保无杂菌污染。针对种子带菌问题，一是要严格控制关键操作，制定科学的岗位 SOP，并严格落实，不能省略操作环节。二是要把好钢瓶种子交接环节，在将钢瓶种子接入种子罐前要经过严格的镜检和平板检验，确保染菌的种子不被用于大生产。

从染菌途径及染菌菌群的多样性和复杂性不难发现，对抗发酵染菌是一项需长期坚持的工作，但只要对染菌工作保持足够的敏感性，确立预防为主的思想，制定出科学合理的防染菌措施和激励制度，并在日常的生产中得到切实的落实，相信发酵过程中的染菌问题可以得到很好的解决。

以下结合柠檬酸发酵工厂生产实际，具体防染菌措施如下。

5.5.5.1　糖液存储防染菌措施

糖液压滤后进入糖液储罐，在糖液浊度较高或在糖液长时间存放过程中，随着糖渣沉淀或糖液温度降低，给糖液的储存质量带来很大隐患，特规定每 1 个月清洗糖液储罐，打开糖液储罐人孔盖，将其中沉积料渣清扫出来，消除染菌隐患。

5.5.5.2　发酵放料防染菌

为防止发酵罐放料结束时，放料管道内残存的料液侵染杂菌，特规定在每天早班消发酵罐放料管道 10～20min，消毒温度在 100～150℃之间。在用蒸汽顶出管道内积水或积料后，关小排气，在达到消毒要求的同时，尽可能节约蒸汽消耗。

5.5.5.3　发酵罐区防染菌措施

（1）罐区地沟　为保证罐区地沟内不大量滋生杂菌，特规定每周两次（周一、周四）清扫地沟，清除其中污泥及其他污物，保证地沟清洁。

（2）罐底石灰　为净化罐底环境，抑制杂菌滋生，特规定每两周更换发酵罐罐底石灰一次，保证罐底石灰无明显变色，罐底无料迹。

5.5.5.4　低压空气系统防染菌措施

为保证空气过滤器的过滤效果，防止因 RH（relative humidity，相对湿度）

过高导致空气除菌不彻底而引起发酵染菌，特规定每天 10：00 对空气过滤器排水一次。

5.5.5.5　钢瓶防染菌措施

每周二、周三两天对所有钢瓶进行打压试漏，发现钢瓶或皮头漏点及时解决。

5.5.5.6　种子罐控制防染菌措施

（1）种子罐实消　在种子罐实消前，先用清水冲洗干净罐内横梁上的料液，实消过程做到料液以下的管道进汽、料液以上的管道排汽，即取样蒸汽、风管蒸汽、罐底蒸汽管道进汽，罐面小排汽处排汽，实消温度 122～124℃，实消升温时间不低于 40min，实消保压时间 25min。

（2）接种控制　钢瓶在去除纱布包裹的皮头接入空气管道和接种管道上时，要全程在酒精火把控制范围内进行，接种后期轻微摇晃钢瓶确认钢瓶内料液是否全部接入。

（3）过程控制平稳　种子罐在实消过程、空气切换及在正常培养过程中，要保持罐压、风量控制平稳，防止因罐压急剧波动可能导致的空气倒吸。

（4）种子罐设备检查及清洗　为防止因种子罐设备问题导致的发酵染菌现象，特对种子罐相关设备、阀门等进行如下清洗规定：

① 种子罐取样阀门每月拆下清洗后安装；

② 种子罐搅拌轴哈弗、联轴器、搅拌桨叶每半年拆下用氧气高温烘烤；

③ 种子罐视镜每半年拆下用稀碱清洗；

④ 种子罐风管焊缝、接种口焊缝、取样阀及焊缝、移种管焊缝等其他相关焊缝处在种子罐移种完毕后用肥皂水试漏，试漏压力 0.18MPa。

5.5.5.7　发酵罐控制防染菌措施

（1）控制平稳　发酵罐在空消过程、空气切换及在正常培养过程中，要保持罐压、风量控制平稳，防止因罐压急剧波动可能导致的空气倒吸。

（2）发酵罐设备检查及清洗　为防止因发酵罐设备问题导致的发酵染菌现象，特对发酵罐相关设备、阀门等进行如下清洗规定：

① 发酵罐取样阀门每月拆下清洗后安装；

② 发酵罐移种阀每 3 个月拆下清洗后安装；

③ 发酵罐进料阀每 3 个月拆下清洗后安装。

5.5.5.8　环境消毒

为净化发酵车间环境质量，减少空气中杂菌密度，最大限度地降低因设备隐患或可能存在的操作不规范导致的发酵染菌，特规定每天 16:00 对发酵车间用 0.5％新洁尔灭进行消毒，保证发酵车间环境质量。

5.5.5.9 碱煮

为防止因种子罐、发酵罐消罐过程中在罐内可能产生的积垢，导致种子罐、发酵罐灭菌不彻底，因此特规定每 6 个月对种子罐、发酵罐进行碱煮一次，碱液 pH≥12，如碱液 pH 低于 12，必须补充新碱液。碱液漫过发酵罐内盘管或达到种子罐上横梁，碱煮温度≥80℃，搅拌 1h 以上。

5.5.5.10 染菌料液处理

种子罐一旦确定染菌或有大量长菌丝，立即加热至 80℃以上，然后压入发酵罐做底料。

发酵罐确定侵染球菌后，立即加热至 80℃以上，一半压入新的发酵罐做底料（分两到三个罐），一半在降温后压入后期发酵罐继续培养。

染菌种子罐上罐前必须进行碱煮，染杂菌发酵罐上罐前视其染菌程度不同、设备检查情况及发酵供料情况考虑是否碱煮，原则上对染杂菌发酵罐在上罐前需进行碱煮。

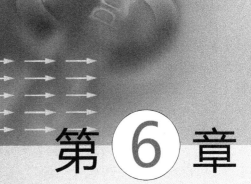

第 6 章

分离提取工艺

6.1 菌渣分离技术

6.1.1 原理

柠檬酸发酵液的菌渣分离属于固液分离，一般采用过滤。

过滤的基本原理是采用一种多细孔的物体做过滤介质，利用过滤介质两侧的压力差为推动力，使被过滤的液体由介质的小孔通过以得到澄清的滤液，悬浮物被截留而积聚在介质表面形成滤饼，从而实现固液分离。过滤开始时，滤液要通过介质，必须克服过滤介质对流体流动的阻力，此阻力为介质阻力与滤饼阻力之和，而起主要作用的则是滤饼的厚度和特性，其厚度随过滤的进行而增加，而其特性又取决于滤饼的可压缩性和不可压缩性。可压缩性滤饼为无定形的颗粒所组成，粒与粒之间的孔道随压强的增加而变小，因此对滤液的流动产生了阻力。玉米液化液、淀粉乳液化液和柠檬酸发酵液中的颗粒形成的滤饼属可压缩性滤饼。不可压缩性滤饼为不变形颗粒所组成，当其沉淀于介质上时，各颗粒之间相互排列的位置和粒与粒之间的孔道，均不因受压强的增加而改变。柠檬酸钙、柠檬酸氢钙、硫酸钙所形成的滤饼属不可压缩性滤饼。

过滤滤饼的厚度达到一定程度时，则变为真正的过滤介质。因此在过滤开始时，往往出现浑浊滤液，这是因为滤浆中的固体颗粒大小不一，细小者易穿过介质的孔隙而未被截留。当介质表面累积有滤饼时，滤液变清，这就表示滤饼的毛细孔隙较过滤介质孔道小，或者是滤饼在过滤介质的孔道中起广泛的架桥作用。使用任何一种过滤设备，都有一个适当的滤饼厚度的要求，这取决于过滤速度和滤饼的洗涤效率。过滤速度决定于推动力和阻力，当推动力一定时，过滤速度随过程的进行而逐渐降低。如果要求速度不变，则必须加大过程的推动力，但达到一定限度时，再继续进行下去，是不经济的，因此必须除去滤饼，重新开始过滤。

滤饼中的微孔错综复杂，滤液充满在这些微孔中，由于表面张力与黏着力而不能自动流出，为提高滤出物的收率，则应加清洗液将这些滤液排出。清洗液均匀而平稳地覆盖于滤饼面上，在推动力的作用下，清洗液开始进入滤饼毛细管，由于毛细管孔很细，所以开始洗液并不与滤液相混合，而仅是将滤液排出到毛细管外，黏附在毛细管壁上，形成一薄层，然后逐渐被清洗液所冲淡而流出。由此可见，要大体上洗涤干净，只需消耗少量的清洗液，如要求完全洗涤干净，则要耗大量的洗涤液，但因而增加了滤液稀释度，在生产中要权衡利弊，利用适当量的清洗液，达到较佳的效果，或者采用清洗液套用的方法，来提高收率，把损耗降到最低限度。柠檬酸过滤液的稀释度，关系到下工序的收率，应特别注意。

6.1.2　工艺

6.1.2.1　工艺流程

柠檬酸发酵液经菌渣分离工序进行固液分离，分离后的菌渣再洗涤，回收柠檬酸后作为饲料副产品，清液进入后续提取工序处理。工艺流程简图见图 6-1。

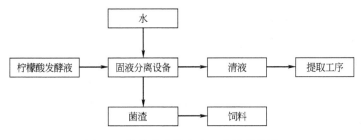

图 6-1　柠檬酸菌渣分离工艺流程简图

6.1.2.2　主要操作控制指标（见表 6-1）

表 6-1　柠檬酸菌渣分离主要操作控制指标

项目	单位	标准
清液浊度	NTU	≤20.0
清液酸度	g/100mL	≥10.5
清液菌丝体含量	个/20mL	≤10
滤渣残酸	g/100mL	≤2.5

6.1.3　设备

柠檬酸发酵醪菌渣分离方式按推动力分为压力过滤分离、真空过滤分离、离心沉降分离，应用于生产的设备有板框压滤机、立式压滤机、带式真空过滤机、卧螺离心机等。

6.1.3.1　板框压滤机

板框压滤机在工业生产中实现固体、液体分离，采用液压设备压紧，机械锁紧保压。操作维护方便，运行安全可靠。压滤机过滤后的泥饼有更高的含固率和优良的分离效果。

板框压滤机对于滤渣压缩性大或近于不可压缩的悬浮液都能适用。适合的悬浮液的固体颗粒浓度一般为 10% 以下，操作压力一般为 0.3～0.6MPa，特殊的可达 3MPa 或更高。过滤面积可以随所用的板框数目增减。板框通常为正方形，滤框的内边长为 320～2000mm，框厚为 16～80mm，过滤面积为 1～1200m²。板与框用手动螺旋、电动螺旋和液压等方式压紧。板和框用木材、铸铁、铸钢、不锈钢、聚丙烯和橡胶等材料制造。

板框压滤机由交替排列的滤板和滤框共同构成一组滤室。在滤板的表面有沟槽构造，它凸出部位是用来支撑滤布的。滤框和滤板的边角上各有通孔，组装以后可以构成一个完整的通道，能够通入洗涤水、悬浮液和引出滤液。板和框的两侧各有把手支托在横梁的上面，由压紧装置压紧板、框。板、框之间的滤布起到密封垫片的作用。由供料泵将悬浮液压入滤室，在滤布的上面形成滤渣，直至充满了滤室。滤液穿过滤布并沿滤板沟槽流至板框边角通道，集中排出。过滤完毕之后，可以通入清洗涤水洗涤滤渣。洗涤后，可通入压缩空气，除去剩余的洗涤液。随后打开压滤机卸除滤渣，清洗滤布，重新压紧板、框，开始下一工作循环。

板框压滤机主要由压紧板（活动滤板）、止推板（固定滤板）、过滤介质（滤布或滤纸等）、滤板和滤框、横梁（扁铁架）、压紧装置、集液槽等组成。如图 6-2 所示。

图 6-2　全自动板框压滤机

两横梁把止推板和压紧装置连在一起构成机架，机架上压紧板与压紧装置铰接，在止推板和压紧板之间依次交替排列着滤板和滤框，滤板和滤框之间夹着过滤介质；压紧装置推动压紧板，将所有滤板和滤框压紧在机架中，达到额定压紧力后，即可进行过滤。悬浮液从止推板上的进料孔进入各滤室（滤框与相邻滤板构成滤室），固体颗粒被过滤介质截留在滤室内，滤液则透过介质，由出液孔排出机外。

压滤机根据是否需要对滤渣来进行洗涤，可以分为可洗和不可洗两种形式，可以洗涤的压滤机称可洗式，不可洗涤的压滤机则称为不可洗式。可洗式压滤机的滤板有两种形式，板上开有洗涤液进液孔的称为有孔滤板（也称洗涤板），未开洗涤液进液孔的称无孔滤板（也称非洗涤板）。可洗式压滤机又有单向洗涤和双向洗涤之分，单向洗涤是由有孔滤板和无孔滤板组合交替放置；双向洗涤滤板都为有孔滤板，但相邻两块滤板的洗涤应错开放置，不能同时通过洗涤液。

压滤机的出液方式有明流和暗流两种，滤液从每块滤板的出液孔直接排出机外的称明流式，明流式便于监视每块滤板的过滤情况，发现某滤板滤液不纯，即可关闭该板出液口；若各块滤板的滤液汇合从一条出液管道排出机外的则称暗流式，暗流式用于滤液易挥发或滤液对人体有害的悬浮液的过滤。

板框压滤机操作共由压紧、进料、洗涤（或风干）、卸饼四步组成。

第一步是压紧。压滤机在操作前须要进行整机检查：查看滤布有无打折或重叠现象，电源是否已正常连接。检查后即可进行压紧操作，首先按一下"启动"按钮，油泵开始工作，然后再按一下"压紧"按钮，活塞推动压紧板压紧，当压紧力到达调定高点压力后，液压系统自动跳停。

第二步是进料。当压滤机压紧后，就可以可进行进料的操作了：开启进料泵，并缓慢开启进料阀门，进料压力逐渐升高至正常压力。这时观察压滤机出液情况和滤板间的渗漏情况，过滤一段时间后压滤机出液孔出液量逐渐减少，这时说明滤室内滤渣正在逐渐充满，当出液口不出液或只有很少量液体时，证明滤室内滤渣已经完全充满形成滤饼。如需要对滤饼进洗涤或风干操作，即可随后进行，如不需要洗涤或风干操作即可进行卸饼操作。

第三步是洗涤或风干。在压滤机滤饼充满后，关停进料泵和进料阀门。开启洗涤泵或空压机，缓慢开启进洗液或进风阀门，对滤饼进行洗涤或风干。操作完成后，关闭洗液泵或空压机及其阀门，即可进行卸饼操作。

第四步是卸饼。首先关闭进料泵和进料阀门、进洗液或进风装置和阀门，然后按住操作面板上的"松开"按钮，活塞杆带动压紧板退回，退至合适位置后，放开按住的"松开"按钮，人工逐块拉动滤板卸下滤饼，同时清理粘在密封面处的滤渣，防止滤渣夹在密封面上影响密封性能，产生渗漏现象。至此一个操作周期完毕。

混合液流经过滤介质（滤布），固体停留在滤布上，并逐渐在滤布上堆积形成过滤泥饼。而滤液部分则渗透过滤布，成为不含固体的清液。

6.1.3.2 立式压滤机

立式自动压滤机是利用高压挤压与高压气吹干的作用，将浆料中的滤液压出而达到固液分离，它同时具备了洗涤，脱水和风干的三大功能。

立式压滤机分长程序控制和短程序控制两种工作模式。

长程序控制工作模式有六个过程：①过滤：泵入物料悬浮液；②一次隔膜挤压：挤压成形滤饼；③滤饼洗涤：清水洗滤；④二次隔膜挤压：重新挤压滤饼；⑤滤饼吹干：高压风吹干，带走少量水分；⑥滤饼排出与滤布洗涤：两侧落下滤饼、卸料，同时洗涤滤布。

① 过滤。当过滤板框关闭后，料浆同时通过料浆管进入每个滤腔，滤液通过滤布进入滤液腔，然后进入滤液软管，最后到达滤液管。

② 一次隔膜挤压。高压水通过高压水软管进入隔膜上方，隔膜向滤布表面挤压滤饼，从而将滤液挤出滤饼。

③ 滤饼洗涤。洗涤液经与料浆相同的路径被泵送到过滤腔；由于液体注满滤腔，隔膜被抬起，水从隔膜上方挤出，洗涤液在通过滤饼和滤布后流入排放管。

④ 二次隔膜挤压。在洗涤阶段之后留在滤腔里的洗涤液用上述第二阶段中的方法被挤压出去。

⑤ 滤饼吹干。滤饼的最后干燥是由压缩空气完成的，通过分配管进入的空气充满了过滤腔，抬起隔膜，使隔膜上的高压水排出过滤机，通过滤饼的气流减少水分含量到最佳程度，同时排空滤液腔。

⑥ 滤饼排出与滤布洗涤。当干燥过程完成后，板框组件打开，滤布驱动机构开始运行，滤布上的滤饼从过滤机两边排出。同时，安装在压滤机里的洗涤装置冲洗滤布的两面，以确保过滤效果前后一致，而不需添加任何装置。

短程序控制工作模式有四个过程：过滤、隔膜挤压、滤饼吹干、滤饼排出与滤布洗涤。

立式压滤机、卧式压滤机和带式压滤机的共同点就是通过滤布形成压力差，让液体通过滤布渗析出来，而固体就被滤布拦截阻挡在滤布上，就是俗称的"脱水"。不同类型的压滤机，其滤室的过滤方式是不一样的，因此区分它们最好的方法就是按过滤结构来区分。

立式压滤机和卧式压滤机的区别是，这两种形式的压滤机的过滤结构都是由一块块的滤布有序排列而成的，但排列的方向不一样，卧式压滤机竖直放，而立式则是水平重叠而放。还有滤布不一样：卧式压滤机的滤布是一张一张的方形的滤布做成，也就是说有多少块滤板就有同样数目的滤布；而立式压滤机的滤布则只有一张，也就是一张头尾相连的滤布带，它来回地穿梭在立式的每一块滤板之间。

6.1.3.3 带式真空过滤机

带式真空过滤机以滤布为过滤介质，是充分利用物料重力和真空吸力实现固液分离的高效分离设备（图 6-3）。采用整体的环形橡胶带作为真空室。环形胶带由电机拖动连续运行，滤布铺敷在胶带上与之同步运行，胶带与真空滑台上的环形摩擦带接触并形成水密封。料浆由布料器均匀地分布在滤布上。当真空室接通真空系统时，在胶带上形成真空抽滤区，滤液穿过滤布经胶带上的沟槽汇总并由小孔进入真空室，固体颗粒被截留在滤布上形成滤饼。进入真空室的液体经汽水分离器排出，随着橡胶带的移动，已形成的滤饼依次进入滤饼洗涤区和吸干区，最后滤布与胶带分开，在卸料辊处将滤饼卸出。卸除滤饼的滤布经清洗后获得再生，再经过一组支撑辊和纠偏装置后重新进入过滤区，开始进入新一过滤周期。

图 6-3　带式真空过滤机

在真空过滤之前，有时增设重力沉降区，使较粗的颗粒先沉降在过滤面上，以利过滤。有的过滤机在卸渣端加压辊挤压滤渣，使滤渣的含液量进一步降低。操作真空的绝对压力为 $(0.25\sim0.8)\times10^5$ Pa，滤带的移动速度为 $0.3\sim30$ m/min，根据过滤的难易程度选择，并以此调节滤渣厚度。滤带具有过滤和传送滤渣两种作用。带宽 $0.5\sim2$ m，大多用合成纤维织物制成。这种过滤机的新发展型式是带式真空压榨过滤机。它的特点是悬浮液先在真空过滤下滤去大量液体，形成半固态的湿滤渣。然后湿滤渣进入上、下滤带之间，通过一系列交错配置的压辊，在滤带张力和通过压辊时正反向的弯曲作用下受到压榨和剪切，进一步除去液体。有时配合使用凝聚剂，带式真空压榨过滤机可用于污泥之类较难过滤物料的脱液。

6.1.3.4　卧螺离心机

卧螺离心机是一种卧式螺旋卸料、连续操作的沉降设备（图 6-4）。此类离心机工作原理为：转鼓与螺旋以一定差速同向高速旋转，物料由进料管连续引入输料螺旋内筒，加速后进入转鼓，在离心力场作用下，较重的固相物沉积在转鼓壁上形成沉渣层。输料螺旋将沉积的固相物连续不断地推至转鼓锥端，经排渣口排出机外。较轻的液相物则形成内层液环，由转鼓大端溢流口连续溢出转鼓，经排液口排出机外。卧螺离心机能在全速运转下，连续进料、分离、洗涤和卸料。具有结构紧凑、连续操作、运转平稳、适应性强、生产能力大、维修方便等特点。适合分离含固相物粒度大于 0.005mm，浓度范围为 2%～40%的悬浮液。

图 6-4   卧螺离心机

6.1.4   工程实例

在进行提取工作之前，先将新鲜的柠檬酸发酵醪热处理，温度 70～90℃，时间宜短不宜长。主要作用：

① 及时热处理可杀灭柠檬酸产生菌和杂菌，终止发酵，防止柠檬酸被代谢分解；

② 使蛋白质变性而絮凝，破坏了胶体，降低了料液黏度，利于过滤；

③ 可使菌体中的柠檬酸部分释放出来。

注意事项：

① 温度过高和受热时间过长，会使菌体破裂而自溶，释放出蛋白质，反而使料液黏度增加，颜色变褐，不利于净化；

② 若直接用蒸汽加热，过长的时间会增加料液稀释度，有损于收率。

6.1.4.1   柠檬酸发酵液板框压滤分离菌渣

柠檬酸菌渣分离如采用板框压滤工艺，其成本比例为：水 0.68%，电 14.02%，助滤剂 34.90%，蒸汽 50.40%。

柠檬酸发酵液经板式换热器与废糖水换热后进入发酵液加热罐，蒸汽加热至 68～72℃，保温 30min 后进入一次压滤除去菌体、纤维等固形物，滤液进入硅藻土预涂的板框进行再次过滤，复滤后的料液进入后续工序；一次压滤酸渣用水调浆后进入二次压滤，过滤得到的酸渣直接出售，过程产生的稀酸进行综合利用。

压滤工序柠檬酸主要是损失在酸渣中，占总酸量的 1.09%，由此可以得出压滤工序的收率应为 98.91%。

压滤工序电耗大致分布为：一次压滤占 41%，复滤占 40%，二次压滤占 19%。

为防止收率损失，菌渣压干后一般要进水洗涤，压滤每处理 1m³ 发酵液将产生约 0.21m³ 的二压稀酸，如果混入到发酵液中用于过滤，使发酵液酸度经稀释下降 2% 左右，造成蒸汽消耗增加，同时增加了废糖水量，降低了收率。

6.1.4.2 柠檬酸菌渣洗涤稀酸用于钙盐沉淀法碳酸钙调浆

为实现综合利用，将柠檬酸二压稀酸用于钙盐沉淀酸解法碳酸钙调浆，充分利用其组分中的水和热量，降低蒸汽消耗、废糖水量，减少柠檬酸钙盐的溶损，提高收率，节能减排。具体优势如表 6-2 所示。

表 6-2　二压稀酸用于调浆优势分析

项目	数量
减少调浆水量	1.3m³/t 一水柠檬酸
降低蒸汽消耗量	58kg/t 一水柠檬酸
减少废糖水柠檬酸损失	2.5kg/t 一水柠檬酸
减少废水排放量	1.3m³/t 一水柠檬酸

柠檬酸除菌清液可经钙盐沉淀酸解法、色谱分离法、溶剂萃取法等进行提纯。

6.2　钙盐沉淀酸解法

从发酵液中分离纯化柠檬酸是得到高纯度柠檬酸的重要步骤。国内外从发酵液中分离纯化柠檬酸方法主要有钙盐沉淀酸解法、离子交换吸附法、液膜分离法、电渗析法及溶剂萃取法。

柠檬酸钙盐沉淀酸解法是指柠檬酸除菌渣清液与钙盐或钙碱发生反应，生成柠檬酸钙盐或柠檬酸氢钙盐沉淀，经固液分离，其他可溶性杂质通过残液除去，柠檬酸钙盐或柠檬酸氢钙盐再与硫酸进行酸解反应，生成柠檬酸溶液和硫酸钙沉淀，再经固液分离后，使柠檬酸清液得以提纯，又称中和酸解法。

中和工序主要操作控制目标是：

① 从发酵清滤液中提取高纯度的柠檬酸钙盐；

② 柠檬酸钙盐要易过滤和洗涤；

③ 废水中柠檬酸钙盐沉淀要限制在最低程度；

④ 尽可能减少洗糖水量，把柠檬酸钙盐的溶损减少到允许范围。

酸解工序主要操作控制目标是：

① 把柠檬酸钙盐完全分解为柠檬酸和石膏；

② 石膏渣中的柠檬酸含量减少到允许范围；

③ 尽可能提高酸解液中柠檬酸含量；

④ 控制酸解液中的硫酸根在适当范围内；

⑤ 酸解液中的石膏微粒要降低到最低限度。

6.2.1 原理

6.2.1.1 中和工序

中和工序是基于在一定温度和 pH 条件下，柠檬酸钙或柠檬酸氢钙在水中溶解度小的特性（见表 6-3），用钙盐或钙碱与溶液中的柠檬酸发生反应，生成柠檬酸钙或柠檬酸氢钙沉淀从溶液中析出，除去残液得到柠檬酸钙盐或柠檬酸氢钙盐固体。所用的中和剂有碳酸钙（钙盐）和氢氧化钙（钙碱）的浆乳。国外称此工序为沉淀（precipitation）。

表 6-3 柠檬酸钙盐与柠檬酸氢钙盐不同温度下溶解度比较 单位：g/L

钙盐形式	50℃	80℃
柠檬酸四氢钙	45.17	41.29
三水柠檬酸氢钙	5.10	4.89
四水柠檬酸钙	0.74	0.35

主要反应方程式如下：

$$H_3Ci \cdot H_2O + CaCO_3 \longrightarrow CaHCi \cdot 3H_2O \downarrow + CO_2 \uparrow + H_2O$$
$$2H_3Ci \cdot H_2O + 3CaCO_3 \longrightarrow Ca_3Ci_2 \cdot 4H_2O \downarrow + 3CO_2 \uparrow + H_2O$$
$$Ca_3Ci_2 \cdot 4H_2O + H_3Ci \cdot H_2O + 5H_2O \longrightarrow 3CaHCi \cdot 3H_2O \downarrow$$

连续式中和反应罐每立方米生产一水柠檬酸的能力为 0.075~0.111t/h，提高柠檬酸氢钙晶体颗粒度大小，可以降低胶带机洗水量、氢钙水分，降低酸解液易碳倍数，提高酸解液酸度和产能。

6.2.1.2 酸解工序

酸解工序是利用柠檬酸钙或柠檬酸氢钙在酸性条件下，其解离常数随 H^+ 浓度的增高而增大的特性，在强酸（硫酸）存在的溶液中产生复分解反应，生成难溶于水的硫酸钙沉淀，而将弱酸柠檬酸游离出来，溶于溶液中，将柠檬酸从柠檬酸钙或柠檬酸氢钙中分离出来。国外称此工序为分解（decomposition）。

主要反应方程式如下：

$$CaHCi \cdot 3H_2O + H_2SO_4 \longrightarrow H_3Ci \cdot H_2O + CaSO_4 \cdot 2H_2O \downarrow$$
$$Ca_3Ci_2 \cdot 4H_2O + 3H_2SO_4 + 4H_2O \longrightarrow 2H_3Ci \cdot H_2O + 3CaSO_4 \cdot 2H_2O \downarrow$$

6.2.2 工艺

2006 年以前，国内发酵法柠檬酸生产企业主要采用柠檬酸钙沉淀酸解法提纯，中和工序生成的是柠檬酸钙沉淀，并到酸解工序与硫酸反应生成柠檬酸。2008 年，中粮生化自主开发的柠檬酸氢钙沉淀酸解法工艺在 30000t/年中试生产线试车成功后，国内柠檬酸生产企业开始陆续采用柠檬酸氢钙沉淀酸解法。该方法在中和工序生成的柠檬酸氢钙沉淀，在酸解工序与硫酸反应后，得到纯度、浓度更高的柠檬酸酸解液。

6.2.2.1　工艺流程

工艺流程简图如图 6-5 所示。

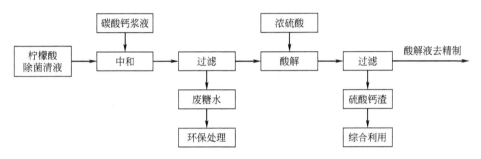

图 6-5　钙盐沉淀酸解法工艺流程简图

6.2.2.2　主要操作控制指标

柠檬酸中和酸解工序主要操作控制指标见表 6-4。

表 6-4　柠檬酸中和酸解工序主要操作控制指标

项目	单位	目标值
中和废糖水的酸度	g/100mL	≤0.20
柠檬酸氢钙水分	g/100mL	≤50.00
硫酸钙水分	g/100mL	≤50.00
硫酸钙残酸	g/100mL	≤0.15
酸解液浊度	NTU	≤0.50
酸解液酸度	g/100mL	≥50
酸解液易碳倍数	—	≤2.6
酸解液透光率	%	≥20
酸解液钙离子、硫酸根离子	—	双管双清

6.2.3　设备

柠檬酸钙盐沉淀酸解法提取工艺主要采用连续生产模式，生产设备为反应釜、储罐、固液分离设备、泵类、搅拌等。中和与酸解反应釜为多级串联，固液分离设备采用橡胶带式真空过滤机。其中，容器类设备如反应釜、储罐等除选型符合规范外，还需注意以下几点。

（1）个数　容器类设备个数既要满足规模需要，又要便于计量和清洗。

（2）结构型式

① 为保护环境条件和防止杂质混入，均应加盖，不得敞口；

② 为防止结垢堵塞，放料口宜短粗，忌细长。

6.2.4　工程实例

6.2.4.1　中和工序

（1）中和工序 1　将一定体积 11%（质量分数）左右的柠檬酸发酵液除去菌体后的清液加入中和反应罐，加热到 95℃ 左右，缓慢加入固体含量 30%（质量分数）左右的碳酸钙调浆液进行中和。当 pH 值为 2.0~3.5 时，静置 20min，固液分离，得到上清液和固相。固相再用 85℃ 热水洗涤，洗涤后的固相如图 6-6 所示，放入酸解反应罐，洗涤产生的液体与分离后的上清液混合进入中和工序 2。

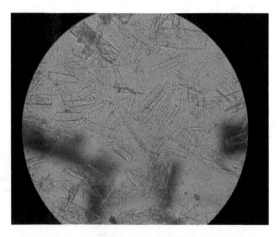

图 6-6　显微镜下柠檬酸氢钙盐晶体图

（2）中和工序 2　上述的分离后的混合液在中和反应罐内与缓慢加入的固体含量 30%（质量分数）左右的碳酸钙调浆液再次进行中和，温度维持在 95℃ 左右，终点 pH 控制在 5.0~7.0，静置 20min 后固液分离。固相用 80℃ 热水洗涤，洗涤产生的液体与固液分离后的液相经环保处理达标后排放，洗涤后的固相如图 6-7 所示，返回到中和工序 1 与柠檬酸发酵液除去菌体后的清液反应。

中和工序主要是柠檬酸氢钙胶带机消耗热水，热水消耗量为 4.47t/t 一水柠檬酸，其中 1.26t 进入废水中，其余进入稀酸中，经二次中和最终转变为废糖水，中和工序综合收率 97.35%。

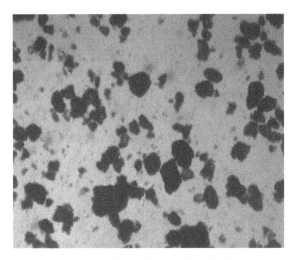

图 6-7   显微镜下柠檬酸钙盐晶体图

稀酸水的来源有柠檬酸钙浆液、压滤清液、二次中和加热蒸汽、胶带机洗水。降低稀酸水量，相应的可降低废糖水量；减少柠檬酸钙浆液含水量、提高压滤清液浓度、改变二次中和加热方式、降低胶带机洗水都可以降低稀酸水量，从而降低废糖水量。

一次中和将反应温度提高至 76℃ 需要消耗蒸汽 0.22t/t 一水柠檬酸，二次中和采用连续中和工艺不需要消耗蒸汽。

中和工序热量损失主要有两处：一是一次中和三级反应罐至胶带机进口，温度下降 4~5℃，热损失为散热损失，因此需要对管道进行保温；二是胶带机抽滤柠檬酸氢钙浆液，得到的液相温度下降 7℃ 以上。

中和工序电耗总体分布如下：一次中和占工序总耗电量的 47.78%，二次中和占 14.84%，胶带机占 37.38%。一次中和主要是搅拌和离心泵耗电，胶带机主要是真空泵耗电。

中和工序生产成本中蒸汽和电耗所占的比例达到 48%，辅料占 43%。

中和废糖水的余热可利用于预热柠檬酸发酵液。柠檬酸发酵液（温度 35~37℃）经板式换热器与废糖水（温度 58~64℃）换热后，料液温度升至 45~47℃，进入发酵液加热罐，再用蒸汽加热后进入一次压滤。

6.2.4.2 酸解工序

中和工序 1 的固相在反应罐内与缓慢加入的硫酸进行酸解反应，反应温度为 95℃ 左右，反应至 pH 值为 1.8 时停止加硫酸，生成固相的硫酸钙和液相的柠檬酸酸解液，进行固液分离。硫酸钙固相用80℃热水洗涤，洗涤产生的稀酸并入固液分离后的液相，得到45%（质量分数）左右的酸解液，进入下道工序进一步净化。

柠檬酸钙盐进行酸解时，温度是很重要的影响因素，温度不宜波动过大。不同的酸解反应温度生成三种形态的硫酸钙（二水石膏、半水石膏、无水石膏），这三种石膏的形成，取决于溶液的饱和度和温度。在一定的饱和度条件下，温度起决定性因素。当酸解反应温度控制在80～90℃时，可以提高半水石膏的生成量，半水石膏是片状晶体，形成的滤饼疏松，易于过滤和洗涤。当酸解温度低于80℃时，生成的是二水石膏，二水石膏是针状结晶，容易折断，不易于过滤和洗涤。同时，随着酸解温度的升高，柠檬酸氢钙中夹带的易炭化物也易被浓硫酸炭化，使酸解液色度增大。因此酸解温度应权衡利弊，综合考虑，控制一定范围的温度。

此外，加入硫酸速度过快，搅拌混合不匀和硫酸加入速度过慢，或中途停顿，会产生硫酸钙包埋柠檬酸钙盐的现象，使反应不完全。同时酸解时间过长，二水石膏的针状结晶会被搅拌打断，影响过滤和洗涤。

酸解工序每处理1t柠檬酸氢钙（抽滤后的湿柠檬酸氢钙，水分约50%）约消耗浓硫酸0.197t，产生湿硫酸钙0.60t（水分约50%）。因此降低柠檬酸氢钙的水分、提高酸解时浓硫酸的浓度及减少硫酸钙洗涤水量是提高酸解液酸度的关键。

酸解工序柠檬酸主要是损失在硫酸钙中，占总酸量的0.25%，由此可以得出酸解工序的收率应为99.75%。

每生产1t柠檬酸（以酸解液总酸计），产生二水硫酸钙1.6381t，降低硫酸钙中的残酸酸度或水分可降低柠檬酸损失，减少硫酸钙的洗涤水量又可以提高酸解液的酸度。

柠檬酸酸解工序外加的水源只有胶带机洗水和洗滤布水，胶带机热水量与湿硫酸钙之比约为0.48∶1，热水最终进入酸解液中，因此减少胶带机洗涤水量也是提高酸解液酸度的有效途径之一。

酸解工序生产成本中，浓硫酸的比例达到83.13%，电占10.02%，水占0.09%，助滤剂占6.76%。

柠檬酸氢钙沉淀酸解法与柠檬酸钙沉淀酸解法相比，具有如下优点：

① 前者参与反应的碳酸钙、硫酸消耗量比后者低三分之一到三分之二；

② 三水柠檬酸氢钙晶体为规则晶体，而四水柠檬酸钙晶体为无定形晶体，前者晶体比表面积比后者小，沉淀黏附的杂质少，洗涤水量少；

③ 废水量少；

④ 溶损低，收率高；

⑤ 硫酸钙渣排放量小。

6.3　溶剂萃取法分离纯化柠檬酸工艺

与其他方法相比，溶剂萃取法分离效果好，可连续操作，同时萃取剂经再生后可循环用于萃取过程，减少生产操作费用，不产生废酸、废弃物、反萃取容易等特点。因此溶剂萃取技术应用领域十分广泛，如石油烃类物质萃取；湿法冶金中的金属的提取，尤其是稀有金属的提取；废水的处理等领域。

柠檬酸是 Lewis 酸，可与具有 Lewis 碱基团的萃取剂发生络合反应形成络合物，使柠檬酸从水相转移到有机相，完成化学络合萃取过程，使其与发酵液中的糖、蛋白质及其他杂质分离，实现选择性分离柠檬酸的目的。化学络合萃取具有高效性和高选择性，从而使化学络合萃取成为发酵液中有机羧酸分离的主要研究方向之一。化学可逆络合萃取法分离极性有机物稀溶液是由美国加州大学 King 在 20 世纪 80 年代提出的。20 世纪 90 年代清华大学的戴猷元对化学络合萃取法进行了进一步研究，使有机物络合萃取法走向成熟。萃取有机酸的萃取剂有中性及碱性等萃取剂，形成不同的萃取体系。

6.3.1　中性络合萃取体系对有机羧酸的萃取分离

中性络合萃取体系主要包括中性含磷萃取剂和中性含氧萃取剂。中性含氧萃取剂包括与水互不相溶的醇、醚、醛、酮、酯等；中性含磷萃取剂包括磷酸三烷酯、烷基膦酸二烷酯、三烷基氧膦等，其中比较常见的有磷酸三丁酯（TBP）、三丁基氧膦（TBPO）、三辛基氧膦（TOPO）。中性含磷萃取剂 TBP、TOPO 通常比中性含氧萃取剂有较高的分配系数而常用来萃取有机羧酸。Kailas L. Wasewar 报道了 TBP 在己醇、辛醇、癸醇三种不同稀释剂中萃取己酸的研究，测定了分配系数、萃取率、平衡常数，并对己酸在稀释剂和 TBP 中的络合萃取平衡采用四种模型描述，得出相对碱度模型最适合的结论。Kanti K. Athankar 报道了 TBP 在稀释剂苯、己醇、米油中络合萃取苯乙酸的研究，同样测得了分配系数、萃取率、负载率、平衡常数等，用质量作用定律模型描述了 TBP 萃取体系萃取苯乙酸的络合萃取平衡，并且讨论了萃取剂毒性、反萃及萃取剂的再生情况。A. Keshav 指出 TOPO 对发酵液中大多数细菌有毒，不能用于原位萃取，即使是一般萃取过程，这种萃取剂浓度也要控制在 0.1mol/L 以下。可见，使用 TOPO 萃取剂并没有优势，目前未有通过温度摆动效应从三辛基氧膦体系反萃得到有机羧酸的报道。

被萃物以阳离子或带有中性有机配位体的阳离子形式或者以络阴离子形式与

带相反电荷的离子形成疏水性离子缔合体而进入有机相的萃取过程，称为离子缔合萃取。包括𨬔盐萃取、铵盐萃取及砷盐、磷盐、锑盐、锍盐萃取等。一般含氧萃取剂与磷型萃取剂可按𨬔盐机理萃取，此时氧原子提供电子对与氢离子配位形成𨬔阳离子，而有机酸的共轭碱以阴离子的形式存在。两者靠静电作用形成疏水离子对而进入有机相。铵盐萃取则是伯胺、仲胺或叔胺与有机酸直接反应形成铵盐，进而将有机酸从水相转移到有机相。

6.3.2 酸性磷氧类萃取体系对有机羧酸的萃取分离

如果萃取剂是一种有机弱酸，被萃物以阳离子或阳离子基团被萃取，阳离子基团与萃取剂弱酸的共轭碱配位形成萃合物，即发生了酸性萃取剂萃取。这些酸性萃取剂主要有螯合萃取剂，酸性磷型萃取剂如磷酸二异辛酯［又称磷酸二(2-乙基己基)酯，代号 P204，缩写为 D2EHPAP］、异辛基膦酸单异辛酯（又称 2-乙基己基膦酸 2-乙基己基酯，代号 P507，缩写为 HEHEHP），以及羧酸类萃取剂如异构羧酸或环烷酸等。由于这一类萃取剂发生离子交换反应，因此适合萃取氨基酸类物质，如在低 pH 条件下萃取氨基酸阳离子，以酸性磷氧类萃取剂最为典型，如二(2-乙基-己基)磷酸(D2EHPA，P204)、十二烷基磷酸、十二烷基苯磺酸等。当这些萃取剂中添加如煤油、四氯化碳、苯、正辛烷、异戊醇等稀释剂时可增加分相速度。

6.3.3 胺类萃取剂对有机羧酸的萃取分离

20 世纪 40 年代研究者开始对胺类萃取剂进行研究，与磷类萃取剂相比，胺类萃取剂发展较晚。胺类萃取剂主要包括伯胺、仲胺、叔胺和季铵盐，由于伯胺、仲胺在水中的溶解度比相同分子量的叔胺大，且加热易形成酰胺，针对这一不足，Hong 等提出在氮原子上接附长链烷基，从而降低其在水中的溶解度，但碳链过长会降低萃取体系中胺的物质的量浓度，不利于溶剂萃取。

Miller 等用仲胺 Amberlite LA-2 和叔胺 Alamine 336 分别溶于 A108 和三氯甲烷，在 CO_2 气氛下萃取乳酸钙溶液中的乳酸，发现仲胺的分配比较高。但萃取剂的萃取能力比工业萃取体系相比较低。Uslu 用一种二元胺 Amberlite LA-2 溶于不同的稀释剂中探讨了溶剂对苹果酸萃取的影响，得出醇具有较高的极性与二元胺结合萃取效果最好，在所选的醇中异戊醇做稀释剂效果最好，萃取率高达 98.82%。Kurzrock 等用二异辛胺和二己胺溶于正己醇和 A108 的混合物中萃取琥珀酸，萃取率为 84%，用同等量的三甲胺反萃，反萃率为 95%，并且萃取剂能正常循环使用三次。

叔胺是胺类萃取剂中最为常用的一类，关于叔胺萃取剂的萃取平衡、pH 的影响及萃取体系组成已有大量文献报道。叔胺类萃取剂对未解离羧酸的萃取非常有效，但反萃取困难。目前，很少有对叔胺类萃取剂反萃取的研究。

　　Wennersten 用 Alamine336 煤油体系萃取发酵液中的柠檬酸，中试过程柠檬酸提取率达 97%，用 63℃ 的热水反萃，得到的柠檬酸浓度比原料低，并且用叔胺萃取二元酸、三元酸容易出现乳化现象。Bizek 等提出加入少量短链叔胺，从而在酸的浓度较高的条件下也可以消除乳化现象，Bizek 指出可以通过温度摆动效应从溶剂中分离酸，但是并没有得到具体实验数据。Poole 和 King 报道了 Alamine336 溶于甲基异丁基酮中萃取乳酸、琥珀酸、富马酸，提出反萃过程中使用等量浓度的三甲胺，在 N_2 环境中加热，水分蒸发完后，三甲胺被释放，从而得到羧酸，但是由于乳酸盐分子内酯化使三甲胺不能完全去除。Keshav 和 Wasewar 从三辛胺、正癸醇和甲基异丁基酮体系萃取丙酸，反萃过程用过量三甲胺，得到较好的反萃效果。此外，还可以通过升高温度来改变反萃平衡，使羧酸从负载有机相中分离。Posada 和 Cardona 使用三辛胺-乙酸乙酯萃取体系分离丙酸，反萃取时，通过升温使乙酸乙酯挥发而解萃，丙酸回到水相，得到目标产物羧酸。

　　Keshav 等研究了在天然稀释剂米糠油、葵花油、大豆油和芝麻油中，三辛胺作为萃取剂萃取柠檬酸的过程。实验结果显示，三辛胺是一种非常有效的萃取剂，在 4 类稀释剂中的分配比分别为 18.51、12.82、15.09 和 16.28，萃取率分别为 95%、93%、94% 和 94%，实验证明三辛胺-米糠油体系有利于柠檬酸的萃取。Uslu 等用长链脂肪胺/稀释剂体系从水溶液中提取柠檬酸。将甲基三辛基氯化铵萃取剂分别溶解在正丙醇、正辛醇、正癸醇（活性溶剂）、以及这些溶剂的混合溶剂中。实验结果为，在几类稀释剂中，萃取率大小是正丙醇＝正辛醇＞正癸醇＞（正丙醇＋正辛醇）＞（正丙醇＋正癸醇）＞（正辛醇＋正癸醇），即稀释剂碳数的增加会导致该体系的萃取能力下降。Inci 等研究了甲基三辛基氯化铵溶解在多种稀释剂体系中对柠檬酸萃取过程的影响。实验用甲基三辛基氯化铵分别溶解在环己烷、2,2,4-三甲基戊烷、正丁醇、甲苯、甲基异丁基酮及乙酸乙酯稀释剂中。实验结果表明，甲基三辛基氯化铵溶解在 2,2,4-三甲基戊烷及甲基异丁基酮稀释剂中时，柠檬酸萃取率最大为 57%。在不同稀释剂中，萃取剂的萃取能力是甲基异丁基酮＝2,2,4-三甲基戊烷＞环己烷＝甲苯＞正丁醇＞乙酸乙酯。

　　周彩荣等对有机胺萃取柠檬酸进行了系统的研究，发表了"萃取发酵清液中柠檬酸的研究（Ⅰ）""有机胺萃取发酵清液中柠檬酸的研究（Ⅱ）""有机胺萃取发酵清液中柠檬酸的研究（Ⅲ）""有机胺萃取柠檬酸的萃合物的结构和性能研究""溶剂萃取动力学的研究（Ⅰ）有机胺萃取红薯粉发酵清液中柠檬酸的速率""溶剂萃取动力学的研究（Ⅱ）纯水反萃取有机相中柠檬酸的速率""从薯粉发酵清液中提取柠檬酸的动力学""溶剂萃取法从发酵清液中提取纯柠檬酸"等系列研究论文。研究萃取过程中反应平衡及络合物结构，对柠檬酸萃取具有指导作用。通过双对数法和连续变量法对有机胺萃取柠檬酸时的络合物结构进行研究，发现柠檬酸与有机胺形成 1:3 的络合物，摩尔焓变为 $-6.361kJ/mol$，萃取过程为放热反应。

研究有机胺+200♯溶剂油+油酸+乙酸丁酯体系对薯干发酵清液中柠檬酸的萃取，有很好的萃取效果。Poposka 等以三辛胺为萃取剂，异癸醇和正烷烃为稀释剂进行柠檬酸的萃取平衡研究，结果显示，柠檬酸和三辛胺存在 1:1 和 1:2 的络合物结构，同时用校正过的 Langmuir 等温式说明萃取平衡数据，并测定在动态萃取反应达到平衡时的化学平衡常数和化学计量系数。Kirsch 以三辛胺作为萃取剂，在 25℃下研究了甲苯、氯仿和甲基异丁基酮不同稀释剂的协同萃取效果。确定萃取反应中的化学计量比，得到柠檬酸在两相间的化学和物理萃取的液-液平衡模型，利用该模型阐述了平衡时水相 pH 对柠檬酸萃取的影响等。Syzova 等研究了碱性萃取剂萃取二元羧酸的机理，离子对和氢键的形成是萃取过程中的主要萃取机理，萃取剂的性质和形成氢键能力决定了体系的分配比和萃取效率。伯胺萃取羧酸机理主要是离子对形成；叔胺萃取大部分羧酸机理是氢键形成；有些情况是两种机理共同存在。

管国锋等对柠檬酸稀溶液的络合萃取进行了研究：利用磷酸三丁酯 TBP 三烷基胺 7301 为络合剂，分别采用甲苯、正辛醇、煤油作为稀释剂萃取柠檬酸稀溶液，实验结果表明，用混合型络合剂对柠檬酸稀溶液进行萃取，具有相当高的分配系数。实验考察了柠檬酸溶液初始浓度、有机相中络合剂浓度、温度对络合萃取相平衡分配系数的影响，获得了萃取工艺过程较佳的操作条件，并对三烷基胺萃取柠檬酸稀溶液的机理进行了探讨，证实了三烷基胺对柠檬酸的萃取时同时存在离子缔合成盐和氢键缔合溶剂化两种历程。

管国锋等以丁二酸和柠檬酸稀水溶液为典型研究对象，采用磷酸三丁酯（TBP）和三烷基胺（7301）为络合剂，正辛醇、甲苯为稀释剂，成功地筛选出二元、三元高效混合络合萃取剂。详细研究了萃取剂浓度、稀释剂浓度、水相 pH 值、温度和羧酸初始浓度等因素对络合萃取平衡的影响及萃取剂的再生条件。三烷基胺络合萃取柠檬酸在 25℃和 0.01604～0.06544mol/L 浓度范围内可能形成 1:1 和 1:2 的萃合物。

6.3.4 酰胺类萃取剂对有机羧酸的萃取分离

酰胺类萃取剂具有强的化学稳定性、热稳定性，抗水解，毒性比胺类萃取剂小，反萃容易等特点。魏琦峰、任秀莲等对酰胺类萃取剂萃取发酵液中的柠檬酸进行了系统的研究，并取得了一定的成果。李家飞研究 4 种络合剂的饱和容量、萃取率与反萃取，同时兼顾反萃液中色素、总糖和蛋白质杂质含量，选择萃取剂1与3复配为萃取体系络合剂。通过添加不同比例的5种高碳醇作为相调节剂改善体系流动性，以萃取率、反萃率及反萃液中杂质含量为考察指标，选择体积分数10％的正癸醇作为相调节剂。优化的最佳柠檬酸萃取体系配方为：体积分数30％萃取剂1＋40％萃取剂3＋10％正癸醇＋20％煤油。

刘丽娟采用酰氯法与酸酐法合成了5种烷基酰胺，并用合成的烷基酰胺萃取13种有机羧酸，并对烷基酰胺萃取有机羧酸的规律进行了探究，最后针对羟基多元酸难萃取的问题，用合成的N214解决这一实际性难题，并对酰胺萃取有机羧酸的机理进行探究，通过逆流萃取及反萃取实验，得到合格的柠檬酸产品。

6.3.5 新型萃取体系对有机羧酸的萃取分离

6.3.5.1 离子液体萃取

离子液体一般由有机阳离子和无机或有机阴离子组成。离子液体蒸气压很低且不容易挥发，具有良好的热稳定和化学稳定性，其结构具有可调控性，对有机物、无机物有良好的溶解性，利用离子液体结构的可控性对其他物质进行分离，并可循环使用。离子液体能够与水或有机溶剂形成两相，利用溶质在两相中的分配系数不同的特点可以达到萃取分离的目的。因此，近几年离子液体萃取体系受到研究者的关注。

离子液体萃取挥发性有机物时，萃取后可通过离子液体的高热稳定性和低蒸气压性，利用加热的方法使其与挥发性有机物分离，并使回收的离子液体循环使用研究了带有不同烷基侧链的甲基咪唑六氟磷酸盐疏水性离子液体对于苯酚的萃取能力，指出通过改变离子液体的烷基侧链长度，从而使含有不同浓度的苯酚废水得以处理，达标排放。但用离子液体萃取不挥发性有机物时，并不能很好地实现萃取物的分离。Oliveira小组试图用含磷基的疏水性离子液体萃取乳酸、苹果酸、琥珀酸，结果表明含磷基离子液体萃取效果要优于传统的有机萃取剂，但反萃过程较难，需用氢氧化钠反萃。可见，使用离子液体萃取未解离的酸并没有优势，尽管萃取分配系数比用常规的胺类萃取剂稍高，但反萃率低，必须用强酸强碱进行反萃。Shah也报道了用含氢氧根的离子液体从高酸性石油中萃取环烷酸，得到使用季铵阳离子萃取效果要好于季磷离子液体，并且季铵离子液体循环使用多次性能不变。虽然离子液体萃取剂的研究已取得了一些进展，但目前仍没有将离子液体应用于有机羧酸萃取分离的工业化生产的报道，这可能是因为离子液体成本高、经济性差，并且关于离子液体在有机羧酸萃取中的基础研究还不够成熟。

6.3.5.2 盐析萃取

盐析萃取（原名新型双水相萃取，salting-out extraction，SOE）即在目标产物溶液中加入适量的有机溶剂如乙醇、异丙醇、正丁醇和无机盐，通过萃取剂的萃取作用及无机盐的水合作用，使被萃物从水相进入有机相。新体系具有黏度低、易分相、不易乳化、溶剂易回收等特点，对发酵液中细胞及蛋白质能同时除去。

这是在 20 世纪 80 年代出现的一种新的萃取分离技术，最早应用于贵金属的分离富集，杨丙雨研究了盐析萃取在贵金属分析中的研究和运用，提出了贵金属盐析萃取的液-固萃取和液-液萃取两大体系。直至 2010 年大连理工大学大学修志龙教授将其应用于发酵液中有机羧酸的分离。

盐析萃取已开始用于生物化学物质的分离，为使目标产物分离，盐析萃取体系的筛选已经被广泛研究。魏搏超等报道了利用盐析萃取法分离发酵液中的乳酸，利用在不同盐析萃取体系中乳酸在油水两相的分配规律不同，发现发酵液中的乳酸适合采用磷酸氢二钾-甲醇和磷酸氢二钾-乙醇体系进行分离，167g/L 的乳酸原料液，选择 25%（质量分数）磷酸二氢钾-26%（质量分数）甲醇体系时，乳酸的分配系数为 4.01，萃取率为 86%；选择 14%（质量分数）磷酸二氢钾-30%（质量分数）乙醇体系时，有机相中葡萄糖去除率达 67.30%，可溶性蛋白的去除率分别达到 85.90%，菌体全部去除，乳酸在两相间的分配系数为 3.23，回收率为 90.60%。同样，对于丁二酸发酵液的分离，选用 30%（质量分数）丙酮＋20%（质量分数）硫酸铵盐析萃取体系，丁二酸发酵液的分配系数为 8.64，回收率为 90.05%。发酵液中菌体、可溶性蛋白和葡萄糖同时被除去，去除率均达 90% 以上。修志龙课题组系统的研究了乙醇-硫酸铵盐析萃取体系萃取甲酸、乙酸、丙酸、乳酸、丁二酸、柠檬酸的影响因素，得出萃取率受 pH 影响最大，几乎不受温度及有机羧酸浓度影响的结论，指出得到的方程对于类似产品分配系数的预测同样适用。

Pratiwi 等报道了通过醇-盐和离子液体-盐的双水相系统萃取琥珀酸，得出醇-盐体系中正丙醇-氯化钠体系琥珀酸萃取率最高达 72.10%，体系中影响萃取率的主要因素为 pH。离子液体-盐体系中 1-辛醇-3-甲基咪唑溴化物-硫酸铵体系琥珀酸萃取率最高达 85.50%，并且离子液体盐体系中萃取率不受 pH 的影响，主要受所选用的盐的影响。

6.3.5.3 超临界 CO_2 萃取

超临界二氧化碳萃取是利用其对目标产物的分离受温度压力的影响进行分离。美国通用食品公司最早将超临界二氧化碳萃取技术应用于大规模生产，我国 20 世纪 90 年代开始将超临界萃取产业化。目前，超临界流体萃取主要有以下几方面的应用，即咖啡中咖啡因的提取、渣油中石油的回收、啤酒花中有效成分的提取等工业应用。CO_2 的反应活性很低，但是在低温低压下能与伯胺仲胺反应生成氨基甲酸酯，其反应仅是酸碱平衡。胺与 CO_2 的反应主要是在水溶液中，像这种在有机溶剂尤其是在超临界 CO_2 中的反应很少发生。也从另一方面说明溶解在有机溶剂中的三级脂肪胺是羧酸分离的很好的萃取剂。因叔胺与超临界 CO_2 不反应，所以研究了叔胺在超临界 CO_2 中的溶解度，发现 TOA 在超临界 CO_2 中具有较大的溶解，则可用其分离有机羧酸。

Koparan 等以油醇为稀释剂，并在加入叔胺的条件下，首次采用超临界 CO_2 萃取柠檬酸，结果显示，在特定温度压力范围内，柠檬酸的萃取率随着压力的升高而降低，温度对分离效率的影响不显著，在近临界压力区域内，分离效率最高达 28%。Rahmanian 研究了在用三辛胺饱和的超临界 CO_2 选择性萃取马来酸、邻苯二甲酸，利用一个连续流装置，超临界 CO_2 的流速为 0.2mL/min，温度控制在 308~328K，压力为 100~350bar❶，由于酸是极性化合物，几乎不被超临界 CO_2 萃取，加入 TOA 含有离子对的试剂增加酸的萃取率。由超临界 CO_2-TOA 萃取马来酸的量比邻苯二甲酸的量多并且萃酸的量随温度升高而增加。更重要的是在温度 318K、压力 250bar 可实现两种酸的选择性分离，得出较高的温度和压力有利于二元酸的选择性分离的结论。

6.3.5.4　液膜萃取分离法

液膜萃取分离法是一种利用组分在互不相溶的两相间的选择性渗透、化学反应、萃取和吸附等机理而进行的分离方法。该方法以浓度梯度为推动力，用有机溶剂制备液膜，被分离的组分先转移至液膜内相，再从液膜转移至反萃相，得到柠檬酸或柠檬酸盐。此方法可分为乳状液膜法、支撑液膜法及流动液膜法。

Basu 等采用中空纤维封闭液膜法分离柠檬酸，以三辛胺作为液膜内相，用氢氧化钠和水为不同的反萃剂，解决了传统液膜法的膜寿命短和结构稳定性差的问题，同时以数学模型建立界面上可逆反应的传质动力学模型，实验数据与理论模型数据几乎吻合。Juang 等研究了支撑液膜分离柠檬酸和乳酸混合溶液的过程，支撑液膜采用的是萃取剂浸湿的多孔膜，为纯化发酵液提供了可行方法。发酵液不仅包含有机酸，而且包含许多杂质，并且有机酸通常以钙盐形式存在，这些都会对支撑液膜分离有机酸的效率产生很大的影响，因此通常会对支撑液膜进行改进，以提高其稳定性，如采用非分散性膜萃取分离。Ren 等采用中空纤维改性液膜 HFRLM 来提取和浓缩稀溶液中柠檬酸，液膜有机相组成为 30%（体积分数）的 N235、20%（体积分数）的辛醇和 50%（体积分数）的煤油，NaOH

❶ 1bar＝10^5Pa。

溶液为反萃剂。研究结果表明,HFRLM 的分离过程很稳定,整个过程的速控步骤是柠檬酸从膜相到反萃相的传递。反萃相和有机相的混合溶液在搅拌下通过模块的管腔,从而提供较高的传质速率,该过程中有机相液膜的组成成分对传质效率的影响很大。Friesen 等以支撑液膜法提取发酵液中柠檬酸,用三月桂胺溶解在长链醇或惰性烷烃类溶剂作为液膜内相,用微孔聚丙烯作为支撑固定,研究温度、液膜组成、柠檬酸浓度对传质速率的影响。崔心水等用支撑液膜提取发酵液中柠檬酸,研究了液膜装配方式对柠檬酸传质通量的影响以及载体种类、载体浓度对液膜体系稳定性的影响,确定了支撑液膜的配方为聚丙烯为支撑体,5%(体积分数)的 TOA 为载体,95%(体积分数)的煤油为膜溶剂,并采用湿法装配方式。

　　中空纤维液膜的有机相组成对传质效率的影响很大,从而影响分离系数,而且液膜的使用寿命短,生产成本高,需要找到一种有效载体以及表面活性剂来提高液膜的稳定性和分离效率,并减弱溶胀现象。

　　乳化液膜和支撑液膜具有乳化严重、破乳困难、液膜流失严重、液膜稳定性差等缺点,液膜的这些劣势导致液膜技术没有在工业上大规模采用。

第 7 章

精制技术与成品化

7.1　净化

净化（purification）是指通过活性炭和阳、阴离子交换树脂除去粗柠檬酸溶液中的色素和有害的钙、镁、铁、氯、硫酸根等离子，是精制柠檬酸液的过程，即粗柠檬酸液的净化，或称离子交换工序。

净化工序流程：粗柠檬酸液→炭柱（脱色）→阳离子交换柱（去阳离子）→阴离子交换柱（去阴离子）→精制柠檬酸液。

7.1.1　脱色

脱色工序的主要操作控制目标是：

① 除去料液中的色素；

② 除去少量的易炭化物、蛋白质和胶体等物质。

7.1.1.1　原理

柠檬酸酸解液中的色素一般采用活性炭吸附除去。

活性炭的吸附作用，可分为物理和化学作用，其相应的吸附力为范德华力和离子引力。吸附力的强弱则由吸附剂和被吸附物质的性质所决定，被吸附物质的分子量大，则范德华力作用强，小分子物质主要靠静电引力。活性炭与大分子色素之间的吸附作用是物理吸附，范德华力强，其特点是速度快、吸附量与温度成反比、吸附热小、容易吸附。另外因活性炭表面上存在不饱和键，可与色素分子的极性基团形成共价键，从而产生化学吸附作用。这种化学吸附速度慢、吸附速度与温度成正比、吸附热大并具有选择性。

活性炭脱色是可逆反应，它吸附色素的量取决于颜色的浓度。活性炭吸附色素一般是未饱和状态，因此先用于深颜色料液脱色的活性炭使用后不能再用于较浅颜色的料液脱色，反之则可充分发挥其吸附力，利用完全。

活性炭有粉末状和颗粒状，品种繁多。柠檬酸工业用的活性炭属酸性炭，在酸性溶液中有较高的吸附能力。粉末炭是以木屑为原料，经化学方法活化而成，脱色能力虽不如蒸汽活化法活性炭，但过滤性能好，表面积大，高达 $1000m^2/g$（干炭）。颗粒活性炭是用一定硬度的果实核或壳、煤等为原料用蒸汽活化而成。粒度在 14～60 目，表面积虽小，但颗粒内部疏松的网状骨架面积大。有的品种表面积可达 $1000m^2/g$（干炭）。活性炭可以吸附羟甲基糠醛（葡萄糖热分解的副产物，属易炭化物），并能吸附少量的蛋白质和胶体物质，这方面粉末活性炭优于颗粒活性炭。

酸解液属粗柠檬酸溶液，其中残留的色素、蛋白质等系大分子化合物，分子

质量为 $10^3 \sim 10^6$ Da，分子大小在 $1 \sim 100$ nm，属胶体物质范围。它们多数是两性电解质，在酸性溶液中带有正电荷，在碱性条件下带有负电荷，它们具有巨大的比表面积，较易被吸附剂所吸附，特别是多孔性的固体吸附剂，如粉末和颗粒活性炭。此外，弱酸性的脱色树脂也具有这种性能。如脱色树脂具有较多的可电离基团，既有物理也有化学吸附作用，兼有低量的脱阳离子作用。一般地，丙烯酸系树脂能交换吸附大多数离子型色素，脱色容量大，而且吸附物较易洗脱，便于再生，可用作主要的脱色树脂；苯乙烯系树脂擅长吸附芳香族物质，善于吸附多酚类色素（包括带负电的或不带电的），在再生时较难洗脱。采用树脂脱色可以先用丙烯酸树脂进行粗脱色，再用苯乙烯树脂进行精脱色，以充分发挥两者的长处。

对大规模工业化生产而言，选用颗粒活性炭或脱色树脂较粉末活性炭有利。应用于柠檬酸生产的颗粒活性炭必须具有吸附性能强、机械强度高、再生性好、使用寿命长等特性。

7.1.1.2 工艺

（1）工艺流程　见图 7-1。

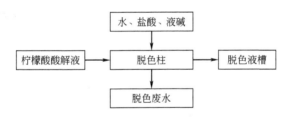

图 7-1　柠檬酸脱色工艺流程

使用活性炭脱色前，一般先要进行预处理，另外还要注意温度、时间、用量、pH。

① 活性炭的预处理　新的活性炭在使用前必须经过酸、碱预处理，以除去可溶性杂质及微细颗粒。其方法是：先用水浸泡并除去微细的颗粒，然后用 $50 \sim 60$℃ 的 $1 \sim 2$ mol/L NaOH 溶液浸泡 12h 以上，并间歇搅拌一次。再用温水洗至pH 值 $8 \sim 9$，然后取小样再加碱液，如不再出现深褐色色素，则用 1mol/L HCl 溶液常温浸泡 12h，再用水洗至甲基橙试液变黄为止，即可装柱使用。

② 温度　温度是影响活性炭脱色的重要因素。温度升高，料液的黏度下降，有利于加速分子运动，色素分子向活性炭表面扩散速度增加，易于渗透到活性炭多孔组织的内部，接触机会多，有利于很快达到吸附平衡状态。但如果温度过高，分子运动过快，又容易使"解吸"速度增加。因此，生产过程需选择适当的温度进行脱色。粗柠檬酸溶液脱色，可用粉末活性炭，温度控制在 70℃ 左右较好；

用颗粒活性炭，温度维持在 50℃左右效果较好。

③ 时间　吸附过程虽瞬间即可完成，但由于被脱色物质具有一定的黏度，影响了色素分子向活性炭表面和组织内部扩散和吸附的速度，故保持足够的接触时间，才能充分发挥活性炭的吸附效率。但脱色时间不是固定值，要根据各种客观条件来选择最佳时间。对粗柠檬酸溶液脱色而言，如用粉末活性炭，温度控制在 70℃左右，维持 30min 便可达到吸附平衡。如用颗粒活性炭，则每小时通过炭柱的料液体积为炭层体积的 1～2 倍。过长的停留时间，不仅不会增加脱色效果，反而还会影响设备的生产能力。

④ 用量　活性炭的用量，取决于被脱色料液的质量。色素多、杂质多、黏度大的物料，在相同温度条件下，脱色难度大，活性炭用量多。活性炭用量与吸附平衡时间成反比，用量多，脱色时间可缩短，但单位质量的活性炭脱色效率下降。譬如，一次用 2g 活性炭的脱色效果，不及一次用 1g 活性炭脱色两次的脱色效果。

⑤ pH　一般在偏酸性溶液中脱色效果比在偏碱性溶液要好。色素受 pH 影响，在酸性溶液中一般较浅，在碱性溶液中较深。柠檬酸溶液是在酸性条件下脱色。

（2）主要操作控制指标　脱色液质量指标要求：浊度≤0.5NTU，透光率≥96%。

7.1.1.3　设备

粉末活性炭脱色是与物料混合，在一定温度下，吸附一定时间后，再用过滤分离设备除去粉炭。颗粒活性炭脱色的设备主要是炭柱。

7.1.1.4　工程实例

生产中一般用活性炭柱（脱色柱）脱色，向脱色柱泵入酸解液，一段时间后，从脱色柱出口阀取样 10mL 于 25mL 比色管中，加 40% $SnCl_2/HCl$ 溶液 1～2mL 在日光灯下观察，若由黄色变成无色，则没饱和，继续使用；若显色则饱和，停止使用并更换脱色柱，再生饱和脱色柱备用。

柠檬酸酸解液炭柱脱色效果及处理效率与温度、进料线速度等操作条件密切相关。

① 进料线速度 1.0cm/min，不同温度下脱色处理速率如表 7-1 所示。

表 7-1　柠檬酸脱色柱不同温度对脱色处理的影响

批次	第一批		第二批		第三批	
温度	20℃	80℃	40℃	80℃	60℃	80℃
处理效率/[g/(g·h)]	0.63	0.68	0.87	0.90	0.85	0.86

从表 7-1 可以看出，在相同进料线速度（1.0cm/min）条件下，温度升高，活性炭单位时间处理量（即处理效率）逐渐升高，80℃时活性炭单位时间处理量最大，与 80℃温差越小，处理效率差距越小，60℃时活性炭单位时间处理量为 80℃的 98.84%。

② 在 60℃时，0.5cm/min 与 1.0cm/min 进料线速度下脱色对比结果见表 7-2。

表 7-2 柠檬酸脱色柱不同进料流速对脱色处理的影响

进料线速度	0.5cm/min	1.0cm/min
处理效率/[g/(g·h)]	0.7925	0.9738

从表 7-2 数据可以看出，温度相同情况下，线速度越快，脱色处理效率越高。同一脱色炭柱进料线速度 1.0cm/min 比线速度 0.5cm/min 的处理效率要高出约 22.88%。

7.1.2 离子交换

离子交换工序的主要操作控制目标是：

① 除去酸解液中的 Fe^{3+}、Ca^{2+}、Mg^{2+} 等阳离子和 SO_4^{2-}、Cl^- 等阴离子；

② 尽可能少降低柠檬酸酸解液的浓度；

③ 把柠檬酸的损失降低到允许范围；

④ 把再生剂和水的消耗降低到最低限度。

7.1.2.1 原理

离子交换过程是固-液两相之间的传质过程，交换离子经过从溶液到达树脂表面和在树脂内部扩散过程；被交换离子经过从树脂内部迁移至树脂表面，再从树脂表面到达溶液的过程。包括对流扩散、膜扩散、颗粒扩散与化学反应四个部分，整个过程可分为以下七步。

第一步，交换离子由溶液主体通过对流扩散至树脂颗粒表面液膜的边界。

第二步，交换离子穿过液膜层，到达树脂表面。

第三步，交换离子从树脂表面向树脂孔道中迁移。

第四步，在有效位置点上，交换离子与被交换离子进行交换反应。

第五步，被交换离子通过树脂颗粒内部扩散，从树脂内迁移到树脂表面。

第六步，被交换离子穿过液膜层，到达液膜边界。

第七步，被交换离子从液膜边界通过对流扩散到达主流液体。

第一步和第七步属于主流液体内的对流扩散，在液体流动和搅拌的情况下速度是较快的（通常约为 $10^{-2}\,\mathrm{m/s}$）。第二步和第六步的液膜扩散，离子在液膜中的扩散速度与对流速度相比则要慢得多（一般约为 $10^{-6}\,\mathrm{m/s}$），当溶液的流速或搅拌速度增加时，液膜的厚度会减小，从而使膜扩散的速度增加，液膜的厚度一般为 $10^{-3}\sim10^{-2}\,\mathrm{cm}$。第三步和第五步是颗粒内部扩散，称为颗粒扩散，或孔扩散。离子的颗粒扩散速度与树脂的粒径和交联度有关，也是一个慢过程。第四步在有效交换位置上，交换离子与被交换离子进行交换反应通常可以快速完成。

扩散速度表示为单位时间内通过单位面积的离子量：

$$\mathrm{d}q/\mathrm{d}t = D(c_1 - c_2)/\delta$$

式中，c_1、c_2 分别为扩散界面两侧的离子浓度（$c_1 > c_2$）；δ 为界面层厚度；D 为总扩散系数。

影响离子交换速度的主要因素如下。

① 溶液浓度　当溶液中的离子浓度较低时（小于 $0.01\mathrm{mol/L}$），交换速度由膜扩散确定；当溶液中的离子浓度较高时（大于 $1.0\mathrm{mol/L}$），树脂内扩散成为控制步骤。

② 溶液流速或搅拌速度　流速或搅拌速度增大，可使液膜变薄，加快膜扩散，但树脂内扩散基本不受影响。

③ 树脂粒度　粒度变小有利于同时增加膜扩散和孔扩散速度。小颗粒增大了树脂的比表面，单位时间内有更多的离子到达树脂表面，从而增大膜扩散速度。小颗粒使离子通过树脂内扩散的路程缩短，加快了孔扩散速度。膜扩散速度与粒径成反比，孔扩散速度与粒径的高次方成反比。

④ 树脂交联度　交联度主要影响孔扩散速度，交联度大的树脂溶胀性差，从而影响离子在树脂内的扩散速度。

⑤ 温度　提高温度有利于加快交换速度。

在离子交换反应中，通常用 K 值表示选择系数。

$$\mathrm{R^-A^+ + B^+ \rightleftharpoons R^-B^+ + A^+}$$

$$K_{\mathrm{A^+}}^{\mathrm{B^+}} = \frac{[\mathrm{RB}][\mathrm{A^+}]}{[\mathrm{RA}][\mathrm{B^+}]} = \frac{\dfrac{[\mathrm{RB}]}{\mathrm{RA}}}{\dfrac{[\mathrm{B^+}]}{[\mathrm{A^+}]}}$$

式中，$[\mathrm{RA}]$、$[\mathrm{RB}]$ 表示离子交换平衡时树脂相中 $\mathrm{A^+}$ 和 $\mathrm{B^+}$ 的浓度；$[\mathrm{A^+}]$、$[\mathrm{B^+}]$ 表示溶液中 $\mathrm{A^+}$ 和 $\mathrm{B^+}$ 的浓度。

选择系数 K 大于1，说明该树脂对 $\mathrm{B^+}$ 的亲和力大于对 $\mathrm{A^+}$ 的亲和力，K 值越大，离子交换树脂对 $\mathrm{B^+}$ 的选择性越大，越有利于进行 $\mathrm{B^+}$ 对 $\mathrm{A^+}$ 的交换反应。

选择系数用离子浓度分率表示：

$$c_0 = [\mathrm{A^+}] + [\mathrm{B^+}]$$

$$c = [B^+]$$
$$q_0 = [R^-A^+] + [R^-B^+]$$
$$q = [R^-B^+]$$

式中，c_0 表示溶液中两种交换离子的总浓度，mmol/L；c 表示溶液中 B^+ 的浓度，mmol/L；q_0 表示树脂全交换容量，mmol/L；q 表示树脂中 B^+ 的浓度，mmol/L。

$$K_{A^+}^{B^+} = \frac{q(c_0 - c)}{(q_0 - q)c} \Rightarrow \frac{q/q_0}{1 - q/q_0} = K_{A^+}^{B^+} \frac{c/c_0}{1 - c/c_0}$$

式中，q/q_0 表示树脂中 B^+ 浓度与其交换容量之比；c/c_0 表示溶液中 B^+ 浓度与其交换容量之比。

二价离子对一价离子的交换反应通式为：

$$2R^-A^+ + B^{2+} \rightleftharpoons R_2^-B^{2+} + 2A^+$$

$$K_{A^+}^{B^+} = \frac{[R_2^-B^{2+}][A^+]^2}{[R^-A^+]^2[B^{2+}]} \Rightarrow \frac{q/q_0}{(1 - q/q_0)^2} = \frac{K_{A^+}^{B^{2+}} q_0}{c_0} \times \frac{c/c_0}{(1 - c/c_0)^2}$$

式中，$\dfrac{K_{A^+}^{B^{2+}} q_0}{c_0}$ 表示表观选择系数。

7.1.2.2　工艺

（1）工艺流程　阳、阴离子交换连续生产工艺流程见图 7-2、图 7-3。

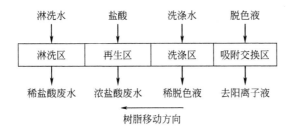

图 7-2　连续阳离子交换流程

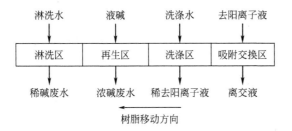

图 7-3　连续阴离子交换流程

对于连续阳离子交换来说，树脂柱在连续生产过程中按四个步骤周期进行，即吸附交换、洗涤、再生、淋洗。在吸附交换区，柠檬酸脱色液与阳离子交换树脂接触，溶液中的阳离子与树脂交换基团上的氢离子进行交换吸附，除去杂质阳离子的料液（去阳离子液）从树脂柱中流出；交换饱和的树脂在洗涤区经清水洗涤，残留在树脂中的柠檬酸（稀脱色液）被回收；回收过柠檬酸的饱和树脂在再生区经与盐酸溶液中的氢离子再交换，吸附的杂质离子释放到溶液中，随浓盐酸废水排出，再生后的树脂在淋洗区经淋洗水冲洗，残留的盐酸废水稀释成稀盐酸废水，树脂完成再生备用，进入吸附交换区。

对于连续阴离子交换，树脂柱在连续生产过程中同样按吸附交换、洗涤、再生、淋洗四个步骤周期进行，只是阴离子交换树脂用碱液再生，产生碱性废水。

（2）主要操作控制指标　离子交换液质量指标控制要求：透光率$\geqslant 97\%$，$Fe^{3+}\leqslant 2mg/L$，$Ca^{2+}\leqslant 4mg/L$，$SO_4^{2-}\leqslant 4mg/L$，$Cl^-\leqslant 4mg/L$。

7.1.2.3　设备

离子交换的设备按原理可分为三种类型：固定床、流化床、模拟移动床。

（1）固定床　固定床设备为间歇式。交换效率低，树脂用量多，设备规模庞大，自动化程度要求不高。固定床离子交换系统的特点：设备结构简单，操作方便，树脂磨损少，适宜于澄清料液的交换。但由于吸附、洗涤、再生、淋洗等操作步骤都在同一个设备中并按时间顺序进行，树脂利用率低，产品浓度波动较大。同时切换阀门多，管线复杂，不适于悬浮液的处理。

（2）流化床　流化床设备为连续式。以树脂本身处于流动状态为特征，极大地强化了树脂和液流间的固液两相传质过程，可以使用少量的树脂处理大量的料液。流化床离子交换系统的特点：离子交换过程中树脂本身是流动的，树脂在移动中与料液逆向接触，传质效率较固定床系统高，树脂用量减少，便于实现自动控制，单台设备即可处理大量物料，节省投资和占地面积。但树脂磨损较严重，自动控制要求严格。

（3）模拟移动床　模拟移动床设备为连续式。模拟移动床离子交换系统特点是：连续自动化运行、高效固液传质，床体结构简单、树脂相对稳定，磨损少。

目前工业应用的模拟移动床有两种：一种是美国 AST 公司于 20 世纪 80 年代末开发的多槽口旋转阀连续逆流移动床式离子交换设备为代表，如图 7-4，它是以小型固定床的连续切换、树脂和液流逆向接触为特征，兼有固定床和流化床的特点，既有流化床的连续、逆流、高效传质的特点，又克服了流化床中由于树脂移动带来的树脂输送、磨损和破碎的不足，通过一套多槽口旋转式分配阀可以同时完成树脂和各种料液的转换。其模拟移动的手段是用一个多槽口旋转阀将多个树脂柱（20 或 30 个）与不同物料相连。

图 7-4　多槽口旋转阀连续逆流移动床式离子交换设备示意图

另一种是阀阵式模拟移动床离子交换设备，如图 7-5，其特征是采用大量的阀门按程序开关以实现料液的顺序切换。其模拟移动的手段是用多个阀门将多个树脂柱（4 或 6 或 8 个）与不同物料相连。

图 7-5　阀阵式模拟移动床离子交换设备图

7.1.2.4　工程实例

中粮生物化学（安徽）股份有限公司国家级企业技术中心自主研发柠檬酸连续离子交换技术并于 2012 年实现工业化应用。主要设备为多槽口旋转阀连续逆流移动床系统。离子交换工序间歇固定床改为连续移动床后，再生剂盐酸消耗减少22.22%，液碱消耗减少50.67%，废水总量下降81.69%，COD排放量减少63.82%，产品收率提高1.18%。

多槽口旋转阀连续逆流移动床系统由一个转盘和20（或30）个短小固定床（柱）构成。固定床和转盘以规定速率连续旋转，每个床柱中都装有吸附介质（树脂、活性炭、分子筛等），吸附介质位于上下两个有筛网分布器之间，每个树脂柱的上部和下部均有接管，并与电动机驱动的分配器旋转端管嘴相接。树脂床的转盘由第二个电动机驱动，并与旋转阀的转速同步，分配器旋转端与含有20（或30）个均匀分布槽口的分配器固定端相匹配，当其处于运行状态时，流入或流出这些固定槽口的液流是恒定的、不间断的。当转盘旋转360°时，每个树脂柱都将经历一次完整的吸附循环，即吸附、再生（或洗脱），以及一次或二次淋洗。根据工艺过程的复杂程度，也可采用其他附加步骤，在任何时候，总有一个或两个树脂床在接受来自某一特定槽口的液流，当某一床柱从一个槽口下部移开时，液流暂时停止流动，直到床柱转移到与另一槽口相通，从而保证树脂床柱在任何时候只能接受来自一个槽口的液流。

在多槽口旋转阀连续逆流移动床系统中采用短树脂床，可使树脂在操作中得以最大限度地利用。在吸附循环过程中，床柱内的树脂无论是处于耗竭状态，还是处于再生状态，任何部位均无闲置，从而使树脂床所用的树脂量大大少于常规的离子交换系统。小容积树脂床与液流的逆流流动相结合，使得树脂床再生和清洗时，所需的再生剂量减少，稀释程度降低。

在多槽口旋转阀连续逆流移动床系统的柱连接可采用以下操作模式。

（1）平行流动 用多支管将移动床各槽口以并联方式连接在一起，如图7-6所示，该流动方式可用于吸附过程中处理高流速液体，高传质速率，以及不必除去所有被吸附组分的场合。

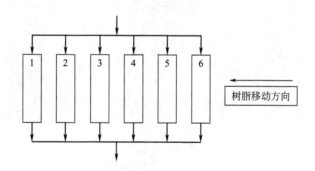

图 7-6 多柱并联平行流动示意图

（2）串联流动 当传质区长度大于单个柱的床高时，则使用多个床柱的长度，如图 7-7 所示。这种方式通常应用在需要较长床层的洗提或再生操作中，以使流出液达到最高浓度。该流动方式还可用于吸附速率较慢的吸附过程，或用于树脂洗涤过程以除去吸附区间夹带的液体。

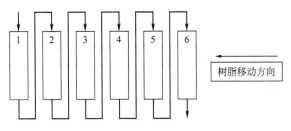

图 7-7　多柱串联流动示意图

（3）双（多）通道串联流动　它是平行流动和串联流动的组合，这一配置经常用于所处理的液流体积大并含有需要彻底除去的稀释组分。如图 7-8。

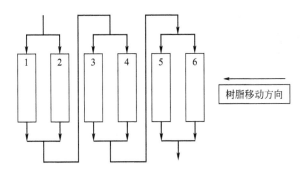

图 7-8　双（多）通道串联流动示意图

（4）带向上流动的平行流动　当工艺液体中含有悬浮固体时，带向上流动的平行流动操作方式尤为重要，因为悬浮的固体会在树脂床中滤出，最终阻塞树脂床，向上流动有助于消除可能形成的沟流或阻塞。可按图 7-9 将树脂床（离交

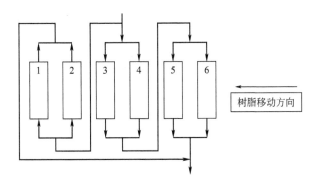

图 7-9　两柱并联再串联带向上流动的平行流动示意图

柱）连接操作。

（5）带排干液体的串联流动　通常用于树脂进入下一吸附区之前对洗涤水的最大回收（及最低稀释）。除树脂孔内夹带的液体外，所有的液体均被回收。如图 7-10。

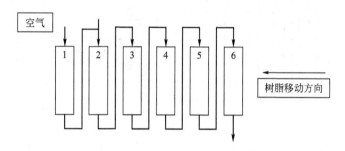

图 7-10　带排干液体的串联流动示意图

（6）再循环流动　在需要快流速以使膜扩散系数为最小的洗提时，再循环流动是很有用的，通过调整洗脱液的补充速度来控制液面，进而控制进出该工作区的净流量。如图 7-11。

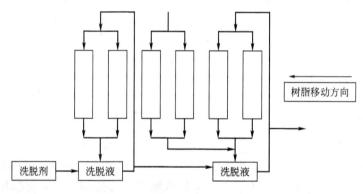

图 7-11　再循环流动示意图

（7）脉冲置换　在树脂经过洗涤区后，可以通过使一部分液流脉冲通过床层，置换洗涤液，以使该液体达到最高浓度，该工艺液流置换出大多数树脂夹带液，而本身不致在下部阀门槽口处漏失，这通常称作"料液置换"，如图 7-12。这种流型对于工艺液流直接进入蒸发系统的操作尤为重要。

多槽口旋转阀连续逆流移动床系统与固定床洗涤操作实例对比如下。

假定一个含有离子交换树脂的容器需要洗涤，同时假定树脂完全充满了容器，外部液体空间的体积等于树脂内部液体的体积，从第一级开始，假定该容器已排空液体，然后有一半床体积的新鲜水引入该容器，该容器装有树脂，而在树脂内部也有等于一半床体积的液体，通过扩散将达到一种平衡，于是离开容器的液体，其残存自由离子的浓度为起始夹带树脂中液体浓度的一半。

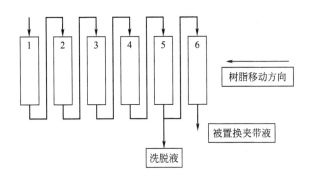

图 7-12   脉冲置换示意图

在固定床系统中，若树脂的起始浓度为 1g/L，则出口浓度为 0.5g/L，然后容器排空，完全按照相同的方式进行第二级操作，则第二级的出口浓度将为 0.25g/L。依次类推，第三级、第四级的出口浓度分别为 0.125g/L、0.0625g/L，于是，被除去物质的总量，将等于所有这些浓度的总和乘以 1/2 床体积，再除以所用的床体积总数（该数为 2），对于一个四级的单床进行的洗涤而言，除去的物质总量应为 0.4688g。

对于多槽口旋转阀连续逆流移动床系统，也以同样的方式进行操作，第一级到第四级的出口浓度分别为：0.9375g/L、0.8125g/L、0.6563g/L、0.5g/L，除去的总物质量为 1.45g。因此，四级逆流洗涤同一级洗涤相比，其相对效率约为 310%，使用相同体积的洗涤水，采用多槽口旋转阀连续逆流移动床系统逆流洗涤法比固定床系统多除去 310% 的离子。若采用三级洗涤，多除去 256% 的离子；采用二级洗涤，多除去 187% 的离子。在再生操作中，逆流再生也能达到类似的相对效率。多槽口旋转阀连续逆流移动床系统由于具有利用高效率的逆流洗涤和逆流再生的能力，同时有利用再生淋洗水作为再生稀释剂的能力，在许多场合下，都能够把用水量、化学品用量和废水排放量减少到类似固定床操作所需量的 50%～80%。

7.2   蒸发

蒸发浓缩的主要操作控制目标是：

① 及时将柠檬酸离交液蒸发浓缩到规定浓度，为结晶工序及时供料；

② 保证柠檬酸浓缩液质量；

③ 把蒸汽消耗和柠檬酸流损降到允许范围内。

7.2.1 原理

利用加热作用使溶液中一部分溶剂被汽化并不断排除，从而使溶质浓度提高，达到浓缩的目的，这个物理操作过程称为蒸发。被蒸发的溶液系，一定是由不挥发性的溶质和挥发性的溶剂所组成，溶液受热后，仅溶剂汽化而被除去，溶质数量不变，但单位体积浓度增加。

7.2.2 工艺

蒸发按蒸发室压力分为常压、加压、减压（真空）蒸发。按二次蒸汽的利用情况分单效蒸发和多效蒸发。按加热室的结构和操作时溶液的流动情况为循环型（非膜式）和单程型（膜式）。按热的再压缩分为蒸汽压缩（TVR）和机械压缩（MVR）。

多效蒸发流程有顺流法、逆流法、并流法、混流法四种。

（1）顺流法 蒸汽和料液的流动方向一致，均从第一效到末效（图 7-13）。

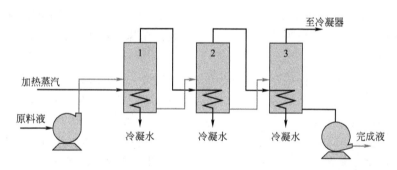

图 7-13 顺流三效蒸发装置流程示意图

优点：在操作过程中，蒸发室的压强依效序递减，料液在效间流动不需用泵；料液的沸点依效序递降，使前效料进入后效时放出显热，供一部分水汽化；料液的浓度依效序递增，高浓度料液在低温下蒸发，对热敏性物料有利。

缺点：沿料液流动方向浓度逐渐增高，致使传热系数下降，在后二效中尤为严重。

（2）逆流法 蒸汽和料液的流动方向相反。料液由末效进入，用泵依次输送至前效，完成液由第一效底部取出。加热蒸汽从第一效依序到末效（图 7-14）。

优点：浓度较高的料液在较高温度下蒸发，黏度不高，传热系数较大。

缺点：各效间需用泵输送物料；无自蒸发；高温加热面易引起结焦和营养物的破坏。

（3）并流法 料液分别加入各效体中，完成液分别从各效体底部取出，蒸汽

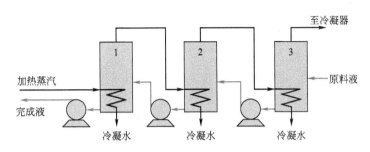

图 7-14 逆流三效蒸发装置流程示意图

流向从第一效依序至末效。适用于处理蒸发过程中伴有结晶体析出的物料（图 7-15）。

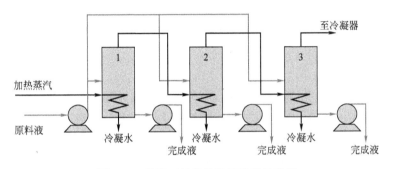

图 7-15 并流三效蒸发装置流程示意图

（4）混流法 效数较多时，可采用顺流和逆流并用的操作，称为混流法。这种流程可协调顺流和逆流两种流程的优缺点，适于黏度极高料液的蒸发浓缩。

工业上常用蒸汽增压器来提高二次蒸汽的饱和温度，称为蒸汽再压缩。TVR在多效蒸发器上使用较适当，在多效蒸发系统中增加一台蒸汽再压缩器相当于增加一效的能量，如四效＋TVR 蒸发器，蒸汽耗量可下降到 0.18kg 蒸汽/kg 水。MVR 可以用在单效蒸发器上，使二次蒸汽循环使用。不同形式的浓缩蒸发器的蒸汽消耗量可参照表 7-3。

表 7-3 蒸发器蒸汽消耗量比较 单位：kg 蒸汽/kg 水

蒸发器形式	单效	二效	三效	四效	五效	六效	TVR＋三效	MVR
蒸汽耗量	1.1～1.2	0.52～0.55	0.40～0.42	0.32～0.35	0.22～0.25	0.16～0.18	0.32～0.35	0.05～0.10

7.2.3 设备

7.2.3.1 循环型（非膜式）蒸发器

该蒸发器中溶液在蒸发器内做连续的循环运动，以提高传热效果，缓和结垢情况。分为自然循环和强制循环。由于料液在加热室不同位置上的受热程度不同，产生了密度差而引起的循环运动，称为自然循环。依靠外加动力迫使料液沿一个方向循环运动，称为强制循环。

（1）中央循环管式（或标准式）蒸发器　加热室由垂直的加热和循环管束组成，中央直径粗的为循环管，其截面积为加热管总截面积的40%以上，其四周较细的为加热管（沸腾管），直径 $\phi 25 \sim 75 mm$，长径比 $20 \sim 40$，加热管内单位体积液体受热面积大，受热良好，致使细管内汽液混合物密度比粗管内小，密度差促使料液循环。

优点：料液循环好，传热效率高；结构紧凑，制造方便，操作可靠，应用广泛，有"标准蒸发器"之称。

缺点：完成液黏度大，沸点高；加热室不易清洗。

中央循环管式蒸发器循环速度在 $0.4 \sim 0.5 m/s$ 之间，适用于处理结垢不严重、腐蚀性小的料液。

（2）悬筐式蒸发器　此蒸发器为中央循环管式蒸发器的改进型。加热蒸汽由中央蒸汽管进入加热室，加热室悬挂在蒸发器内，可取出，便于清洗与更换，循环通道由加热室与蒸发器处壳壁面内的环隙组成。

优点：料液循环速度较高，在 $1 \sim 1.5 m/s$ 之间；加热管内不易结垢，传热速率快。

缺点：设备耗材料量大，占地面积大，加热管内溶液滞留量大。

悬筐式蒸发器适用于蒸发有结晶体析出的物料。

（3）外热式蒸发器　此类加热室与分离室分开，且加热室较长，其长径比为 $50 \sim 100$。由于循环管内溶液未受蒸汽加热，其密度较加热管内大，因此形成溶液沿循环管下降而沿加热管上升的循环运动，循环速度可达 $1.5 m/s$。

（4）列文蒸发器　其结构特点是在加热室上增设 $2.7 \sim 5m$ 圆形筒作沸腾室。加热室中的溶液因受到沸腾室液柱附加的静压力的作用而并不在加热管内沸腾，直到上升至沸腾室内当其所受压力降低后才能开始沸腾，因而溶液的沸腾汽化由加热室移到了没有传热面的沸腾室，从而避免了结晶或污垢在加热管内的形成。另外，这种蒸发器的循环管的截面积约为加热管的总截面积的 $2 \sim 3$ 倍，溶液循环速度可达 $2.5 \sim 3 m/s$，总传热系数较大。主要缺点是液柱静压头效应引起的温度差损失较大，为了保持一定的有效温度差要求加热蒸汽有较高的压力。循环管要求保持 $7 \sim 8m$ 高度，要求厂房高，耗材料量大。

适用于蒸发有结晶体析出或易结垢的物料。

（5）强制循环蒸发器　利用外加动力（泵）进行循环，动力消耗大，通常为 $0.4 \sim 0.8 kW/m^2$ 传热面，适于处理黏度大、易结晶或易结垢的物料。

7.2.3.2 单程型（膜式）蒸发器

此类蒸发器只通过加热室一次就能达到所需的浓度，与非膜式蒸发器相比，加热物料滞留量小，物料停留时间短，且加热时，溶液沿加热管呈传热效果最佳的膜状流动。适用于蒸发量大、热敏、发黏、发泡物质的蒸发，可用作高浓缩器，不适于处理高黏度、有结晶析出或易结垢的溶液。

（1）升膜式蒸发器　加热室由单根或多根垂直管组成，长径比 100～150。原料液经预热至沸点或接近沸点后，由加热室底部引入管内，为高速上升的二次蒸汽带动（一般为 20～50m/s，减压下可达 100～160m/s），沿壁面边呈膜状流动边蒸发，在加热室顶部达到所需的浓度，完成液由分离室底部排出。

（2）降膜式蒸发器　加热室与升膜式蒸发器相似，原料液由加热室的顶部加入，经管端的液体分布器均匀地流入加热管内，在溶液自身重力作用下，溶液沿管内壁呈膜状下流，并进行蒸发。

（3）升-降膜蒸发器　由升膜管束和降膜管束组合而成，蒸发器底部封头内有一隔板，将加热管束均分为二。原料液在预热器中加热达到或接近沸点后，引入升膜加热管束的底部，汽液混合物经管束由顶部流入降膜加热管束，然后转入分离器，完成液由分离室底部排出。如果蒸发过程溶液的黏度变化较大，建议采用常压操作。

（4）刮板搅拌薄膜蒸发器　加热管是一根垂直的空心管，圆管外有夹套，内通加热蒸汽，圆管内装有可以旋转的搅拌叶片。原料液沿切线方向进入管内，由于受离心力、重力及叶片的刮带作用，在管壁上形成旋转下降的薄膜，并不断地被蒸发，完成液由底部排出。

适用于高黏度、易结晶、易结垢或热敏性溶液的蒸发。缺点是结构复杂，动力耗费大，传热面小，处理能力不大。

7.2.4 工程实例

柠檬酸钙盐沉淀酸解法生产出的脱色离交液浓度一般达到 50g/mL 以上，一般可采用三效蒸发浓缩，工艺流程如图 7-16 所示。生产操作控制指标如表 7-4。

表 7-4　柠檬酸三效蒸发浓缩结晶主要操作控制指标

项目	单位	标准值
一效温度	℃	80～100
一效真空度	kPa	0～−65
二效温度	℃	65～90
二效真空度	kPa	−20～−85
三效温度	℃	50～75
三效真空度	kPa	−80～−96
浓缩液密度	kg/m³	1445～1465

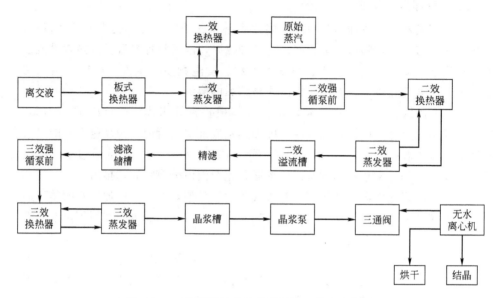

图 7-16　三效蒸发浓缩柠檬酸溶液工艺流程简图

7.3　结晶

结晶工序的主要操作控制目标是:

① 及时从柠檬酸浓缩液中结晶出晶体并分离母液;

② 湿柠檬酸晶体要粒度均匀,理化指标符合等级标准,游离水含量要尽可能低;

③ 保持较高的结晶率和结晶收率;

④ 防止母液的污染和被稀释。

7.3.1　原理

使溶解于溶剂中的溶质呈结晶状从液相中析出的过程,称为结晶。它是制备纯净物的有效方法之一。结晶的形成具有高度的选择性,只有同类分子或离子才能结合成晶体,所以晶体是化学性质均一的固体,它具有规则的晶形和以同类原子、离子和分子在空间晶格的结点上对称排列的结构特征。

在结晶过程中,利用物质的不同溶解度和晶形,创造与之相适应的结晶条件,即可使物质从原溶液中结晶析出。在过程的末端,将黏附在晶体表面上的母液除去,再通过干燥脱去其表面水分,即可得到纯净的产品。结晶条件对结晶水合作用有很大的影响。由于水合作用，溶质可成为具有一定晶形的晶体水合物，晶体水合物中含有一定数量的溶剂（水）分子，称为结晶水，这种结晶水的含量不但决定着晶体的形态，而且决定晶体的物理性质。例如：一水柠檬酸是在 36.6℃ 以下结晶析出，晶形为斜方形，熔点 70～75℃，放置于干燥的空气中，结晶水易从晶格中逸出而发生风化。无水柠檬酸是在 36.6℃ 以上结晶析出，晶形为单斜晶系的菱形-双棱锥体，熔点为 153℃。

离心分离工艺原理：借助于离心力，使密度不同的物质进行分离的方法。由于离心机等设备可产生相当高的角速度，使离心力远大于重力，于是溶液中的悬浮物便易于沉淀析出；又由于密度不同的物质所受到的离心力不同，从而沉降速度不同，能使密度不同的物质达到分离。

7.3.2　工艺流程

7.3.2.1　无水柠檬酸结晶

无水柠檬酸结晶流程参见图 7-17。

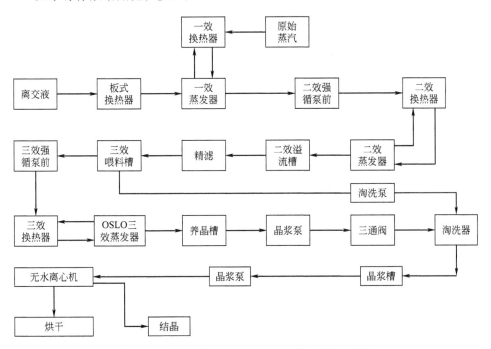

图 7-17　无水柠檬酸蒸发结晶与后续工序流程简图

无水柠檬酸结晶离心分离控制指标：湿晶体表面游离水≤0.5%；其他操作控制指标参照蒸发浓缩。

7.3.2.2　一水柠檬酸结晶与离心分离

流程简图参见图 7-18。

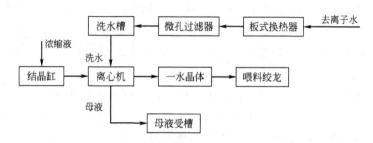

图 7-18　一水柠檬酸冷却结晶与离心分离流程简图

一水柠檬酸结晶离心操作主要控制指标见表 7-5。

表 7-5　一水柠檬酸结晶离心操作主要控制指标

项目		单位	标准值
河水	温度	℃	20~32
	压力	MPa	0.01~0.1
冰水	温度	℃	5~15
	压力	MPa	0.01~0.1
无离子水	透光率	%	≥98.5
刷缸水	滤膜	黑点个数	≤3 个
	透光率	%	≥98.5
注缸	温度	℃	50~70
	密度	kg/m³	1330~1360
降温	速度 1	℃/h	5~15(≥40℃)
	速度 2	℃/h	1~3(≤40℃)
离心分离	温度	℃	10~22

7.3.3　设备

用于结晶操作的结晶器的类型很多，按溶液获得过饱和状态的方法可分蒸发结晶器和冷却结晶器；按流动方式可分母液循环结晶器和晶浆（即母液和晶体的混合物）循环结晶器；按操作方式可分连续结晶器和间歇结晶器。

蒸发结晶器常用的有：强制循环蒸发结晶器、DTB 型蒸发结晶器、奥斯陆

（OSLO）型蒸发结晶器等。

（1）强制循环蒸发结晶器 一种晶浆循环式连续结晶器。如图 7-19 所示，操作时，料液自循环管下部加入，与离开结晶室底部的晶浆混合后，由泵送往加热室。晶浆在加热室内升温（通常为 2～6℃），但不发生蒸发。热晶浆进入结晶室后沸腾，使溶液达到过饱和状态，于是部分溶质沉积在悬浮晶粒表面上，使晶体长大。作为产品的晶浆从循环管上部排出。强制循环蒸发结晶器生产能力大，但产品的粒度分布较宽。

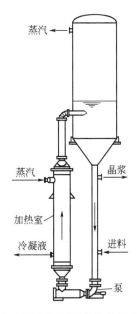

图 7-19 强制循环蒸发结晶器示意图

（2）DTB 型蒸发结晶器 即导流筒-挡板蒸发结晶器，也是一种晶浆循环式结晶器（见图 7-20）。器下部接有淘析柱，器内设有导流筒和筒形挡板，操作时热饱和料液连续加到循环管下部，与循环管内夹带有小晶体的母液混合后泵送至加热器。加热后的溶液在导流筒底部附近流入结晶器，并由缓慢转动的螺旋桨沿导流筒送至液面。溶液在液面蒸发冷却，达过饱和状态，其中部分溶质在悬浮的颗粒表面沉积，使晶体长大。在环形挡板外围还有一个沉降区。在沉降区内大颗粒沉降，而小颗粒则随母液入循环管并受热溶解。晶体于结晶器底部入淘析柱。为使结晶产品的粒度尽量均匀，将沉降区来的部分母液加到淘析柱底部，利用水力分级的作用，使小颗粒随液流返回结晶器，而结晶产品从淘析柱下部卸出。

（3）奥斯陆（OSLO）型蒸发结晶器 又称为克里斯塔尔结晶器，一种母液循环式连续结晶器操作的料液加到循环管中，与管内循环母液混合，由泵送至加热室。加热后的溶液在蒸发室中蒸发并达到过饱和，经中心管进入蒸发室下方的

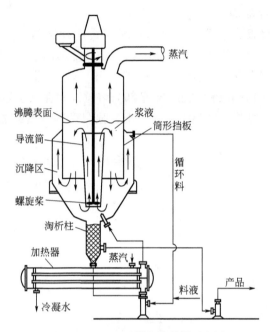

图 7-20　DTB 型蒸发结晶器示意图

晶体流化床（见图 7-21）。在晶体流化床内，溶液中过饱和的溶质沉积在悬浮颗粒表面，使晶体长大。晶体流化床对颗粒进行水力分级，大颗粒在下，而小颗粒

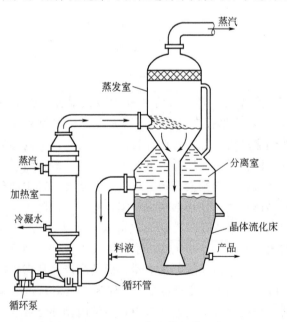

图 7-21　OSLO 型蒸发结晶器示意图

在上，从流化床底部卸出粒度较为均匀的结晶产品。流化床中的细小颗粒随母液流入循环管，重新加热时溶去其中的微小晶体。若以冷却室代替奥斯陆蒸发结晶器的加热室并除去蒸发室等，则构成奥斯陆冷却结晶器。这种设备的主要缺点是溶质易沉积在传热表面上，操作较麻烦。

冷却结晶器一般用结晶槽。一种槽形容器，器壁设有夹套或器内装有蛇管，用以冷却（也可加热）槽内溶液结晶。为提高晶体生产强度，可在槽内增设搅拌器。结晶槽可用于连续操作或间歇操作。间歇操作得到的晶体较大，但晶体易连成晶簇，夹带母液，影响产品纯度。这种结晶器结构简单，但生产效率较低。

7.3.4 工程实例

7.3.4.1 无水柠檬酸结晶

当 OSLO 蒸发结晶器内料液密度计显示 1350～1356kg/m³ 时，关闭滤液槽到喂料槽的阀门（注意此时尽量让喂料槽内的料液最少），打开细晶消除泵，将结晶器内料液打入喂料槽，系统循环，循环后尽量让喂料槽和系统内料液浓度保持一致，喂料槽内溶液为 2～3m³ 时，添加晶种。然后将此晶浆液打入结晶器内作为晶种继续生长，晶种加入结晶器后，保证液位在蒸发室第二个视镜位置，当密度计显示值为 1445kg/m³ 时，方可下料至离心机分离，下料过程中控制密度计值为 1445～1465kg/m³。

放料前应提前 20min 通知烘干机预热，通知离心机操作人员预热离心机。当烘干机和离心机预热好后，通知离心机操作人员，开启离心机晶浆液进料泵，控制进料流量，离心机脱水结束后卸料。

7.3.4.2 一水柠檬酸结晶

开车前检查结晶槽（缸）内是否干净、底阀是否关闭。

通知浓缩人员向结晶缸内投料，在投料前期应先启动搅拌。

投料前期、中期抽样测密度，控制在要求的范围内。

做好冰水、河水的温度、压力记录，若河水压力小于 0.01MPa、温度大于 25℃，冰水压力小于 0.01MPa、温度大于 12℃，立即与调度联系解决。

开启河水进水阀进行降温。40℃以上可适当加快降温速度，保持每小时 5～15℃。每小时做一次记录。

待温度降至 40℃时，关小或关闭河水进出口水阀，进行缓慢降温，保持降温速度 1～3℃/h，当温度降至 39～40℃，注意观察结晶情况，此时添加晶种

2.5kg，晶种要均匀撒入结晶缸，待晶体形成 1h 后，再次开大河水阀门，使降温速度在 1～2℃/h。

在河水降温较缓慢的情况下，即当降温速度不在要求范围内，应切换冰水降温。当温度降至 18℃以下通知甩水人员甩料。

浓缩进料前期、中期抽样测密度、温度。视降温具体情况，通知甩水人员放料。放料完毕，关闭冰水进、出阀门，开启河水进、出水阀，置换夹套内冰水 1～2min，关闭河水进水阀。停搅拌，结晶缸刷净备用。

7.4   干燥与包装

此工序主要操作控制目标是：

① 及时将来自离心机的湿柠檬酸晶体的游离水除去并进行筛分、包装，获得符合等级标准的柠檬酸产品；

② 防止柠檬酸晶体的结块或污染；

③ 及时处理不合格品和捕集器中的物料，把损耗降到允许范围内；

④ 准确掌握干燥段和冷却段的风温和空气质量；

⑤ 对产品的食品安全负责。

7.4.1   原理

干燥是通过物理方法除去湿柠檬酸晶体表面的游离水（或自由水），而又不失去一水柠檬酸的结晶水，并保持晶形和晶体表面之光洁度。

干燥的方法多种多样，柠檬酸干燥是采用热空气干燥法，属于对流式干燥。

湿物料的干燥操作中，有两个基本过程，即传热和传质过程。被加热后的空气将部分热能传递给湿物料（传热），湿物料表面上的水分即进行汽化，并通过物料表面处的气膜向气流主体扩散而被带走（传质）。同时，由于湿物料表面水分被汽化，物料内部与物料表面之间，产生了湿度差，于是物料内部水分向物料表面扩散（传质），或在固体物料内部被汽化成蒸汽向物料表面扩散，最后达到干燥的目的。可以看出，干燥过程的实质是被干燥物料的水分从液相转移到气相中。

理论上影响干燥速率的主要因素：空气的湿含量、温度、物料的湿含量、热空气的流速和流量、空气流动方向。干燥速率与物料表面和空气流之间的湿度差成正比，干燥空气湿含量越低，干燥推动力越大，吸收和带走水分的潜力越大。干燥的温度应在物料的安全温度范围之内，尽可能地提高干燥介质温度。一水柠檬酸干燥时物料的温度应在相转变温度点（36.6℃）以下，高于此温度会造成物料部分失去结晶水变成无水柠檬酸。温度长时间过高物料则会软化在干燥筛板上，造成空气通道的堵塞，在床体形成沟流、死区。而无水柠檬酸在干燥过程中物料的料温应不低于40℃，防止物料在高湿状况下吸水而成为一水柠檬酸。物料的湿含量与干燥时间成正比，同时柠檬酸在流化床里沸腾时间过长则会磨损晶体晶面、失去光泽及粉状物增多（造成酸损失），因此物料的湿含量越低越好。目前一水柠檬酸湿含量在1.5%以下，无水柠檬酸在0.5%以下，物料表面湿含量较低有利于干燥。热空气的流速快，气膜厚度薄热阻小，传热传质速度快，干燥速率高，目前实际工况中除一水柠檬酸一段外加高压风机外，其余热风段物料流化状态均不理想。

为提升产品的抗结块性能，根据柠檬酸抗结块小组的调研和相关试验数据，建议对相应烘干工艺进行如下优化：对干燥空气进行深度干燥，增加进入烘干空气含湿量控制指标；一水柠檬酸烘干参数采用低温烘干；无水柠檬酸烘干后表面水分控制值降低到0.10%以下。

7.4.2　工艺

7.4.2.1　工艺流程

（1）无水柠檬酸干燥流程图　无水柠檬酸干燥工艺流程见图7-22。

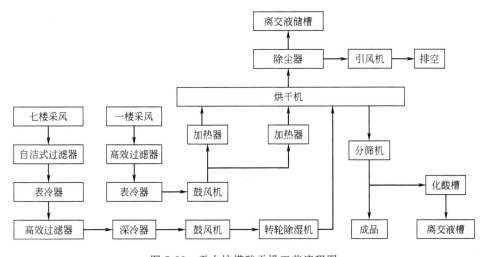

图 7-22　无水柠檬酸干燥工艺流程图

（2）一水柠檬酸干燥流程图　一水柠檬酸干燥工艺流程见图7-23。

（3）柠檬酸产品包装流程图　柠檬酸产品包装流程见图7-24。

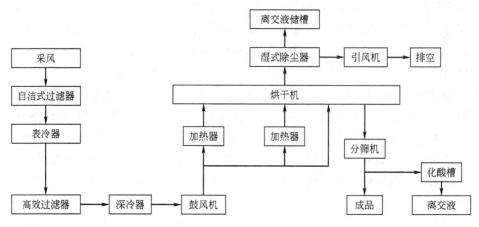

图 7-23 一水柠檬酸干燥工艺流程图

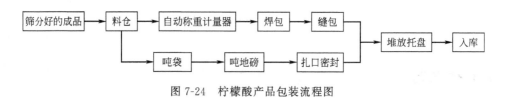

图 7-24 柠檬酸产品包装流程图

7.4.2.2 主要操作控制指标（见表 7-6）

表 7-6 柠檬酸干燥主要操作控制指标

项目		一水柠檬酸	无水柠檬酸
烘干机	热风段空气	≤50℃	≤80℃
	冷却段空气	≤12℃	≤12℃
冷却后	料温	20℃	25℃
	水分	≤0.1%	≤0.1%

7.4.3 设备

用于柠檬酸生产的干燥与包装设备有：沸腾床干燥器、振动流化床干燥器、全自动包装生产线等。

7.4.4 工程实例

7.4.4.1 无水柠檬酸干燥操作

当烘干机内的空气温度达到规定值后，通知浓缩下料、成品接料，同时通知分筛操作人员开启分筛机。

下料过程及时了解无水柠檬酸水分、料温，通过调节蒸汽电控阀的开启度，控制无水柠檬酸干燥的水分、料温。

如烘干机无水柠檬酸出料水分超标，可降低冷风的相对湿度，降低热风段进风湿度，也可通知减小来料流速，或者停止下料停烘干机吹 10～20min 后，重新下料。

成品料温高，可将冷风段阀门开大增加冷风风量，降低冷风段温度，或通知减小来料量，或降低加热段的干燥温度，以降低成品料温。

7.4.4.2　一水柠檬酸干燥操作

当烘干机内的空气温度达到规定值后，通知离心机甩水下料、成品接料，同时通知分筛操作人员开启分筛机。

烘干机内挡板开关处于水平状态为打开，顺时针调至垂直状态为关闭。烘干机下料后，机内挡板操作为先关闭一级挡板，待物料在挡板上方翻出时再关闭下一级挡板，从后至前依次关闭所有挡板。

在下料过程中从观察口取样，观察物料的流动性、含量、料温，通过调节蒸汽截止阀的开启度控制烘干机内的干燥空气温度，将一水柠檬酸的流动性、含量及料温控制指标范围内。

一水柠檬酸含量低可将加热器蒸汽截止阀稍开大一些；含量高将加热器蒸汽截止阀稍关小一些。也可通知离心甩水操作人员增加或减少下料绞龙的流速来控制进入烘干机的料量，从而控制含量。

成品料温高，可将冷风段阀门开大增加冷风风量，也可降低冷风段温度或通知甩水减小下料量降低加热段的干燥温度，来降低成品料温。

7.4.4.3　湿式除尘器操作

在风机开启后，烘干辅操作开启湿式除尘器循环泵，在开启循环泵时应注意：打开循环泵进口阀→开启循环泵→打开循环泵出口阀，待泵运转正常后，方可离开；停泵时，先关出口阀→停泵→关进口阀。

开启低位循环阀，用下喷淋进行循环。

控制湿式除尘器内液位，如液位过低，开启热水阀从低位循环加水；如液位过高，将湿式除尘器酸液送至回收槽。

每隔 3～4h 湿式除尘器罐内液体吸收一定量的酸粉尘后，浓度变高，吸收能力下降，造成湿式除尘器除尘效果差、跑粉尘时，可用热水进行更换液位，开启送料阀，将除尘器酸液打走，然后开热水阀，从低位循环阀加水，进行更换。

2～3h 对丝网除雾器冲洗一次，防止丝网堵塞，影响引风量，造成烘干机正压。开启热水阀及高位循环阀，利用高位喷淋管冲洗上丝网。每次时间不宜过长，2～3min即可，防止液体被带入引风机，飞至外界，造成喷酸水现象。

在加水时注意引风机不要停，防止热水、蒸汽倒吸至烘干机内，使机内物料在机壁内吸潮影响烘干效果及产品质量。

7.4.4.4　分筛操作

注意观察成品料仓内物料情况，发现物料到 1/2 处时，通知成品接料，到 2/3 时通知停烘干机，防止因堵料造成异常。

不合格的过粗或过细目数物料及时转出溶解化料，防止因堵料损坏筛网和其他部件。

7.4.4.5　化酸槽及泵操作

先检查化酸泵及各阀门是否正常，化酸槽内有无杂物，确认正常后方可进行下一步操作。

将化酸槽内酸水泵至槽内 2/3 处。

依次开启泵的进口阀→开启泵→开启出口阀及循环阀。

将晶体全部溶解后，测得酸度≥60%后（密度计显示在 1.25～1.30 之间），方可输送，关闭循环阀同时开启送料阀。

料液输送完后，关闭送料阀，开启循环阀。

注意晶体一定要全部溶解，以防堵塞料管。输送完物料应对管道回水或放空，防止物料在管道内结晶堵塞管道。

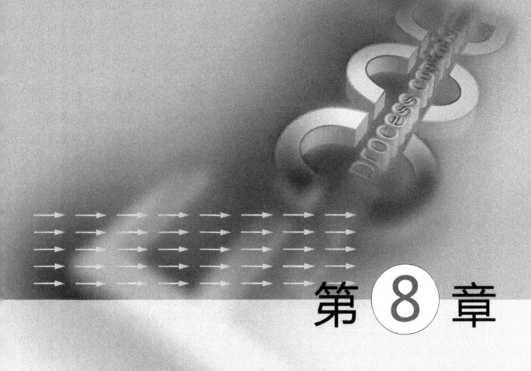

第 8 章

节能减排新技术新装备

8.1 节能技术与装备

在信息技术高度发达的今天，大部分企业很难拥有一个能够让自己长期独占的先进技术。企业之间的竞争大部分是管理和成本的竞争。现在已经处于能源价格相对较高的时代，能耗水平已经成为评价企业综合技术水平的一个重要和关键的指标，也是企业成本竞争的关键所在。因此，一个企业节能水平的好坏是关乎生存的大事情。

8.1.1 能源精益管理

8.1.1.1 企业节能准则

企业的节能行为要基于不影响产品质量和产量的前提。评判一个企业的节能工作是否有效，最有效的办法是剔除能源价格波动来核算单位产品的年平均能源成本，横向与同行业最先进水平比较，纵向与自己历年情况比较。如果一个企业的能耗能够延续每年下降3%，十多年延续下来就是很可观的成就，足以让企业处于行业领先水平。

8.1.1.2 积极推动企业节能工作的开展

企业节能涵盖方方面面，最重要的是管理节能，其次是技术节能和全员参与。管理节能是战略，只有领导重视并制订规划和目标，节能工作才能顺利开展。技术节能是战术，优秀的战术又经常能够影响战略的提升，好的节能技术可以为企业节能带来奇效。全员参与是节能落实实施的基础，提高全员节能意识，节能才能得到长期有效的坚持和发展。

8.1.1.3 体系节能

体系节能又叫管理节能，是从技术的角度利用管理体系行政规定的方法加以实施。体系节能包括加强节能技术知识培训、加强节能技术研发、实施节能奖惩机制、加强车间之间的能源协同和协调、抬高循环冷却水运行温度、降低企业总管网管阻等。

8.1.1.4 设计节能

项目设计过程节能做得好不好，直接影响到生产线建成后的能耗水平和生存能力。项目设计时必须做物料衡算和能源衡算，而这两个衡算实际上又相互影响。物料衡算计算准确可以使每个工序设备能力的配置也准确适宜，本身就是设计节能的一个措施。做能源衡算时一定要注意能源的梯次使用，不同品位能源的合理调配使用也是设计节能的一个重要措施。设计节能做得好，不一定会增加工程总造价，甚至有时还降低工程造价。

柠檬酸产业归属于玉米深加工行业，大部分玉米深加工企业生产用能都依靠蒸汽和电，也就是说蒸汽和电是企业的主要能源载体。所以我们考虑柠檬酸的工业节能时，也是主要考虑节约蒸汽和电。首先讲节汽，玉米深加工企业的用汽点有很多，但按照用途不外乎包括：动力用汽（也包括排渣用汽和喷射抽真空用汽）、工艺反应用汽（比如液化用汽、玉米芯水解用汽）、灭菌用汽、物料或水升温用汽、蒸发浓缩用汽、干燥烘干用汽、制冷用汽、采暖保温用汽和清洁用汽等。对于动力用汽，主要用来驱动汽轮发电机发电，热电联产时要尽可能降低体系的蒸汽压力需求，这样汽轮机背压可以调得更低发更多的电。切忌为了局部需要高压力蒸汽而提高整体蒸汽压力，有时局部的高压力蒸汽需求可以使用压缩机增压来获取。至于排渣用汽（比如木糖水解排渣）和抽真空用汽（比如氢化釜放料抽真空），则设计时应尽可能采用替代方法（如改用压缩空气排渣）或尽可能减少其需求；对于工艺反应用汽，节汽要诀一是尽可能使用低品位能源预热物料，二是尽可能回收反应后排放的尾气；灭菌用汽的节汽要尽可能使用 UHT（超高温瞬时）连消灭菌，罐类灭菌要尽可能减少放空排放量；物料或水升温用汽的节汽要尽可能使用低品位能源（优选通过物料换热解决）来升温或预升温；对于蒸发浓缩用汽，首先要优先采用废热蒸发器，其次考虑 MVR 或超多效，还应重视蒸前物料使用低品位能源来预热，最后其进冷凝器的废汽还可以用来预热冷水或冷空气等；干燥烘干用汽，要优先选择管束干燥机等间壁换热干燥设备，选用热风烘干要尽量选用逆流型干燥设备，要尽可能利用低品位能源预热冷空气，有可能的话要考虑尾风能量的回收；制冷用汽的节汽，对于稳定制冷负荷，要尽可能选用氟里昂机组制冷或制冷供热一体热泵机组，只有针对波动较大而频繁的制冷负荷（如空气冷冻除湿和空调）才选用需要消耗蒸汽的溴化锂蒸汽吸收式制冷机组；对于采暖保温用汽和清洁用汽，则能不用尽量不用，非用不可时尽量少用，能用热水替代就不使用蒸汽。

玉米深加工企业常用的节电措施有：储罐的搅拌要尽量采用偏心螺旋桨推进搅拌，因为搅拌的目的是混合而不是旋转，一定要根据工艺的最低需求来确定，比如 $100m^3$ 的糖化罐，配置 1.5kW 的搅拌足够了，而且除进料和出料后期在糖化过程只要间歇开启就可以了；真空转鼓的真空泵各厂家普遍配得偏大，最好配备一小一大；上悬式离心机一定要加装刹车馈电系统；泵的流量与扬程要选配适中且输送管道口径适当放大；负荷经常变化的动力设备一定要配变频器等；要尽可能选用能效更高的大型设备；要充分重视势能，比如冷却塔要放在屋顶，30℃循环水罐要放在屋顶或最高层，这样循环水泵耗电最少；电气设计时要合理选配变压器、选用线径足够的电缆并重视无功损耗补偿。

8.1.1.5 工艺节能

发酵行业菌种的改良是最为关键的节能措施，柠檬酸行业在菌种改良及发酵罐搅拌节电和通风节电上已经做了非常多的努力，努力的结果是让我国的生产企业稳居世界前列。柠檬酸行业在提取工艺上采用柠檬酸氢钙法替代柠檬酸钙法是一个比较明显的进步，但整个柠檬酸提取工艺仍然有不少的改进空间，对工艺进行改进和优化往往伴随着节能水平的提高。比如好的提取和结晶工艺，通过强化离心和挤压等机械脱水操作向烘干供给水分更低的原料，提高喷雾干燥的入料浓度等，都可能给节能带来超乎想象的效果。柠檬酸产业可以从相关行业特别是淀粉糖行业大量借鉴并引用工艺节能技术。

目前关于淀粉乳的液化，有采用一次喷射液化还是两次喷射液化的工艺争论。两次喷射液化肯定比一次喷射液化蒸汽消耗高，薯类淀粉乳采用两次喷射液化完全没有必要，玉米淀粉乳则要看产品是什么。玉米淀粉乳采用两次喷射与一次喷射的主要差别一是糖化 DX 平均高 0.2～0.3，二是糖化液和成品的过滤速度明显较快。因此对生产结晶葡萄糖和结晶果糖等追求高 DX 的品种，以采用两次喷射为宜，特别是生产药用葡萄糖，两次喷射是必须的；对于生产转化糖浆、麦芽糖浆、果葡糖浆和柠檬酸等淀粉乳原料湿法发酵生产线使用的发酵用糖浆等则只需要一次喷射就可以了。液化和糖化的浓度也是影响能耗的一个因素，在不影响液化和糖化效果的前提下应尽可能提高料液浓度。

结晶工艺对节能效果的影响也很大，如降温结晶终了温度能够尽量调高，则低温循环冷却水的消耗可以下降从而达到节能的目的；很多企业的结晶采用多段或多级结晶，比如炼糖企业采用五段或六段煮糖。有时过多的结晶段数不但无助于提高产品质量，反而增加了能源的消耗。一般情况下，只要选择合理的结晶注罐纯度，结晶最多分成两段就可以了，一段用来保证产品的高品质，另一段用来把可提取物充分提取出来。将多段结晶优化成两段结晶，不但可以达到节能的目的，由于结晶时间缩短，还可以减少结晶过程化学转化副反应，提升产品质量。

在结晶产品的生产过程中，强化离心分离使烘干前晶体含水更低；在淀粉生产中将蛋白压滤脱水的水分控制得更低。这些工艺改进都可以达到很不错的节能效果。因为所有干燥设备蒸发水分的效率都比较低，管束干燥烘干蛋白蒸发 1kg 水需耗汽 1.2～1.5kg 蒸汽；逆流流化床干燥烘干晶体蒸发 1kg 水需耗汽 1.5～1.8kg 蒸汽；气流干燥烘干晶体蒸发 1kg 水则需耗汽 2.5～3.0kg 蒸汽；并流振动流化床干燥蒸发 1kg 水需耗汽 2.8～3.8kg 蒸汽。

在保证所生产的产品质量和产能的前提下，通过调整和优化工艺来节能，因无需增加设备，因而往往收到事半功倍的效果。目前柠檬酸行业普遍采用氢钙中和与硫酸酸解的初提取工艺，能耗及污水和固废的产生量都非常之大，如果在工艺上能找到一种可行的方法直接从发酵夜中把柠檬酸提取出来，彻底消除污水和固废的产生，那必将是颠覆性的工艺革命。

8.1.2 节能技术和装备在柠檬酸生产中的应用

8.1.2.1 负压风送系统的匹配

在玉米深加工行业，风送系统在物料的运送和环境的保护方面发挥着不可替代的作用，也是耗能较多的设备之一。研究和实践表明，风送系统中的各组成部件对系统造成小同程度的影响，从而影响节能降耗。

（1）输送管道 包括直管、三通、弯头等，如果设计不当，会使系统压损增加，从而导致整套系统运行所需的功率增加，即能耗增大。对于输送管道基本要求焊缝平整，内壁光滑，采用法兰连接管道，在连接处要加密封圈，以防漏气。三通、弯头要选择合理形式，设计的角度越小越好，尽量降低气流汇合时产生的压损。

（2）风机 风机是系统的关键设备，它直接影响整个系统的工作效果。由于项目规模、工艺及场地条件的不同，生产线布置也随之而异，因此，生产线中的风送系统的设计也各有不同。在目前的设计中，多数情况都是根据设备厂家提供的系统参数设计的，选择的风机要在固定的状态下能够进行快速运转，达到最佳的运输或除尘效果。但是，在生产过程中，并不是所有设备都会同时在运行，这样就出现风机运行的实际风量小于计算风量。

风机作为风送系统中的主要设备，能否降低其耗能是风送系统节能的关键，以调节风量为例，如果风送系统的风量大小为运动极限的 90％和 80％时，风机的理论能耗将会有所下降，大约下降了 27.1％和 48.8％，这时，电能消耗量将会是原来的一半左右。因此在实际应用中应根据不同的生产工艺要求调节风机使其在低能耗下应对各种实际工况。中粮生物化学（安徽）股份有限公司在优化能源消耗过程中，将粉碎负压风量从原来的 $5500 m^3/h$ 提高到 $18000 m^3/h$，不仅同比产能提升 20％，同时还降低了物料温度，保证物料的品质，也降低物料粉碎后蒸发的水分，减少储存仓内物料发霉的概率。

（3）除尘器 目前行业内除尘器的类型主要有：各种结构型式的旋风分离器、袋式除尘器和组合式分离装置。各种装置均有其适用的对象、场合和分离条件。在设计系统时，应根据要求处理的对象特性、混合气流浓度及环境排放要求等，确定分离的方案、再根据风送系统的计算参数，确定分离装置类型及规格。在工程实际设计中，分离装置方案设计与选型不当也是造成输送系统电能浪费的原因之一。

8.1.2.2　高温液化与真空闪蒸

目前国内多数柠檬酸生产企业现有工艺是将粉碎所得玉米粉和水一起加入配料罐中，搅拌温度控制在60℃，然后进入调配罐。物料在调配罐调配后，比较先进的工艺是采用喷射加热至85℃，然后进入液化罐保温液化后，采用二次喷射加热物料至105℃，进行中温液化。由于玉米淀粉开始糊化的温度为68～72℃，完成低温液化的温度为88℃，因此，采用105℃液化温度高于淀粉的糊化液化温度，能保证糊化液化完全，同时这个温度也高于巴氏杀菌温度，对微生物能起到杀灭作用，从而保证发酵过程的正常进行。液化好的醪液通过换热器（循环水冷却）冷却，根据糖化工艺的要求，一般冷却到59～61℃后进入糖化罐，在糖化罐内加入糖化酶进行保温糖化。根据生产的需要，在液化过程需要大量的一次蒸汽用来加热，后面的工序又要把这部分热能去除，企业现有物料降温的途径有两个：一是经汽液分离器把热能直接排入大气中；二是用冷水进行热交换，吸收这部分热量。目前国内大部分柠檬酸生产企业多采用冷水进行热交换，这不仅浪费了大量的热能，还须使用大量的冷却水。

"闪蒸"的原理主要是利用加压后，蒸汽分压下降，使更多的溶剂（一般是水）闪蒸为气态，达到浓缩的目的。"闪蒸"就是高压的饱和水进入比较低压的容器中后由于压力的突然降低使这些饱和水变成一部分的容器压力下的饱和水蒸气和饱和水。"真空闪蒸"回收装置正好可以弥补高温液化后的热能回收。"真空闪蒸"后的二次蒸汽可用于喷淋水流的加热，加热后的热水回收用于粉碎后细微颗粒的调浆，提高高温液化的起始温度，降低生蒸汽的使用。同时"闪蒸"过程水分的蒸发有助于提高料液浓度。因此，中粮生物化学（安徽）股份有限公司在2015年利用闪蒸技术对液化工段做了节能改造。

液化后的液化液温度在105℃，可采用闪蒸技术进行潜热回收后，回收所得二次蒸汽返回液化工段给玉米浆加热，使液化段热能重复利用，降低该工段蒸汽和冷却水消耗，即利用了此部分潜热，又节省液化工序蒸汽使用量，最后一级真空闪蒸罐排出的醪液温度为60℃，满足后序糖化需要。玉米粉碎拌料后温度50℃左右，利用从高温维持罐排出的105℃左右液化液进行逐级闪蒸，使液化液降温至60℃，闪蒸出的热量来预热混合物料，混合物料温度可从50℃升至88℃，然后用生蒸汽加热至105℃左右进行液化。具体方法为：从层流柱排出105℃左右的液化液逐级进入特殊结构的一级闪蒸罐、二级闪蒸罐、三级闪蒸罐、四级闪蒸罐，在真空条件不经特殊结构的四级闪蒸罐，温度从105℃逐级降至88℃、76℃、68℃、60℃，进入糖化罐进行糖化，混合物料逐级经泵送至特殊结构的一级废热吸收罐、二级废热吸收罐、三级废热吸收罐、四级废热吸收罐，吸收液化液放出的热量，温度从50℃升至60℃、68℃、76℃、88℃，然后用生蒸汽加热至 105℃左右进行液化。采用此液化生产工艺，可以减少一次蒸汽的用量，而且液化物料不再需要冷却，节省冷却水，达到节能降耗的目的。该项改造在我公司得以应用，现场检测数据显示，吨淀粉蒸汽消耗下降 0.23t，与理论计算节约蒸汽量和冷却水量相符，且改造后增加电消耗和原供冷却水量消耗电量持平。

8.1.2.3 发酵设备设计与节能

从发酵罐的设计出发，充分考虑发酵料液密度、黏稠度等，在满足工艺需要（菌株的溶氧、物料防逃逸等）的基础上，设计发酵罐合理的径高比，以减少驱动力，从而从设备设计上做到本质节能。对于现有的发酵装置，发酵罐的节能改造主要包括通风设备改造及搅拌模式改造两个方面。

首先，从通风设计出发，葛建武借鉴国内先进经验，对 160m³ 通用式发酵罐进行了深入的研究，将传统的鼓泡式发酵罐改造为喷环式好氧发酵罐，使发酵罐的反应机理由传统的鼓泡传质转化为乳化传质。喷环进气的特点是利用低能实现乳化传质，充分利用通入罐内 0.005～0.015MPa 压缩空气的释放能量，通过气液型喷射混合搅拌装置引起发酵液进行能量与质量的传递转换并实现乳化操作，使气泡上升速度降低，容量传质系数提高。这一技术突破了传统发酵罐的鼓泡传质机理，不但解决当今发酵罐通气装置中气泡直径随着通气量增大而增大的技术难题，而且也解决在蒸汽直接实消操作中罐体和楼层的震动问题。利用导流筒内、外发酵液的密度差和静压力差，实现气液二相轴向环流运动和气液喷射混合搅拌装置中乳化操作，使深层发酵液中的氧得到充分利用。喷环式进气气液夹带量少，从液面均匀逸出的小气泡群不易带液且操作液面平稳，使放罐体积增加。经 3 个多月的生产性实验，节能、降耗效果显著，且生产运行稳定。

发酵罐改造后运行电流的变化：利用压缩空气的动能，在发酵罐下部设立喷射管，使之形成气体推动的内环流。由于气液喷射混合装置的进气方向和搅拌的旋转方向相同。经过多次生产性实验，在发酵罐进风量相同，不增加空压及负荷的情况下，可以看出发酵罐改造后电流下降显著，由原来的 180A 下降为 140A 至 135A，降幅在 30% 左右。发酵罐改造后各项技术指标变化：在接种量、投料量、控制条件及其他比例与原生产相同的情况下，发酵工艺仅对通风方式进行了改造，发酵罐改造后发酵生产柠檬酸各项指标技术稳定。改造后发酵罐搅拌电流有明显下降，吨发酵液酸成本下降 16.82 元（按自备电厂电价计，如果按市场价 0.47 元计，吨发酵液酸成本下降 38.59 元），达到了节能降耗的目的。

其次，从发酵罐内搅拌形式设计出发，檬酸发酵过程采用搅拌、通入空气结合的方式，保证了菌株的供氧和成长，完成葡萄糖到柠檬酸的转化。单罐发酵周期在 65～70h，单罐容积在 300～500m³，因发酵环节体积大、周期长，发酵在柠檬酸制造过程中属于"用电大户"。从降低发酵搅拌电机电流入手，可直接降低发酵过程电能消耗。目前中粮生物化学（安徽）股份有限公司发酵共 24 台 $300m^3$ 发酵罐均为节能型搅拌。改造前，发酵罐电流平均在 $180\sim250A$；改造后，发酵罐电流平均在 $130\sim180A$。搅拌形式的改变，极大地降低了发酵罐搅拌电机运行电流，节能效果明显。

8.1.2.4　背压式汽轮机应用

目前，中粮生物化学（安徽）股份有限公司柠檬酸发酵过程使用的空气采用背压式汽轮机拖动空气压缩机的方式替代离心机空气压缩机和活塞式压缩机相结合的方式提供，因后者使用的电动机设备功率大（离心式 2000kW，活塞式 240kW），供发酵空气的用电占柠檬酸总用电约 45%。背压式汽轮机利用蒸汽的压差，进行能源的梯级利用，输送的动力直接拖动空气压缩机，提高了能源的利用率，减少了空气环节电能损耗。

（1）原理　汽轮机的工作原理是：进入汽轮机的具有一定压力和温度的蒸汽，流过由喷嘴、静叶片和动叶片组成的蒸汽通道时，蒸汽发生膨胀，从而获得很高的速度，高速流动的蒸汽冲动汽轮机的动叶片，使它带动汽轮机转子按一定的速度均匀转动。

（2）效益　以背压式汽轮机拖动空气压缩机应用为例，原来电驱动空气压缩机全部停止运行，按目前 6 万吨/年的产能每年节约用电 1100 万 kW·h，可降低柠檬酸生产电耗总电耗 30%，单位产品电耗下降 $175\sim200kW·h/t$，按电价 0.58 元/(kW·h) 计算，全年可节约电费 638 万元。扣除背压式汽轮机用水消耗和水泵增加用电的消耗，每年可节约费用 450 万元。

8.1.2.5　提取过程物料换热

物料换热是最简单有效的节能手段，也是投资回报最高的节能措施。企业在实施节能改造时应优先考虑物料换热，尽可能把能实施的部位都利用起来，对于有的需降温较大且蕴含较多的能量的物料，可以采用梯级换热的措施，通过多个物料换热来充分回收能源。在设计物料换热时，很多人认为换热后冷料温度不可能高于热料温度。实际上采用逆流换热和足够大的换热面积，物料换热后冷物料的温度完全可能超过热物料的温度，甚至上升到接近热物料换热前的温度。

钙盐法提取过程因涉及来料的加热，同时有柠檬酸与碳酸钙、柠檬酸钙与硫酸两组反应，反应后生成物需经过一定温度的水洗涤以提高生成物的纯净度，故该环节热能消耗大，做好提取环节的热能利用，对柠檬酸生产线的节能工作贡献重大。

8.1.2.6 蒸发浓缩节能技术和设备

（1）MVR 蒸发（低压比低温升循环热泵） MVR 蒸发器是指机械式蒸汽压缩循环蒸发器，是国际上 20 世纪 90 年代末开发出来的新型高效节能蒸发设备。其工作原理是蒸发器产生的二次蒸汽经蒸汽压缩机作用后，温度提升 6～8℃，返回用于蒸发器的加热热源，替代去绝大部分的生蒸汽，生蒸汽仅用于补充热损失和补充进出料温差所需热焓，从而大幅度减低蒸发器的生蒸汽消耗，达到节能的目的。

MVR 蒸发器（一般为单效蒸发）是热泵的一个特例，也是目前比较热门的节能蒸发设备。其作为热泵的一个特例是因为它直接使用蒸发器连续产生的二次蒸汽作为导热剂，导热剂经压缩冷凝后直接排出而不回流到低温蒸发吸热器中，所以可以将低温蒸发吸热器的换热器与高温冷凝放热器的换热器合并成一台换热器，并且借用蒸发设备的加热器来兼作这台合并后的换热器。这样 MVR 蒸发器就相当于一个"工作介质和传热介质合二为一，以水作为导热剂、由蒸发器的换热器兼作低温蒸发吸热器与高温冷凝放热器共同合并使用的换热器"的热泵机组。蒸发器蒸发过程本身并不消耗能量，加热蒸汽在使物料蒸发出二次蒸汽后，其中大量的能量即通过自然传导进入二次蒸汽中。普通的蒸发器由于无法再利用二次蒸汽中的能量（潜热），而被迫向加热室连续补入外来蒸汽作为维持蒸发运行的能源。MVR 蒸发器由于形成了一个热泵系统，则可以将二次蒸汽中的能量输送回到蒸发器中作为物料蒸发出二次蒸汽所需能源，从而无需再添加外来蒸汽即可维持蒸发的连续运行。这就是 MVR 蒸发器为什么节能，为什么不消耗外来蒸汽的根本道理。

MVR 蒸发器的蒸汽消耗非常低，蒸发吨水耗汽量约 0.02t 汽（20kg 汽，主要用于密封压缩机），远比带喷射热泵四效降膜最低汽耗 0.23t 要低得多。在工业生产上的许多场合，很容易通过废热或料与料之间的换热将蒸发进料温度升至比蒸发温度略高，这样 MVR 蒸发器的物料预热也会无需耗汽。MVR 蒸发器的蒸发温度较低，因其采用单效真空蒸发，蒸发温度相当于多效降膜蒸发器的末效。蒸发温度低对热敏性物料的浓缩非常有好处，热敏性物料在浓缩过程颜色基本不加深。MVR 蒸发器的 30℃循环冷却水消耗很低，蒸发吨水小于 2t。

MVR 的电能消耗是用来提升二次蒸汽的品位，通过压缩升温将本来已经没有使用价值的废弃二次蒸汽变得可以再利用，而不是将电能作为驱动蒸发的能源，也不是用电来加热蒸汽。MVR 蒸发器的电耗相对较高，蒸发低沸点物料时蒸汽压缩机的装机功率约为 18kW/(t 蒸发量·h)，由于蒸汽压缩机电耗较大导致蒸发每吨水的电耗比带喷射热泵四效降膜蒸发器高约 15 度。生产 0.21t 蒸汽约需消耗 42.0kg 标煤，电厂发电 15 度约需消耗 5.6kg 标煤，用 MVR 蒸发器替代多效降膜蒸发器，蒸发每吨水可节约 36.4kg 标煤，节煤率高达 86.7%。在当今能源价格上涨造成蒸汽价格上升的前提下，MVR 蒸发器的推广应用变得越来越合适。

（2）压力喷射式热泵（TVR）　TVR（thermal vapor recompressor），即蒸汽热力喷射二次蒸汽循环压缩器，简称蒸汽喷射式热泵或蒸汽喷射热泵。高压蒸汽通过 TVR 喷射时产生压差，可以抽吸低压蒸汽并与其混合成中压蒸汽。TVR 在蒸发器上的应用已经有几十年的历史，生蒸汽在进入第一效加热室前通过 TVR 抽吸一部分二次蒸汽并与其混合，其节省蒸汽的效果约相当于增加了一效，即单效 TVR 相当于双效的汽耗，双效 TVR 相当于三效的汽耗，依此类推。

高效 TVR，顾名思义，就是比普通 TVR 压缩效率更高，应用到蒸发器上可以产生更大的节能效果。高效 TVR 有两种方式，一种是增加抽吸低压二次蒸汽的比例，普通 TVR 高压蒸汽（0.5～0.6MPa 表压）1t 可以抽吸 1t 低压二次蒸汽得到 2t 混合中压汽，相当于给蒸发器增加了 1.0 效。高效 TVR 高压蒸汽 1t 可以抽吸 1.5t 低压二次蒸汽得到 2.5t 混合中压汽，相当于给蒸发器增加了 1.5 效。另一种方式是降低抽吸低压二次蒸汽的品位，普通 TVR 抽吸头效二次蒸汽，高效 TVR 则可以抽吸第二效甚至第三效的二次蒸汽。同样的 1∶1 抽吸二次蒸汽比例，普通 TVR 相当于给蒸发器增加了 1.0 效，高效 TVR 则相当于给蒸发器增加了 2.0 效甚或 3.0 效。显然后一种高效 TVR 的节能效果更加明显。

（3）柠檬酸精制过程综合节能措施

① 错流　柠檬酸精制工序主要通过蒸发浓缩、降温结晶及干燥分筛等一系列控制，将柠檬酸溶液转变为柠檬酸晶体的过程。在此过程主要消耗蒸汽、电力等能源。由于柠檬酸是热敏性物质，常温浓缩容易引起分解成为乌头酸，而且结晶色泽变深，影响产品质量，因此采用减压浓缩，借加热作用使溶液中的一部分溶剂被汽化并不断被排除，使溶液中溶质浓度提高，最终结晶析出，传统减压浓缩生产工艺采用三效 FC（强制循环蒸发）浓缩系统，是顺流蒸发，物料和冷凝水走向如下。

a. 物料走向：离交液→蒸汽冷凝水预热→一效加热器→一效分离器→二效加热器→二效分离器→三效加热器→三效分离器→晶浆液出料。

b. 冷凝水走向：生蒸汽（热泵）→一效加热器→二效加热器→三效加热器→板式预热器→冷凝水出水。

传统 FC 蒸发器蒸发过程分为三个：首先一、二效浓缩将离交液酸度由 50% 提升至酸度 85%，再进入升膜热蒸发结晶器进行蒸发结晶，完成液连同晶体一起排出蒸发器，最后送离心机进行分离。传统三效 FC 系统工艺缺点：因为顺流有自蒸发现象存在，出料安排在最后一效，将导致末效蒸发量偏大，冷凝负荷也相应增大，冷却水用量也增大，冷却水的输出泵和冷却塔的配置装机容量及电耗都将有所增加。有热泵抽吸，加上预热用汽，一效蒸发量最大，增浓最多从一效进料导致各效沸点升高值之和增加，系统总的有效温差减小，换热效率和蒸发能力下降。

优化工艺，采用错流可达到较好效果，具体物料流向：离交液→冷凝水预热→三效加热器→三效分离器→一效二次蒸汽预热器→一效加热器→一效分离器→二效加热器→二效分离器→完成液。工艺优化后，因为末效水预热物料后，物料以低于末效沸点进料，无自蒸发现象，末效蒸发量有所降低，冷凝负荷有所减小，冷却水用量、冷却水输送泵、冷却塔配置装机容量及电耗有所下降，同时可降低蒸汽消耗 6％左右。

② TVR　马鞍山中粮生物化学有限公司（以下简称马鞍山中粮生化）四车间共有三套三效浓缩系统，其中 1♯三效系统用于生产一水柠檬酸，每日蒸发水量为 22t（母液酸度达 75％）；2♯、3♯浓缩系统用于生产无水柠檬酸，每日每套系统蒸发水量为 103t（离交液酸度为 50％）。该三套浓缩系统装置参数均为：一效、二效、三效蒸发器体积分别为 $7.6m^3$、$8.7m^3$、$18m^3$；一效、二效、三效加热器换热面积分别为 $360m^2$、$150m^2$、$240m^2$。

改造前，生产数据表明，用于无水酸生产的 2♯、3♯浓缩系统蒸发量为 4.68t/h。吨水蒸发耗汽量为 0.58t/t，与理论值 0.33t/t 相差甚远。同时，用于生产无水柠檬酸的 2♯、3♯浓缩系统进料量 $5.5m^3/h$，连续生产 12h 之后，因晶体颗粒变大导致晶体水分升高，根据产品质量需要，每 12h 须置换一次系统，重新进料浓缩，故每套系统每天的有效生产时间仅 22h。另外，浓缩系统加热器面积分别为：一效 $360m^2$，二效 $150m^2$，三效 $240m^2$。压力为 0.6MPa 的原始蒸汽经减压阀处理后变为 0.1～0.16MPa，当进入一效加热器后压力再次降为 0.03MPa（因效体内负压影响），故目前的一效传热温差为 8℃、二效 13℃、三效 18～20℃，因无蒸汽喷射泵，故各效蒸发量基本平均分配，使得一效加热器面积大的有利条件未能充分发挥。同时，将压力 0.6MPa 的蒸汽减压至 0.1～0.16MPa，浪费了蒸汽效能，致使能耗增大。

通过投用一套热能回收设备（由蒸汽喷射泵、旋流泵、旋流器、真空泵组成），将浓缩系统吨水蒸发耗汽量降至 0.4t/t，最终实现年效益约 178.88 万元。具体改造内容如下。

a. 增加蒸汽喷射泵，利用原始蒸汽动能提吸一效二次蒸汽进入一效加热器作热源，蒸汽抽吸比为 1：0.8，可以使得一效传热温差达 15℃（较改造前提高 7℃）、二效 15℃、三效 24℃；一效蒸发量 2.43t/h，二效 1.1t/h，三效 1.148t/h，总蒸发量 4.681t/h，耗汽量 1.7t/h，蒸发单耗 0.4t/t。同时增加板式预热器利用热泵混合汽加热，将现一效进料温度由 67℃升至 93℃，再次提高一效蒸发效果。

b. 三效增加旋流器，对晶体进行旋流分级，调整旋流器低流，顶流，可以对出料粒子、大小数目进行控制，提高晶体均匀度，做到连续生产不倒罐操作。同时采用旋流器，可以有效降低三效蒸发器内浓度，提高三效蒸发效率。

c. 更换系统真空泵，因蒸发器运行年代长，存在一些漏点，需在修补的同时，更换抽吸能力更大的真空泵，将正常远行时系统真空度提高至 90～92kPa，降低三效运行温度使其在 60℃ 以下（物料温度），降低物料溶解度，提高结晶收率。

改造后流程：一效安装蒸汽喷射泵→喷射泵出口分为两部分到一效加热器，另一路到板式换热器进行离交液换热→一效二次蒸汽分为两部分返回一效喷射泵，供二效加热器→三效加热器。

8.1.2.7　蒸发与蒸发结晶联用蒸汽的改进

目前通行的无水柠檬酸结晶工艺，是采用三效或四效连续蒸发与结晶一体机组，即前面几效蒸发，最后一效蒸发结晶。这种共用机组特别是四效机组，对能源的充分利用已经很到位，但却并非是没有进一步的节能空间。由于结晶末效的浓度较高，物料的沸点升也较高，损失了较多的蒸发驱动温差，很难再去制造五效机组。新的方案是将蒸发和结晶分开，先用五效 TVR 蒸发器将精制柠檬酸溶液蒸发浓缩到接近饱和，然后浓缩柠檬酸进入结晶前储罐，再去单效真空蒸发结晶。90％以上需要浓缩的水都是由五效 TVR 蒸发器去除的，只有不到 10％需要浓缩的水是通过单效真空蒸发结晶罐浓缩去除的，而且单效真空蒸发结晶罐可以抽取五效 TVR 蒸发器的第三效蒸汽作为加热热源。这种方案比四效蒸发与结晶一体机组至少还可以再节约蒸汽 20％ 以上，并且对结晶过程的控制变得更加便捷。

8.1.2.8　结晶设备

（1）降温结晶设备　降温结晶适合溶解度随温度变化相对较大且在整个降温区间不会产生差异结晶的品种。浓缩后溶液进入降温结晶机中，通过自动控制系统调节冷却水的流量控制糖液的降温速度。由于温度的下降导致溶质的溶解度下降，水能够溶解的溶质总量不断下降，溶质从而不能继续全部溶解在水中，不能溶解的部分以晶体的形式不断地从溶液中析出，这就是降温结晶的过程。控制降温结晶的注罐纯度、结晶温度区间和降温速度是获得满意结晶产品的关键，控制降温结晶的注罐浓度、注罐温度和结晶终了温度则是获得足够结晶率的保障。

卧式结晶机与目前柠檬酸行业普遍采用的立式釜式降温结晶机相比，具有晶形好、晶粒密实均匀、晶体质量好纯度高、结晶率高、消毒灭菌容易和晶体母液纯度差较大等诸多优势，建议柠檬酸行业逐步推广应用。

（2）真空蒸发结晶设备　真空蒸发结晶的工作原理是在结晶过程中，通过蒸汽间接加热，溶剂水在稳定的真空（对应稳定的温度）状态下不断蒸发，溶剂的不断减少使溶液维持在过饱和的状态，从而析出晶体并促使晶体长大。真空蒸发结晶的结晶温度一般比降温结晶高，所以结晶速度快而且杂质因在高温下溶解度高不容易析出，得到的结晶产品纯度高，结晶过程也不易染菌。使用间歇式真空蒸发结晶罐来完成结晶过程，还可以通过带显微镜的视镜随时观察物料的结晶状况，发现伪晶可及时处理，能保证最终产品的粒度均匀，还能够通过调节晶种加入量来控制最终产品的粒度大小，以满足不同客户的不同粒度要求。在结晶过程的加晶种步骤，加入的晶种数量越多，最终产品的粒度越小；反之，则粒度越大。真空蒸发结晶罐一般稳定在 $60\sim68℃$ 之间完成结晶过程，在此温度下饱和溶液的黏度$>500cP$❶的物料一般不适合采用此法。真空蒸发结晶目前广泛应用于蔗糖、无水葡萄糖、味精、氨基酸、木糖醇、麦芽糖醇、甘露醇、衣康酸及柠檬酸等产品的结晶。

8.1.2.9　全自动刮刀卸料上悬式离心机

全自动上悬式离心机主要由主机、气动控制系统和电气控制系统这三大部分组成。主机采用电机上置直联式，避免了皮带传动固有的摩擦粉尘。主机上还装有料程控制、转速检测、过振动保护和紧急制动等装置。电气控制系统采用了PLC可编程序控制器，使控制系统调节灵活、安全可靠。气动控制系统包括气动进料阀、气动洗涤阀、气动刮刀等。其工作原理是应用转鼓高速回转所产生的离心力场，把悬浮液中的固相与液相分离开来。物料在主机启动运转至中速后，经进料管在离心力作用下，物料被均匀甩到转鼓内壁上，液相穿过滤布后经过转鼓孔，趋向机壳空间，落入机体底盘，经出液口排出，而固相则被截留在转鼓内并形成圆筒状滤饼，通过主机高速后进一步脱液，实现固液分离。固相经洗涤和脱液后，再使主机降至低速，通过刮刀将固相从转鼓内刮下，并从卸料口排出。

8.1.2.10　新型偏心辊式振动流化床干燥机

偏心辊式振动流化床干燥机采用一对反向旋转的偏心辊来产生激振力驱动流化床干燥机运行，与振动电机驱动的流化床相比，电机功率要小很多。更为重要的是，偏心辊的振频较低，振幅较大，好处就是达到同样的振动效果对流化床床体的结构伤害较小，这样床体可以做得更薄更轻，大型的床体也可以做成一个整体，而无需人为将其分成上下两个分体再靠软连接相连。制作振动流化床干燥机的技术水平体现在是否能够做得更轻巧而非更加结实笨重，偏心辊式振动流化床

❶ $1cP=10^{-3}Pa\cdot s$。

干燥机运行噪音非常之低，对土建结构传递的振动也非常之轻，使用起来非常舒畅。

新型振动流化床的另一个关键之处是特殊冲孔制作带有气流导向功能的风板，特制冲孔风板与圆孔筛板相比最大的好处是不向底部风室漏粉，因而基本无需定期人工清理风室，非常适合对洁净要求较高的产品烘干。圆孔筛板需要靠一定的风速托住才不会大量漏粉，而特制冲孔风板则在停风的时候也不会向底部风室漏粉。特制冲孔风板还能够实现对物料向前推进速度的调控，并且床层物料的分布非常均匀，可以实现较理想的烘干效果。而不会像圆孔筛板一样经常导致物料的偏流，烘干效果不好不均匀而且还在烘干过程产生大量的团块。

烘干后充分的冷却是增强柠檬酸产品抗结块能力的主要手段之一，新型偏心辊式振动流化床干燥机也非常适合作为冷却机使用。小规模生产线，可以在一台流化床里分设烘干段和冷却段，前段烘干后段冷却；大规模生产线，则可以使用两台流化床，前面一台烘干后面一台冷却。新型偏心辊式振动流化床对柠檬酸晶体的品相也保护得相当好，相信很快会在全行业推广使用。

8.2 柠檬酸生产过程中的减排措施

虽然我国的柠檬酸工业发展迅速，在发酵技术特别是在发酵菌种和生产工艺方面处于世界领先水平，但长期以来下游的提取工艺却比较落后，主要采用"钙盐法"分离技术，该工艺由于使用大量碳酸钙、硫酸，所以会有大量硫酸钙废渣、CO_2 废气和废水产生，严重污染环境，危害人们的身体健康，且操作过程复杂，生产成本高。按国内现有的生产工艺，每生产 1t 柠檬酸产品的同时，可产生约 16t 含糖生产废水与 0.2t COD、1.3t 硫酸钙废渣（含水 40%）、0.24t 二氧化碳废气。目前柠檬酸厂家废水治理的方法还是传统末端治理，末端治理技术一般资金投入大、运行成本高，占地面积大，并且浪费水资源。因而传统末端治理技术难以从根本上解决经济发展与环境保护的矛盾。

8.2.1 变温色谱法和吸交法提取柠檬酸新工艺

变温色谱法和吸交法提取柠檬酸新工艺采用不同性能的树脂对发酵液中的柠檬酸进行吸附交换，达到与发酵液中的其他杂质分离的目的，实现柠檬酸的分离与提纯。与"钙盐法"相比大大提高了柠檬酸的提取收率，彻底去除硫酸钙废渣、二氧化碳废气对环境造成的污染，副产品得到综合利用，是对传统的柠檬酸生产"钙盐法"分离技术的一个重大变革。该技术的产业化必将引起柠檬酸及其相关发酵行业领域生产与环境治理等新型变化，对我国生物化工行业的经济发展起到极大的推进作用，产生深远的环境影响和明显的社会经济效益。

8.2.1.1 变温色谱法工艺

采用弱酸强碱两性专用合成树脂（热再生树脂）吸附柠檬酸，该树脂对柠檬酸有很强的专一吸附能力。对其他杂质几乎不产生吸附。树脂的解吸洗脱剂是用热水，水在不同温度时离解度将产生显著变化，当温度从 25℃ 上升到 85℃ 时，H^+ 和 OH^- 的浓度可增大 30 倍，热水代替酸、碱起到了改变离子交换平衡的推动作用，因此可用 90℃ 左右的热水轻易地从吸附了柠檬酸的饱和树脂上将柠檬酸洗脱下来。采用弱酸强碱两性专用合成树脂吸附柠檬酸，而后用热水洗脱柠檬酸的变温色谱分离法，柠檬酸在低温时吸附，高温时洗脱。

热再生树脂提纯柠檬酸生产新工艺，解决了现行工艺中存在的生产成本高、周期长、环境污染等问题。新工艺仅在原料成本方面就比现行工艺降低 20% 以上。

8.2.1.2 吸交法工艺

吸交法提取柠檬酸工艺的原理是采用交换吸附能力大、抗污染能力强的树脂对柠檬酸发酵液中的柠檬酸进行吸附交换，达到与发酵液中的其他杂质分离的目的，实现柠檬酸的分离与提纯。彻底去除硫酸钙废渣和高 COD 的废水对环境造成的污染，避免了传统"钙盐法"工艺中 CO_2 的产生，副产品得到综合利用，使自然资源良性循环。在操作中，将经过色谱柱吸附后的第二馏分经活性炭脱色后直接进入弱碱阴离子交换柱吸附和交换柠檬酸；再用柠檬酸和柠檬酸铵缓冲液洗脱易碳化合物，并用氢氧化钠解析；得到的稀柠檬酸钠溶液精制浓缩、结晶、烘干、包装得到柠檬酸钠产品。

提取柠檬酸的离子交换树脂主要是阴离子树脂，大多是具有叔胺和吡啶官能团的弱碱型树脂，但也有带季铵官能团的强碱型树脂和中性阴离子树脂，如交联的聚苯乙烯聚合物和非离子疏水性聚丙烯酸酯聚合物，并且还有酸性阳离子树脂。

8.2.1.3 减排效果

中粮生物化学（安徽）股份有限公司于 2008 年在蚌埠实现了色谱法分离柠檬酸技术的产业化应用。单套 ISEP（连续式离子交换法）每天产量可稳定在 96~112t。按转柱时间 900 秒/根计算，膜滤液处理量 37m³/h，膜滤液浓度 11%，处理量约 4.07t/h，按 98.5% 的收率计算，洗脱液的量为 4.0t/h。在树脂柱运转正常的情况下，每天的产量应在 96t 以上。按转柱时间 780 秒/根计算，膜滤液处理量 43m³/h，膜滤液浓度 11%，处理量约 4.73t/h，按 98.5% 的收率计算，洗脱液的量为 4.66t/h。在树脂柱运转正常的情况下，每天的产量应在

112t/d。ISEP 洗脱液硫酸根小于 50mg/L，易碳倍数小于 6，洗脱液酸度在 25%
左右。ISEP 废糖水残酸在 0.1%左右，ISEP 柠檬酸收率平均为 98.5%。

色谱法提取柠檬酸新工艺彻底根除了原"钙盐法"提取柠檬酸所产生的大量
的工业垃圾硫酸钙和二氧化碳的排放。同时，新工艺的提取液质量优于原"钙盐
法"提取液，不但提高了成品质量，而且由于新工艺提取液中大幅度减少了
Ca^{2+}、Fe^{2+} 等离子的浓度，大大降低了精致工段的压力和费用。新工艺彻底取
消了原工艺的"中和""酸解"工段，节省了这两个工段的用工及能源消耗。

8.2.2 中和废糖水回用技术

柠檬酸生产过程排放的废水主要来自中和、洗糖及离子交换剂再生工段，其
中中和废水对污染贡献最大。统计数据表明，每生产 1t 一水柠檬酸，中和废水的
排放量达 13~16m³，其 COD 和 BOD_5 负荷分别达到 15000mg/L 和 7000mg/L 以
上。因此，中和废水的回用技术对于保护环境、节约水资源具有重要的现实
意义。

柠檬酸生产过程主要产生废水为提取中和反应产生的废糖水，即发酵糖转酸
过程中残留的葡萄糖、杂糖、氮源，发酵过程中产生的杂酸、水，糖液带入的水
等。废糖水含有部分未完全转化的葡萄糖、有机氮源和菌株生长需要的营养物，
中粮生物化学（安徽）股份有限公司在对废糖水进行技术处理后可重新用于生产
使用，实现了节约新鲜水、降低废水排放的目的，极大地提升柠檬酸生产线环保
水平和盈利空间。

由于中和废糖水中含有的金属离子，如 Mn^{2+}、Cu^{2+} 等含量过高，会影响
黑曲霉的生长和产酸；色素、杂蛋白的存在也会抑制发酵，并对最终产品的色泽
造成影响。为此，首先对中和废水经 NaOH 调 pH 到 6.5，然后用 0.4%活性炭
处理后再回用，在这种情况下，总产酸率已接近、甚至超过回用前的水平。改进
后，柠檬酸吨成品新鲜水使用量减少约 40%，废水排放量下降约 60%，环保效
益和经济效益十分显著。

8.3 污水处理

8.3.1 废水水质特点

柠檬酸生产过程中有机废水的成分随原料、生产工艺的不同有较大的差异。
柠檬酸生产原料由早期的薯干逐渐发展到玉米、淀粉、大米等，原料结构呈现多
元化、精细化。同时因工艺设计、设备装置先进程度、生产技术水平等差异导致

单位产品有机废水中各污染成分不尽相同。在我国柠檬酸的生产主要以薯干、玉米等为原料，其中玉米生产柠檬酸生产工艺及废水排放源见图 8-1。

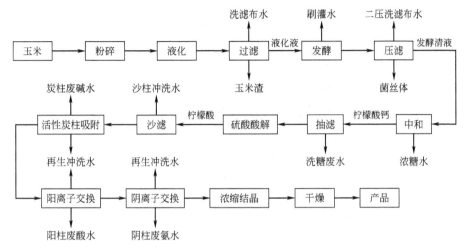

图 8-1 玉米生产柠檬酸生产工艺及废水排放源

8.3.2 废水处理技术

柠檬酸生产以薯干或玉米为原料采用生物发酵工艺，产生废水为高浓度有机废水，不含重金属及其他对微生物有害物质，适宜用生化法处理。对于高浓度有机废水的处理若只采用常规好氧处理，供氧速率无法满足微生物代谢有机物的需氧速率，去除率不高，很难符合排放要求且能耗大，因此多采用厌氧处理。厌氧处理具有容积负荷高、能耗低、产生污泥少、投资及运转费用低和占地少等优点。但缺点是微生物生长繁殖速度慢，处理时间长，对低浓度有机废水处理效率低。对柠檬酸生产废水而言，只采用厌氧处理技术，处理后废水达不到国家排放标准。因此，工程中采用厌氧＋兼氧＋好氧联合法处理废水。先采用厌氧法使大部分有机污染物得到降解，再用兼氧＋好氧法进一步处理，充分利用厌氧法处理能力大和好氧法处理去除率高的优点，发挥各自优势，使出水水质达到国家规定的排放标准。

8.3.2.1 厌氧工艺

（1）工艺概述 厌氧生物处理技术是一种在厌氧条件下，兼性厌氧和厌氧微生物等多种不同微生物种群将有机物转化为甲烷和二氧化碳的过程，又称为厌氧消化。通常，有机物厌氧降解可分为三个步骤。

① 水解阶段 有机物分子由于其分子体积大，无法直接通过厌氧菌的细胞壁，需要在微生物体外通过胞外水解酶加以分解转化产生单糖、氨基酸、脂肪酸

和甘油等小分子。分解后的小分子能够通过细胞壁进入到细胞的体内进行下一步的分解。

② 酸化及产乙酸阶段 上述小分子有机物进入到细胞体内，通过产氢产乙酸菌和耗氢产乙酸菌在胞内酶作用下转化成更为简单的化合物并被分配到细胞外，该阶段的主要产物为挥发性脂肪酸（VFA），同时还有部分的醇类、乳酸、二氧化碳、氢气、氨、硫化氢等物质产生。挥发性脂肪酸进一步被转化成乙酸、碳酸、氢气及新的细胞物质。

③ 产甲烷阶段 这一阶段，产甲烷菌利用乙酸、氢气、碳酸、甲酸和甲醇等化合物作为基质，将其转化成甲烷、二氧化碳。产甲烷阶段是整个厌氧过程最为重要的阶段和整个厌氧反应过程的限速阶段。该阶段中污染物质变成甲烷和二氧化碳等气体，使废水中 COD 大幅下降。同时在该阶段产生大量的碱与前两个阶段产生的有机酸相平衡，维持废水中的 pH 稳定，保证反应的连续稳定进行。

（2）工艺流程 自檬酸生产发酵和提取精制工序的废水首先在调节地内均化水质、水量，均化后满足条件的废水通过提升泵提升至厌氧反应器进行厌氧降解，厌氧处理后的出水部分回流至调节池调节确保进水满足厌氧反应器要求。

厌氧反应器的发展经历了多个阶段，1881 年，随着法国的 Louis Mouras 发明出的"自动净化器"，厌氧消化开始较大规模地应用于处理城市污水处理，如化粪池（septic tank）、和隐化池（imhoff 池）等，这些厌氧反应器现在通称为"第一代厌氧生物反应器"。从 20 世纪 50 年代开始，随着人们对厌氧消化技术的研究进一步深入，厌氧滤池（AF）、上流式厌氧污泥床（UASB）反应器及厌氧流化床（AFB）等"第二代厌氧生物反应器"相继被开发出来，并开始广泛应用于食品工业废水、酒精工业废水、发酵工业废水、造纸废水、制药工业废水，以及屠宰废水等高浓度有机工业废水的处理。进入 20 世纪 90 年代以后，在 UASB 反应器基础上又发展出同样以颗粒污泥为基础的颗粒污泥膨胀床（EGSB）反应器和厌氧内循环（IC）反应器等"第三代厌氧生物反应器"。

目前废水处理技术中，推广的厌氧反应器种类较多，在发酵行业废水处理过程中应用比较广泛和成熟的主要有 UASB、IC 等厌氧反应器。下面主要对这些反应器进行进一步的介绍。

① 升流式厌氧污泥层（UASB）反应器 升流式厌氧污泥层反应器（up-flow anaerobic sludge blanke）是荷兰瓦格宁根（Wageningen）农业大学拉丁格（Lettinga）教授等在 20 世纪 70 年代初开发的，它是一种集生物反应与气固液分离于一体的"一元化"厌氧反应器。

a. UASB 反应器的基本原理 UASB 反应器主要由进水和配水系统、反应区、三相分离器、气室、出水系统、浮渣收集系统及排泥系统等组成。

废水通过进水和配水系统均匀地分配到整个反应器的底部，经过水力搅拌混合均匀，有效的进水配水系统是保证 UASB 反应器高效运行的关键因素之一。反应区分为污泥床区和污泥悬浮区，污泥床区集中了大部分高活性的颗粒污泥，是有机物降解的主要场所；而污泥悬浮区则是絮状污泥集中的区域。三相分离器由沉淀区、回流缝和气封等组成，它能够有效地将气体（沼气）、固体（污泥）、和液体（出水）分开，确保出水水质，同时污泥由沉淀区经回流缝返回反应区，确保反应区能够维持较高的生物量。气固液分离后的沼气由气室收集，再由沼气管通过水封罐后引向储气柜。沉淀区液面和气室液面的浮渣可经过浮渣收集系统得以清除。反应器内的剩余污泥则通过排泥系统均匀地排出。

b. UASB 反应器主要特点　集生物反应和沉淀分离于一体，结构紧凑，三相分离器能够有效地将沼气污泥和出水分开。

污泥的颗粒化使反应器内的平均浓度 50g VSS/L 以上，污泥龄一般为 30d 以上，颗粒污泥直径为 0.1～0.5cm，相对湿密度为 1.04～1.08；具有良好的沉降性能和很高的产甲烷活性。

反应器具有较高的容积负荷：中温（35～38℃）10～15kgCOD/(m³·d)，常温（20～25℃），容积负荷可达 5kgCOD/(m³·d)，甚至在低温（10～15℃）下，进水容积负荷也可达 2kgCOD/(m³·d)。

反应器的水力停留时间相应较短。

上升水流和沼气起到搅拌的作用，一般无需设置搅拌设备。

构造简单，操作运行方便。

② 厌氧膨胀颗粒污泥床（EGSB）反应器

a. EGSB 反应器的原理　膨胀颗粒污泥床（expanded granular sludge bed）反应器是在 UASB 反应器的基础上发展起来的新一代高效的厌氧反应器。Lettinga 等人通过设计较大高径比的反应器，同时采用出水循环，来提高反应器内的液体上升流速，使颗粒污泥床层充分膨胀，保证污泥与污水充分混合，减少反应器内的死角，同时减少使颗粒污泥床中的絮状剩余污泥的积累。

EGSB 反应器优化改进之处是提高了反应器内液体的上升流速。在 UASB 反应器中，水力上升流速一般小于 1m/h，污泥床相对静止，而通过采用出水循环 EGSB 反应器水力上升流速一般可超过 5～10m/h，整个颗粒污泥床保持膨胀状态。EGSB 反应器这种特征使它可以进一步向着竖直方向上发展，反应器的高径比可高达 20 或更高。因此对于相同容积的反应器而言，EGSB 反应器的占地面积大为减少，同时采用出水循环的也使反应器所能承受的容积负荷大大增加。EGSB 反应器的主要由反应器主体、进水分配系统、三相分离器及出水循环部分构成。

b. EGSB 反应器的特点　较高的 COD 负荷 [8～15kgCOD/(m³·d)]，液体上升流速较大，一般在 2.5～6m/h，甚至可达 10m/h，COD 去除负荷高；厌氧颗粒污泥活性高，沉降性能好，抗冲击负荷能力强；高径比较大，占地面积小；适用范围广，可用于悬浮物（SS）含量高和对微生物有抑制作用的废水处理。

③ 内循环厌氧（IC）反应器

a. IC 反应器的原理及特征　内循环厌氧反应器（internal circulation）是 20 世纪 80 年代中期荷兰 PAQUES 公司在 UASB 反应器的基础上成功开发的第三代高效厌氧生物反应器。它是一种能够利用反应器内所产沼气的提升力实现消化物料内循环的新型反应器。

IC 反应器其内部增设了沼气提升管和混合液回流管，上部增加了气液分离器　IC 反应器被两层三相分离器分隔成为第一反应区、第二反应区、沉淀区及气液分离区。在第一反应区内进水与颗粒污泥充分混合、接触并发生厌氧反应，其中大部分有机物在此被转化为沼气。沼气被位于第一反应区上部的第一层三相分离器分离、收集，并沿提升管上升作为动力，将第一反应区的污泥和混合液通过升流管提升至气液分离器。在气液分离器中，大部分沼气从液相中逸出，沿导管排至收集装置，脱气后的泥水混合液沿回流管回流至第一反应区的底部，再与进水和颗粒污泥混合，实现下部料液的内循环。在内循环（IC）厌氧反应器中，内循环使第一反应区内的水力上升流速大大增加，处理低浓度废水时循环流量可达进水流量的 2～3 倍，处理高浓度废水时循环流量可达进水流量的 10～20 倍。第一反应区较高的上升流速加强了颗粒污泥与废水中基质的混合、接触和反应速率，大大提高 COD 去除能力。因第二反应区内，不再存在内循环，水力上升流速明显降低，同时因进入该反应区的废水所残留的有机物较少，沼气产量也相对较低，因此第二反应区同时起到缓冲段的作用，有效地防止污泥流失，增加了反应器运行的稳定性。IC 厌氧反应器的内循环是其能够在"超高"容积负荷下高效运行的基础，其主要功能如下。

内循环的流量很大，使得第一反应区的水力上升流速很高，增加了混合强度，强化了第一反应区内有机物与颗粒污泥之间的传质效果。

对进水具有很好的稀释作用，提高了反应器抵抗进水冲击负荷的能力。

内循环的形成还有利于提高反应器内的碱度，有助于维持反应器内 pH 值的稳定，可减少在进水中所需要碱的投加量。

b. IC 反应器的主要特点　有机负荷极高，基建投资省，占地面积小。由于内循环厌氧反应器中废水与颗粒污泥的传质得到了强化，在处理同类废水时该反应器的有机负荷可达 UASB 反应器的 4 倍左右，而且内循环反应器多采用较大高径比的塔形式，其高径可达（4～8）∶1，因此其占地面积更少，特别适合于场地有限的项目。

抗冲击负荷的能力强，运行稳定性好。内循环的形成对进水具有很好的稀释作用，同时提高了反应器内的碱度，增强了反应器对进水中有毒物质和高浓度有机负荷冲击的抵抗能力；内循环厌氧反应器第一反应区承担了去除大部分有机物的任务，第二反应区具有强化处理、增强反应器运行稳定性的作用。

内循环无需外加动力。内循环的形成是依靠第一反应区内产生的沼气的提升作用，无需外加动力，运行能耗较省。

④ UASB、EGSB 和 IC 厌氧设备比较　目前在发酵行业废水处理过程中，UASB、EGSB 和 IC 厌氧设备是应用比较广泛和成熟的厌氧反应器，UASB、EGSB 和 IC 厌氧设备比较见表 8-1。

表 8-1　厌氧设备对比表

指标	UASB	EGSB	IC
初期投资	低	中	高
设备成熟性	最成熟(20 世纪 70 年代发明)	较成熟(20 世纪 80 年代发明)	较成熟(20 世纪 80 年代发明)
微生物温度范围要求/℃	35±3	35±3	35±3
微生物 pH 范围要求	6.8~7.2	6.8~7.2	6.8~7.2
上流速度/(m/h)	0.5~3	2~6	3~8
污泥要求	颗粒或絮状污泥	颗粒污泥	颗粒污泥
反应器脂肪含量要求/(mg/L)	≤30	≤40	≤45
悬浮物(SS)要求	一般	较高(要求 SS 含量低)	较高(要求 SS 含量低)
容积负荷/[kgCOD/(m³·d)]	5~8	8~20	10~24
COD 去除效率/%	70~80	70~85	75~90
毒性抑制(i)的耐受力	一般	强	强
耐负荷冲击	较强	强	最强
长径比	1~3	3~5	4~8
占地面积	较大	一般	较小
推荐设备材质	钢筋混凝土	碳钢+防腐	碳钢+防腐
进水分布器堵塞	不易堵塞	不堵塞	不堵塞
设备耐久性能	较好	一般	一般
施工难度	一般	较大	较大
动力消耗情况	一般	较大	较大
维修维护	简单	较复杂	较复杂
系统总运行价格	低	高	中

(3) 颗粒污泥　厌氧反应器的重要特征是能在反应器内形成沉降性能良好、活性高的颗粒污泥，颗粒污泥的形成与成熟，是保证厌氧反应器高效稳定运行的

前提。

颗粒污泥的外观有卵形、球形、丝形等多种形状。其平均直径为 1mm，一般为 0.1～2mm，最大可达 3～5mm。颗粒污泥主要由各类微生物、无机矿物及有机的胞外多聚物等成分组成，其 VSS/SS（挥发性悬浮物/悬浮物）一般为 70%～90%。颗粒污泥的主体是各类微生物，包括水解发酵菌、产氢产乙酸菌、产甲烷菌及硫酸盐还原菌等，细菌总数为 $(1～4)×10^{12}$ 个/g VSS。一般颗粒污泥中 C、H、N 的比例约为 $(40～50):7:10$，灰分含量因接种污泥的来源、处理水质等的不同存在较大差异，一般灰分含量可达 8.8%～55%。灰分中的 FeS、Ca^{2+} 等对于颗粒污泥的稳定性有着重要的作用，通常认为颗粒污泥中铁的含量相对较高。

颗粒污泥另一重要组成是在颗粒污泥的表面和内部的胞外多聚物，通常为可见透明发亮的黏液状，主要是聚多糖、蛋白质和糖醛酸等；胞外多聚物在颗粒污泥中的含量差异很大，通常认为其存在有利于保持颗粒污泥的稳定性。

颗粒污泥是一种生物与环境条件相互依存和优化的生态系统，各种细菌形成了一条很完整的食物链，有利于种间氢和种间乙酸的传递，因此其活性很高。研究表明，颗粒污泥中的细菌分层分布，外层中水解发酵菌为优势细菌，而内层则是产甲烷菌为主。

厌氧反应器中高浓度高活性的颗粒污泥的培养，一般需要 1～3 个月，可分为启动期、颗粒污泥形成期、颗粒污泥成熟期三个阶段。

影响颗粒污泥的形成主要包括以下几种因素：①接种污泥的选择；②温度、pH 值等环境条件的稳定；③较低的启动污泥负荷和容积负荷，污泥负荷一般为 $0.05～0.1kg\ COD/(kg\ SS \cdot d)$，容积负荷一般应小于 $0.5kg\ COD/(m^3 \cdot d)$；④保持反应器中较低的 VFA 浓度；⑤表面水力负荷应大于 $0.3m^3/(m^2 \cdot d)$，保证较大的水力分级能力，冲走轻质絮体污泥；⑥进水 COD 浓度不宜大于 4000mg/L，否则可采取水回流或稀释等措施；⑦进水中可适当提供无机微粒，特别是钙和铁，同时应补充微量元素（如 Ni、Co、Mo）。

（4）沼气产量　糖类、脂类和蛋白质等有机物经过厌氧消化转化为 CH_4 和 CO_2 等气体，这样的混合气体统称为沼气。有机物的化学组分决定了厌氧消化过程中产生沼气的数量和成分。

理论上，1g COD 在厌氧条件下完全降解可以产生 0.25g CH_4，相当于标准状态下的甲烷气体体积为 0.35L。沼气中 CO_2 和 CH_4 的百分含量不仅与有机物的化学组成有关，还与其各自的溶解度有关。由于一部分沼气（主要是其中的 CO_2）会溶解在出水中而被带走，同时，一小部分有机物还会被用于微生物细胞的合成，所以实际的产气量比理论产气量小。

某产柠檬酸 6 万吨的柠檬酸厂日排放柠檬酸综合废水 $7000m^3$，利用 UASB

处理高浓度柠檬酸有机废水，COD的去除效率达到90%以上，去除COD的沼气产率为0.6m³/kg COD，沼气中甲烷含量为70%（体积），沼气的热值为25.6MJ/m³，沼气经脱硫后用于居民燃气、沼气锅炉和直燃机燃烧发电。

8.3.2.2 好氧工艺

（1）工艺 厌氧处理能够有效地降解高浓度有机物，具有容积负荷高、能耗低、投资及运行费用低等优点，但对低浓度有机废水处理效率较低，且对废水中的氮、磷等几乎无去除作用，厌氧处理后的出水往往达不到排放标准，还需要结合好氧工艺对厌氧处理过的废水进行进一步的处理。污水中氮、磷的处理包括物化法和生化法，因生物脱氮除磷具有效率高、成本低的优势，目前在好氧活性污泥法的基础上发展出了A/A/O、氧化沟等多种成熟的生物脱氮除磷工艺。

柠檬酸废水中含有大量的Ca^{2+}（厌氧出水Ca^{2+}高达700～900mg/L），如不去除会对好氧设备及构筑物产生较大影响，工程中针对Ca^{2+}的去除设计出曝气沉淀池等工艺。曝气沉淀池中Ca^{2+}因适量曝气形成钙盐沉淀或被污泥吸附最终通过排放污泥将其除去。

实践表明，活性污泥法处理废水需要同时具有脱氮除磷要求时可采用A/A/O工艺、氧化沟工艺等。

① A/A/O工艺

a. A/A/O工艺分区

A/A/O工艺主要包括以下3个工艺区。

厌氧区：经过前处理或预处理后的低浓度废水与从二沉池排出的含磷回流污泥同步进入该反应区，含磷污泥将过量摄入磷释放到系统中，同时部分有机物进行氨化。

缺氧区：好氧区的混合液回流至缺氧区，混合液中的硝态氮在缺氧的条件下进行反硝化脱氮。

好氧区：该反应区具有多种功能，氮的硝化和磷的过量摄取均在此反应区进行，同时混合液按一定比例回流至缺氧区。

b. 生物脱氮 污水生物脱氮在有机氮已转化为氨态氮的基础上，在好氧条件下利用硝化细菌和亚硝化细菌的协同作用将氨氮转化为硝态氮，而在缺氧条件下通过反硝化作用将硝态氮转化为氮气释放到大气中，从而达到脱氮的目的。

生物脱氮过程具体可分为以下三步。

第一步是氨化作用，即水中的有机氮在氨化细菌的作用下转化成氨态氮。在普通活性污泥法中，氨化作用进行得很快，无需采取特殊的措施。

第二步是硝化作用，在供氧充足的条件下，水中的氨态氮首先在亚硝酸菌的作用下被氧化成亚硝酸盐，然后再在硝酸菌的作用下进一步氧化成硝酸盐。

硝化反应： $NH_3 + 1.5O_2 \longrightarrow HNO_2 + H_2O$（亚硝酸菌）

$HNO_2 + 0.5O_2 \longrightarrow HNO_3$（硝酸菌）

第三步是反硝化作用，即硝化产生的亚硝酸盐和硝酸盐在反硝化细菌的作用下被还原成氮气。这一步速率也比较快，但由于反硝化细菌是兼性厌氧菌，只有在缺氧或厌氧条件下才能进行反硝化，因此需要为其创造一个缺氧或厌氧的环境（好氧池的混合液回流到缺氧池）。

反硝化——反硝化脱氮：

$$2HNO_3 + CH_3CH_2OH \longrightarrow N_2 + 2CO_2 + 2[H] + 3H_2O$$

反硝化——厌氧氨氧化脱氮：

$$NH_3 + HNO_2 \longrightarrow N_2 + 2H_2O$$

$$2NH_3 + HNO_3 \longrightarrow 1.5N_2 + 3H_2O + [H]$$

反硝化——厌氧氨反硫化脱氮：

$$2NH_3 + H_2SO_4 \longrightarrow N_2 + 4H_2O + S$$

另外，由荷兰 Delft 大学 Kluyver 生物技术实验室试验确认了一种新途径，称为厌氧氨（氮）氧化。即在厌氧条件下，以亚硝酸盐作为电子受体，由自养菌直接将氨转化为氮，因而不必额外投加有机底物。

反硝化——厌氧氨氧化脱氮：

$$NH_4^+ + NO_2^- \longrightarrow N_2 + 2H_2O$$（自养菌）

c. 生物除磷　生物除磷是利用聚磷菌微生物在厌氧条件下释放磷，而在好氧条件下从外部环境摄取超过其生理需要的过量的磷，并将磷以聚合态的形式储藏在菌体内，形成高磷污泥排出系统，达到除磷的效果。

生物除磷过程可分为两个阶段，即细菌的压抑放磷、过渡积累摄磷阶段。

（a）聚磷菌的释磷：活性污泥处于短时间的厌氧状态时，聚磷菌能够分解体内的多聚磷酸盐产生 ATP，利用 ATP 以主动运输方式吸收产酸菌提供的基质进入细胞内合成 PHB，与此同时释放出磷酸盐于环境中，使污水中 BOD 下降，磷含量升高。

$$ATP + H_2O \longrightarrow ADP + H_3PO_4 + 能量$$

（b）聚磷菌摄取磷：在好氧阶段，聚磷菌分解机体内的 PHB 和外源基质，产生质子驱动力将厌氧阶段释放的磷和原污水中的磷输送到体内合成 ATP 和核酸，并将过剩的磷以聚合态的形式储藏在菌体内，形成高磷污泥，系统通过排出剩余污泥的方式达到除磷的目的。

$$ADP + H_3PO_4 + 能量 \longrightarrow ATP + H_2O$$

废水中的氮经过厌氧区、缺氧区和好氧区的交替处理最终转换成氮气除去。废水中的磷经过厌氧区的释放、好氧区的摄取及二沉池剩余污泥的排放排出系统。

待活性污泥法脱氮除磷处理的废水通常需符合下列要求：

污水中五日生化需氧量（BOD$_5$）与总凯氏氮之比宜大于 4；

污水中五日生化需氧量（BOD$_5$）与总磷（TP）之比宜大于 17；

好氧区剩余碱度宜大于 70mg/L（以 CaCO$_3$ 计）；

处理工业废水当进水 COD 超过 1000 时，前处理宜采用升流式厌氧污泥床反应器（UASB）、内循环厌氧反应器（IC）等厌氧处理措施；

处理工业废水当进水 BOD$_5$/COD 小于 0.3 时，前处理需采用水解酸化等措施。

d. A/A/O 工艺的影响因素

（a）温度   温度是影响 A/A/O 工艺脱氮效果的主要因素，且对脱氮效果的影响比对除磷效果的影响大。好氧区硝化反应适宜的温度范围为 30～35℃，当低于 5℃时，硝化菌的生命活动几乎停止。缺氧区反硝化的适宜温度为 15～25℃。厌氧段温度对厌氧释磷的影响不明显，5～30℃除磷效果均较好。

（b）pH 值   厌氧段生物除磷最适宜的 pH 值为 6～8，为中性或微碱性。缺氧段反硝化细菌脱氮适宜的 pH 值为 6.5～7.5。好氧硝化段，亚硝化细菌的最佳 pH 值为 8.0～8.4，若 pH 过高，铵离子转化成氨气的平衡被打破，NH$_3$ 浓度增加会影响硝化细菌的硝化速率。

（c）溶解氧（DO）含量   厌氧段 DO 宜小于 0.5mg/L，缺氧段 DO 宜小于等于 0.5mg/L，好氧段 DO 宜在 2mg/L 左右。厌氧区的溶解氧含量是影响生物释磷的因素之一，氧的存在会抑制释磷细菌的释磷作用。对于缺氧段 DO 的升高会影响硝态氮的反硝化。而好氧段 DO 下降会导致氨氮的硝化速率下降，但好氧段 DO 也并非越高越好，因过量的溶解氧会随混合液的回流至厌氧段，影响厌氧段聚磷菌的释磷。因此 A/A/O 工艺的曝气量应根据功能需要进行优化调控。

（d）可生物降解有机物的量   C/N 是影响脱氮除磷效果的关键因素，C/N 过高会抑制好氧段的硝化作用，过低会影响缺氧段的反硝化作用和厌氧段的释磷功能。实践表明，C/N 宜选取为 8，可防止脱氮除磷系统的恶化，提高系统的处理功能。同时为了确保聚磷菌在好氧段能够更好地吸收污水中的磷，污水中溶解性磷与 BOD$_5$ 之比宜大于等于 0.06。

（e）污泥龄   好氧段自养型的硝化细菌增殖速率慢，其比增长速率比异养型细菌低一个数量级。硝化细菌繁殖所需的世代时间长达 20～30d，过短污泥磷的活性、污泥硝化作用较弱，而反硝化细菌繁殖所需的世代时间仅需 2～3d，过长的污泥龄会造成污泥老化，影响降解活性。同时聚磷菌也多为短泥龄微生物，较短的污泥龄即可获得较高的除磷效果。受硝化和除磷两个方面的影响，A/A/O 工艺中为同时满足脱氮除磷的效果，污泥龄一般选取 10～15d。

（f）有机物负荷率   生物除磷工艺需要通过排出剩余污泥来完成，因此宜采用高污泥负荷、低污泥龄系统。而生物硝化脱氮工艺，负荷越低，硝化反应越充分，氨态氮向硝态氮转化的效率越高。同时生物硝化是反硝化的前提，硝化效果好才能获得高效稳定的反硝化，因此生物脱氮属于低污泥负荷系统。为兼顾脱氮和除磷效果，有机负荷率一般选取在 $0.10\sim0.15g\ BOD_5/(g\ MLSS\cdot d)$ 范围内，过高的有机负荷会降低好氧区中的溶解氧，异养型细菌大量生存，抑制硝化细菌的生长。过低的有机负荷会导致硝化细菌在与异养型 BOD 分解细菌的竞争中处于劣势，降低硝化速率。

（g）污泥回流比与混合液回流比　回流污泥从二沉池回流到厌氧段，以维持 A/A/O 系统的污泥浓度，回流污泥对系统的影响与混合液中溶解氧和硝态氮含量有关。如果污泥回流比太小，维持不了反应所需的正常污泥浓度 $2500\sim4000mg/L$，污泥负荷增高，影响生化反应效率；反之，回流比太大，会将过量的溶解氧和硝态氮带入厌氧池，干扰和抑制磷的释放。实际应用中，一般采用回流比 $R=50\%\sim100\%$，最低不可低于 40%。

混合液回流比的大小直接影响反硝化脱氮效果，好氧池的混合液很大一部分需回流到缺氧段进行反硝化脱氮。回流比越大，脱氮效率越高，但当回流比超过 400% 后，则脱氮率提升不再显著，而过高的回流需大消耗更多能源，造成投资成本增加和运行能耗过大，因此回流比一般采用 $200\%\sim400\%$。

② 氧化沟工艺

a. 氧化沟的类型　氧化沟工艺是活性污泥法的一种变型，在水力流态上与传统的活性污泥法不同，其构筑物是一种首尾相连的循环环式反应池，因为污水和活性污泥在曝气渠道中不断循环流动，因此也被称为"循环曝气池"或"无终端曝气池"。

氧化沟的发展和演变经历了多个阶段，但循环流动的基本特征保持不变。其发展与演变主要体现在曝气方式、沟型构造、运行方式、功能效用等几个方面，工程应用中比较有代表性的氧化沟形式主要有：PI 型氧化沟及其改进型、卡鲁塞尔（Carrousel）氧化沟及其改进型、奥贝尔（Orbal）氧化沟及其改进型以及一体化氧化沟等。

（a）PI 型氧化沟　PI（phase isolation）型氧化沟，即交替式和半交替式氧化沟，其中包括 DE 型、T 型和 VR 型氧化沟，以及在此基础上开发的功能加强的 PI 型氧化沟，改型氧化沟根据 A/O 和 A/A/O 生物脱氮除磷原理，创造缺氧/好氧，厌氧/缺氧/好氧的工艺环境，达到生物脱氮除磷的目的。

PI 型氧化沟脱氮除磷工艺特点：转刷的调速，活门、出水堰的启闭切换频繁，对自动化要求高，转刷利用率低，一定程度上限制了其在经济欠发达的地区的应用。

（b）奥贝尔氧化沟　Orbal 氧化沟简称同心沟型氧化沟，池形为圆形或椭圆形。工程应用中多为椭圆形的三环道组成，污水常由外沟道进入沟内，然后依次进入中间沟道和内沟道，最后经中心岛流出至二沉池。三个沟道不同浓度的溶解氧有利于脱氮除磷，外沟道处于低溶解氧状态，主要有机物的氧化及 80% 的脱氮在此沟道完成，内沟道维持较高的溶解氧（2mg/L），利于氮的硝化。曝气采用转碟曝气，沟深较大，一般在 4.0～4.5m，脱氮效果很好，但除磷效率不够高。

（c）卡鲁塞尔氧化沟　为满足在较深的氧化沟沟渠中使混合液充分混合，并能维持较高的传质效率，以克服小型氧化沟沟深较浅，混合效果差等缺陷，1967年荷兰的 DHV 公司开发研制出卡鲁塞尔氧化沟。Carrousel 氧化沟使用立式表曝机，曝气机垂直安装在沟的一端，形成了靠近曝气机下游的富氧区和上游的缺氧区，有利于生物絮凝，使活性污泥易于沉降。

缺氧区与好氧区合建式氧化沟是专为卡鲁塞尔系统设计的一种先进的生物脱氮除磷工艺（卡鲁塞尔 2000 型）。其主要改进是在氧化沟内设置了独立的缺氧区，缺氧区回流渠的端口处安装有一个可调节的活门。根据出水含氮量的要求，调节活门张开程度，控制进入缺氧区的流量。合建式氧化沟的关键在于对曝气量的控制，必须确保进入回流渠处的混合液处于缺氧状态，为反硝化提供良好环境。缺氧区内有潜水搅拌器，具有混合和维持污泥悬浮的作用。而在卡鲁塞尔2000 型基础上增加前置厌氧区，可以达到脱氮除磷的目的，被称为 A^2/C 卡鲁塞尔氧化沟。

卡鲁塞尔 3000 型氧化沟是在卡鲁塞尔 2000 型基础上增加一个选择区，利用高有机负荷筛选菌种，提高各污染物的去除率。而在卡鲁塞尔 2000 型基础上增加前置厌氧区，可以达到脱氮除磷的目的，被称为 A^2/C 卡鲁塞尔氧化沟。四阶段卡鲁塞尔 Bardenpho 系统在卡鲁塞尔 2000 型系统下游增加了第二缺氧池及再曝气池，实现更高程度的脱氮。五阶段卡鲁塞尔 Bardenpho 系统在 A^2/C 卡鲁塞尔系统的下游增加了第二缺氧池和曝气池，实现更高程度的脱氮和除磷。

（d）一体化氧化沟　一体化氧化沟是集曝气、沉淀、泥水分离和污泥回流功能为一体的氧化沟。这种氧化沟内部设有二沉池用于固液分离，具有很好的脱氮除磷和泥水分离效果。

b. 氧化沟的技术特点　氧化沟利用反应池结构特点和曝气装置特定的定位布置，使其具有独特的水力学特征和工作特性。

（a）氧化沟结合了推流和完全混合的特点，有利于克服短流，缓冲能力强。氧化沟内的废水在短期内（如一个循环）呈推流状态，而在长期内（如多次循环）又呈混合状态。同时为了防止污泥沉积，须保证沟内足够的流速（一般平均流速大于 0.3m/s），而污水在沟内的停留时间又较长，这就要求沟内有较大的循环流量（一般是污水进水流量的数倍乃至数十倍），进入沟内污水立即被大量的循环液混合稀释，因此氧化沟系统具有很强的耐冲击负荷能力。

（b）氧化沟具有明显的溶解氧浓度梯度，适用于硝化-反硝化生物处理工艺。氧化沟从整体上说是完全混合的，而液体流动却保持着推流前进，因其曝气装置是固定的，则混合液的溶解氧在曝气区内上游浓度高，并沿沟长逐步下降，出现明显的浓度梯度，到下游区溶解氧浓度已很低，基本上处于缺氧状态。

（c）氧化沟沟内功率密度的不均匀配备，有利于氧的传质、液体混合和污泥絮凝，能够改善污泥的絮凝性能。

（d）氧化沟的整体功率密度较低，可节约能源。氧化沟的混合液一旦被加速到沟中的平均流速，维持混合液循环仅需克服沿程和弯道的水头损失，因而氧化沟能够以较低的整体功率密度维持混合液流动和活性污泥悬浮状态。实践表明，氧化沟比常规的活性污泥法能耗降低 20%～30%。

（e）与其他污水生物处理方法相比，氧化沟还具有处理流程简单、操作管理方便、出水水质好、工艺可靠性强、基建投资省等特点。

一般氧化沟法的主要设计参数：水力停留时间 10～40h；污泥龄一般大于 20d；有机负荷 0.05～0.15kg BOD$_5$/(kg MLSS·d)；容积负荷 0.2～0.4kg BOD$_5$/(m^3·d)；活性污泥浓度 2000～6000mg/L；沟内平均流速 0.3～0.5m/s。

（2）好氧处理关键设备

在污水处理工艺中，鼓风机是好氧曝气系统中的核心设备，鼓风机的效率是最重要的经济技术指标。在曝气系统中鼓风机的运行需要根据处理量、溶解氧浓度、压力等参数调节供风量确保鼓风机经济高效地运行。

污水处理工艺中应用比较广泛的鼓风机类型为轴流压缩机、罗茨风机、单级离心风机和多级离心风机等。

① 轴流压缩机　轴流压缩机是一种透平式压缩机，其气体动力学设计采用最先进的三元流理论和优化设计方法。轴流压缩机气体由进气管进入，通过收敛器和进口导流器进入第一级，气体在第一级中受到叶片的动力作用获得动力压力升高。气体沿各级依次压缩逐步提高压力，最终经出口导流器、扩压器和排气管送出。

轴流压缩机具有以下技术特点：

a. 采用效率高、压头大的新型叶栅，在同等参数条件下，风机效率比一般离心机高；

b. 轴流压缩机安装基础和轴承转子为一整体结构，设备运转的平稳性和可靠性较高；

c. 采用全静叶可调结构，扩大了工况调节范围，可有效避免能耗损失。

② 罗茨风机　罗茨风机为定容积式风机，罗茨风机利用一对互相啮合的叶轮旋转时，气体沿吸气管进入到吸入空间，沿上下壳壁被两个叶轮分别挤压到排

出空间汇合（齿与齿啮合前），然后进入排气管排出。

罗茨风机的特点：

a. 转子间及转子与泵体间均有间隙，互不接触，不用润滑，摩擦损失小，可用较低的动力获得较大的抽速，有显著的节能效果；

b. 泵腔内不发生气体压缩，加之运动件之间有间隙，对抽吸气体中的灰尘和蒸汽不敏感，因此可抽出可凝性蒸汽；

c. 泵腔内运动件无需用油润滑，能避免油蒸汽对真空系统的污染，有利于获得无油真空；

d. 无需进排气阀，结构简单，泵腔内运动件互不接触，不易损坏，运转平稳，性能稳定，维护费用低。

③ 离心风机　离心式风机是利用叶轮高速旋转时产生的离心力使流体获得能量，即流体通过叶轮后，压能和动能都得到提高，从而能够使流体被输送到高处或远处。叶轮装在一个螺旋形的外壳内，当叶轮旋转时，流体轴向流入，然后转90°进入叶轮流道并径向流出。叶轮连续运转，在叶轮入口处不断形成真空，从而使流体连续不断地被吸入和排出。离心风机具有以下技术特点：

a. 优化设计的叶轮使轴向力减小到最低程度，整机运行平稳，轴承振幅较小。

b. 叶轮采用特殊复合线形，减少了内部泄漏，容积效率高。

8.3.2.3　深度处理工艺

随着《柠檬酸工业水污染物排放标准》（GB 19430—2013）的实施，对废水中COD、SS、总磷、总氮等污染物排放水平的要求更加严格。仅通过传统的生化二级处理已很难直接达到排放标准，经过生物活性污泥法处理废水还需进一步深度处理才能满足排放要求。柠檬酸生产企业水污染物排放限值见表8-2。

表 8-2　柠檬酸生产企业水污染物排放限值　单位：mg/L（pH值、色度除外）

序号	污染物项目	限值	
		直接排放	间接排放
1	pH值	6~9	6~9
2	色度(稀释倍数)	40	100
3	悬浮物	50	160
4	五日生化需氧量(BOD$_5$)	20	80
5	化学需氧量(COD$_{Cr}$)	100	300
6	氨氮	10	30
7	总氮	20	80
8	总磷	1.0	4.0

污水深度处理，也称高级处理。它是将二级或三级处理出水通过物理、化学或生物的方法进一步去除污水中各种不同性质的污染物，以满足用户对水质的排放或使用要求。深度处理常见的方法有以下几种。

（1）物理化学法　物理化学方法是通过机械截留、活性炭吸附、化学沉淀、高级氧化、离子交换等原理去除水中的污染物。

机械截留：最简单的机械截留方法是过滤，通常采用石英砂作为过滤介质，如浅层介质过滤器、流砂过滤器等。石英砂过滤器是一种压力式过滤器，当进水流经过滤器内所填充的精制石英砂滤料滤层时，通过滤料的截留、沉降和吸附作用，去除水中的悬浮物及黏胶质颗粒，从而使水的浊度降低，从而达到净水的目的。

活性炭吸附：活性炭是含碳物质在高温缺氧条件下活化制成的一种多孔性物质，常用的活性炭主要有粉末活性炭（PAC）、颗粒活性炭（GAC）和生物活性炭（BAC）等。因活性炭具有较大的比表面积（$500 \sim 1700 m^2/g$），其对分子量在 $500 \sim 3000$ 的有机物有十分明显的去除效果，去除率一般为 $70\% \sim 86.7\%$，可经济有效地去除臭味、色度、重金属、消毒副产物、氯化有机物、农药、放射性有机物等。淄博市引黄供水有限公司根据水污染的程度，在水处理系统中，投加粉末活性炭去除水中的 COD，过滤后水的色度能降低 $1 \sim 2$ 度，臭味降低到 0 度。

化学沉淀：混凝沉淀工艺是污水深度处理中最常用的工艺，我国大多数污水厂在深度处理工艺中均采用此方法。向水中投加化学药剂，使难以沉淀的颗粒能互相聚合通过混凝过程形成大颗粒絮凝体，絮凝体具有强大吸附力，即可吸附悬浮物，也能吸附部分细菌和溶解性物质，最后再经过沉淀或气浮得到分离。

聚合氯化铝是混凝沉淀工艺中主要的无机高分子混凝剂，其主要成分是三氧化二铝，分子式 $[Al_2(OH)_n Cl_{6-n} \cdot x H_2O]_m$（$m \leqslant 10, n = 1 \sim 5$），为高电荷聚合环链体形，对水中胶体和颗粒物具有高度电中和及桥联作用，并可强力去除微有毒物及重金属离子。以聚合氯化铝做絮凝剂的混凝沉淀工艺具有絮凝体成型快、活性好、过滤性好、不需加碱性助剂、处理过的水中盐分少、适应 pH 值范围宽、适应性强、用途广泛等特点。

高级氧化：高级氧化在反应中产生活性极强的自由基（如·OH 等），使难降解有机污染物转变成易降解小分子物质，甚至直接生成 CO_2 和 H_2O，达到无害化处理的目的。Fenton 试剂法是水处理领域中重要的氧化处理方法之一。H_2O_2 在 Fe^{2+} 的催化作用下分解产生·OH，它通过电子转移等途径将有机物氧化分解成小分子。同时，Fe^{2+} 被氧化成 Fe^{3+} 产生混凝沉淀，去除大量有机物。因此，Fenton 试剂在水处理中同时具有氧化和混凝两种作用。研究表明，Fenton 试剂法可有效地处理含油、醇、苯系物、硝基苯及酚等物质的废水，且对印染废水的脱色效果非常好。Fenton 试剂法具有设备简单、反应条件温和、操作方便等优点，在处理有毒有害难生物降解有机废水中极具应用潜力。但实际应用中该法存在处理成本高的缺点，只适用于低浓度、少量废水的处理。若将其作为难降解有机废水的预处理或深度处理方法，再与其他处理方法（如生物法、混凝法等）联合使用，则可以更好地降低废水处理成本、提高处理效率，并拓宽该技术的应用范围。

（2）生物方法　利用微生物自身可对有机物、含氮化合物、含磷化合物等物质进行分解吸收来产生能量及营养物质的特性，培养出某些特定的微生物处理污水中的污染物质，达到净化水质的目的。生物处理法包括好氧处理和厌氧处理两大类。生物膜法是与活性污泥法并列的好氧生物处理方法，具有处理效率高、运行管理简便等特点。曝气生物滤池是近年来得到广泛研究的新型生物处理技术，具有处理效率高、占地面积小、基建投资省、运行费用低、管理方便和抗冲击负荷能力强等特点，可以用于 SS、有机物和氨氮的去除，反硝化脱氮等污水的二、三级处理以及污水的深度处理。

（3）物理化学与生物组合方法　由于污水厂生物二级出水中有的污染物含量仍然很高，成分也比较复杂，因此在深度处理的过程中，无论是单独物化法，还是单独生物法都很难使出水达到国家水质回用或排放标准。组合工艺不仅可充分利用各工艺自身的优点，发挥不同工艺协同合作，达到处理目的，还可节省运行成本。混凝沉淀工艺与曝气生物滤池工艺组合，在混凝沉淀阶段可将 SS、有机物去除一部分。这样不仅减少了 SS 对曝气生物滤池的堵塞、提高反冲洗周期时间、减低滤池的负荷、增加滤池的工作效率、改善出水水质、并且由于两极屏障，混凝沉淀无需将污水直接处理达标，又可减少混凝剂的投量，节省药剂费用。氧化工艺与曝气生物滤池工艺组合，前阶段工艺利用氧化性强的氧化剂改善水质的结构，将不利于生物利用的大分子有机物转化为利于生物利用的小分子有机物，有助于加强下一阶段的生物处理，处理效果和运行成本远优于两种工艺单独处理之和。

（4）曝气生物滤池技术　曝气生物滤池工艺（简称 BAF）是第三代污水处理生物膜反应器，它充分发挥了生物代谢作用、物理过滤作用、生物膜和填料的物理吸附作用以及反应器内食物链的分级捕食作用，不仅具有生物膜技术优势，同时也起着有效的空间滤池作用，实现污染物在同一单元反应器内的去除。曝气生物滤池借鉴了生物接触氧化反应器和深床过滤的设计原理，省去了二次沉淀设备。但 BAF 存在的同时存在下述问题：曝气生物滤池对进水悬浮物要求较高，最好控制在 60mg/L 以下，这样对曝气生物滤池前的处理工艺提出较高要求；曝气生物滤池水头损失较大，由于停留时间短，硝化不充分，产泥量较大，污泥稳定性较差，进一步处理困难；除磷效果一般，需加化学除磷；缺少选择性能高、成本低的滤料，没有统一的滤料标准体系。

　　（5）膜分离法　膜分离技术是以高分子分离膜为代表的一种新型的流体分离单元操作技术。分离过程中不伴随有相变是其最大特点，它可仅靠一定的压力作为驱动力即可获得很高的分离效果，是一种非常节省能源的分离技术。微滤可以除去细菌、病毒和寄生生物等，还可以降低水中的磷酸盐含量；超滤用于去除大分子，对二级出水的 COD 和 BOD 去除率大于 50%；反渗透用于降低矿化度和去除总溶解固体，对二级出水的脱盐率达到 90% 以上，COD 和 BOD 的去除率在 85% 左右，细菌去除率 90% 以上。经反渗透处理的水，能去除绝大部分的无机盐、有机物和微生物。纳滤介于反渗透和超滤之间，其操作压力通常为 0.5～1.0MPa，纳滤膜的一个显著特点是具有离子选择性，它对二价离子的去除率高达 95% 以上，一价离子的去除率较低，为 40%～80%。

8.3.3　工程案例分析

8.3.3.1　工程案例 1

　　1998 年，江苏无锡某柠檬酸厂建造一座高度为 22m、直径为 9.5m、容积约为 1560m³ 的内循环厌氧反应器，用于处理柠檬酸废水，工程设计容积负荷为 25kg COD/(m³·d)，设计总氮负荷 0.43kg/(m³·d)，设计总磷负荷 0.1kg/(m³·d)，并取得了很好的运行效果。柠檬酸废水水质情况见表 8-3。

表 8-3　柠檬酸生产废水情况

污染物名称	pH	COD$_{Cr}$/(mg/L)	水量/(m³/t CAM)
酸板框洗涤水	3.5～4.0	800～2400	10.0
浓糖水	5.0～5.5	20000～30000	10.0
洗糖废水	5.5～6.0	5000～8000	10.0
硫酸钙废水	＜0.3	800～4000	115.0
脱色废水	9.0～10.0	500～2000	11.0
冲洗废水	5.0～6.0	500～1000	1.5
混合废水	～5.0	7000～12000	42.5

　　柠檬酸废水处理工艺流程如图 8-2 所示。

　　自调试成功，厌氧反应器稳定运行，水质数据见表 8-4（1999 年 IC 的运行情况）。

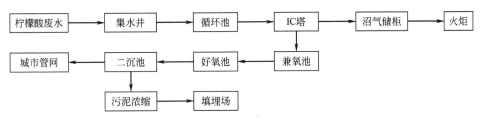

图 8-2 柠檬酸废水处理工艺流程图

表 8-4 厌氧反应器水质数据

时间 /月	进水 COD /(mg/L)	出水 COD /(mg/L)	去除率 /%	进水 pH	出水 pH
1	8944	1541	82.77	5.36	7.39
2	9165	1456	84.11	5.94	7.42
3	9255	1831	80.22	5.67	7.39
4	9304	1730	81.41	5.18	7.49
5	7863	1678	78.66	5.10	7.50
6	8008	1804	77.47	5.11	7.40
7	6871	1574	77.09	5.44	7.39
8	6132	1440	76.52	5.71	7.38
9	7488	1676	77.62	5.42	7.46
10	8584	1734	79.80	5.32	7.32
11	7767	1758	77.37	5.28	7.37
12	9119	1654	79.85	5.38	7.40
平均	8208	1654	79.85	5.38	7.40

正常运行期间，IC 厌氧反应器：进水温度 30~35℃；进水流量 50m³/h；容积负荷 13.15~15.78kg COD/(m³·d)；总氮负荷 0.43kg/(m³·d)；总磷负荷 0.10kg/(m³·d)；COD_{Cr} 去除效率 80%。

柠檬酸废水经厌氧处理后，进一步进行兼氧-好氧处理。厌氧加好氧工艺采用传统活性污泥法，兼氧池容积为 300m³，好氧池容积为 1800m³。兼氧池配有盖板，在池内装有两台搅拌机搅拌，使污水混合液和回流污泥充分混合。曝气池的池型为推流式，曝气方式为微孔曝气，由三台罗茨风机供气，供气量 2200m³/h，DO 控制在 1~4mg/L。兼氧好氧池稳定运行水质数据见表 8-5。

表 8-5　兼氧好氧池稳定运行水质数据

时间 /月	进水 COD /(mg/L)	出水 COD /(mg/L)	COD 去除率 /%	进水总氮 /(mg/L)	出水总氮 /(mg/L)	总氮去除率 /%
1	1541	221	85.7			
2	1456	227	84.4			
3	1831	383	79.1			
4	1730	221	87.2			
5	1678	217	87.1			
6	1804	374	79.3			
7	1574	341	78.3			
8	1440	342	76.2	81.7	24.0	70.6
9	1676	368	78.0	86.8	22.3	74.3
10	1734	401	76.9	84.0	33.8	59.8
11	1758	305	82.6	110.0	35.0	68.2
12	1628	307	81.1	98.0	51.0	48.0
平均	1654	309	81.3	92.1	33.2	63.9

A/O 池中，水力停留时间 17h；容积负荷 2.6kg COD/(m³·d)；总氮负荷 0.343kg/(m³·d)。

8.3.3.2　工程案例 2

泰国罗勇府（ROYONG）洛家那（ROJANA）工业园内的某柠檬酸生产企业由于柠檬酸提取工艺的改变，原有的 EGSB（expanded granular sludge blanket reactor，膨胀颗粒污泥床）和好氧污水处理系统已无法满足排放要求。企业以充分利用原有处理设施，并采用技术先进、成熟、稳定可靠的工艺的原则对其进项改造，在原有的 EGSB 和好氧池前新增一套 IC 反应器作为一级厌氧处理（见图 8-3）。废水处理进水水质、出水水质排放要求见表 8-6、表 8-7。

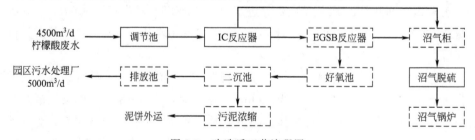

图 8-3　改造后工艺流程图

实线框为新增处理系统，点框为改造系统

表 8-6 柠檬酸废水处理进水水质要求

废水类型	水量 /(m³/d)	T/℃	pH	COD_Cr /(mg/L)	TDS /(mg/L)	NH₃-N /(mg/L)
中和洗糖水	3200	50～60	4～5	<12000	<1800	40～50
酸性离交水	500	常温	2.5～4	<2000	<8000	10～30
碱性离交水	700	常温	8～12	<2000	<8000	10～30
地沟水	600	常温	6～8	<1000	100	10～30
合计	5000	40～50	4～5	<8000	<3000	40

表 8-7 柠檬酸废水处理出水水质排放要求

水质指标	pH	COD_Cr /(mg/L)	TDS /(mg/L)	NH₃-N /(mg/L)	SS /(mg/L)	TKN /(mg/L)
处理出水	6～9	≤300	≤3000	≤50	≤200	≤100

主要构筑物尺寸如下：

IC 尺寸：$D \times H = \phi 15.0\text{m} \times 23\text{m}$；数量：1 座；容积负荷：12kg COD/(m³·d)（第一反应室），6kg COD/(m³·d)（第二反应室）；有效水力停留时间：20h；沼气产量：380m³/h。

EGSB 尺寸：$D \times H = \phi 9.0\text{m} \times 19.8\text{m}$；数量：3 座；总容积负荷：0.61kg COD/(m³·d)；有效水力停留时间：17.8h。

好氧池尺寸：$D \times H = \phi 24.5\text{m} \times 5.4\text{m}$；数量：1 座；有效容积：2350m³；有效水力停留时间：11.3h。

二沉池尺寸：$D \times H = \phi 16.0\text{m} \times 4.8\text{m}$；数量：1 座；表面负荷：1.03m³/(m²·h)。

各工艺主要污染物去除效果如表 8-8 所示。

表 8-8 主要污染物去除效果

序号	构筑物	COD_Cr /(mg/L)	BOD /(mg/L)	SS /(mg/L)	NH₃-N /(mg/L)
1	进水	8000	2400	500	40
2	调节池	8000	2400	450	40
3	IC 反应器	900(89%)	240(90%)	100	40
4	EGSB 反应器	550(39%)	132(45%)	200	40
5	好氧系统	200(64%)	26(80%)	80	10(75%)
6	排放标准	300	150	200	50

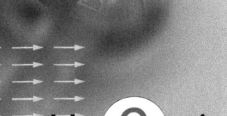

第 9 章

副产品资源化

9.1　硫酸钙综合利用

9.1.1　综合利用概况

目前，柠檬酸提取工艺都是采用钙盐法，该工艺会产生大量的硫酸钙。其基本原理是淀粉（原料如玉米、木瓜等）在一定条件下在多种霉菌及黑曲菌的作用下发酵取得的柠檬酸为水溶液状，其中除柠檬酸外还有其他可溶性杂质，为将柠檬酸从其他可溶性杂质中分开，加入碳酸钙与柠檬酸中和生成柠檬酸钙沉淀。反应式如下：

$$2C_6H_8O_7 \cdot H_2O + 3CaCO_3 \longrightarrow$$
$$Ca_3(C_6H_5O_7)_2 \cdot 4H_2O(柠檬酸钙)\downarrow + 3CO_2\uparrow + H_2O$$

再用硫酸酸解柠檬酸钙得到纯净的柠檬酸和二水硫酸钙残渣。反应式如下：

$$Ca_3(C_6H_5O_7)_2 \cdot 4H_2O + 3H_2SO_4 + 2H_2O \longrightarrow 2C_6H_8O_7 + 3CaSO_4 \cdot 2H_2O\downarrow$$

$$384 \qquad\qquad\qquad\qquad\qquad\qquad\qquad\qquad 516$$
$$1t \qquad\qquad\qquad\qquad\qquad\qquad\qquad\qquad\quad 1.34t$$

由上式可知理论上每生产 1t 柠檬酸可得 1.34t 二水硫酸钙（$CaSO_4 \cdot 2H_2O$），过滤柠檬酸后得到的固体成分 98% 左右是二水硫酸钙，即主要成分是石膏，为了便于叙述，以下统称为柠檬酸石膏。湿柠檬酸石膏的游离水为 40% 左右，呈灰白色膏状体，偏酸性，其化学组成和细度分别见表 9-1、表 9-2。一般情况下，残留的柠檬酸（$C_6H_8O_7$）在 0.2% 左右，pH 1～3。

表 9-1　柠檬酸石膏化学成分

样品编号	结晶水/%	SiO₂/%	Al₂O₃/%	Fe₂O₃/%	CaO/%	MgO/%	SO₃/%
1	18.64	1.03	0.16	0.04	32.87	0.22	46.52
2	20.72	0.32	—	—	32.49	0.09	46.11
3	19.25	0.49	0.11	0.02	32.38	—	46.76

表 9-2　柠檬酸石膏激光颗粒分析（中粮生化公司样品）

大小/μm	1	2	3	4	5	6	7	8	9	10	15
占比/%	8.53	22.67	35.42	48.12	57.15	64.5	69.56	72.75	76.5	78.95	88.35
大小/μm	20	25	30	35	40	45	50	55	60	70	80
占比/%	92.75	94.6	95	95.45	98.1	98.8	99.35	99.7	99.9	99.98	100

作为工业副产品石膏之一的柠檬酸石膏，尽管化学成分、品位、白度等某方面指标优于烟气脱硫石膏或磷石膏，也比较接近我国最好的天然的纤维状石膏。但是，残余的柠檬酸是柠檬酸石膏利用的拦路虎。柠檬酸石膏的利用目前可行的只有两个方向，一是不脱结晶水用作水泥缓凝剂，二是脱结晶水制作石膏粉。而

柠檬酸是水泥和石膏的很强的缓凝剂，它阻碍水泥和石膏结晶的形成，直接用作水泥缓凝剂生产的水泥超出缓凝标准，且强度降低，掺有柠檬酸石膏的水泥混凝土还会腐蚀钢筋，造成安全隐患。在用作水泥缓凝剂方面，虽然理论上的东西不少，但实际应用上目前没有成熟的技术案例，有些水泥厂少量掺在其他石膏中混用，还是可行的。不作特殊处理的柠檬酸石膏生产石膏粉，在一般环境中（不是实验室中）应用会出现强度极低（0.8MPa 以下）、吸潮，甚至不凝固、生产的制品发软、严重变形，以及发黄变色等问题。以前，最普遍的做法是借助于生产企业周边的沟、塘、渠、废弃矿井坑道或土地进行堆积填埋，这样一来，全国产生的柠檬酸石膏，每年累计侵占土地约 $70 \times 10^4 \, m^2$。多少年来，柠檬酸石膏的无害化处理或资源化利用一直是柠檬酸生产企业和当地的环保大问题。根据可持续发展和环境保护的需要，柠檬酸石膏必须进行资源化利用。

9.1.2　用柠檬酸石膏生产建筑石膏粉

制作石膏有两个类别，分为 α 石膏粉和 β 石膏粉。如果柠檬酸石膏（二水硫酸钙）在液体中或在蒸汽压力下脱水，则形成 α 半水石膏粉（高强石膏）；若在常压的干燥条件下脱水，则形成 β 半水石膏粉（建筑石膏）。从理论上讲，柠檬酸是 α 石膏粉生产过中的转晶剂，有利于石膏晶体的生长，实际生产中却不尽人意，山东金信集团在实验室取得一些成果，因无法规模生产而放弃。目前全世界没有一个成功的案例。在 β 石膏粉方面，我国已经取得了重大突破，蚌埠华东石膏有限公司用柠檬酸石膏生产建筑石膏粉产业化的关键技术，于 2016 年 9 月由中国循环经济协会组织的院士专家评价委员会认定达到国际先进水平。这种先进水平的技术主要体现在以下两个（发明专利技术）方面。

9.1.2.1　氧化法去除柠檬酸石膏中残留的柠檬酸

怎样去除残留的柠檬酸，发明专利"用柠檬酸石膏生产建筑石膏的方法"作了详细介绍。在煅烧前，用酸性强氧化剂与柠檬酸石膏混合后进入煅烧设备进行加热。首先将部分柠檬酸氧化成草酸，120℃后再加入碱性氧化剂和生石灰，继续氧化柠檬酸，同时中和草酸，使之生成草酸盐，并调节 pH 至 6～9，使得石膏质量提高，石膏制品性状稳定。氧化剂的使用量根据柠檬酸石膏的酸性和含水量而定。一般情况下，1t 柠檬酸石膏加入过硫酸铵 $[(NH_4)_2S_2O_8]$ 1.6kg，加入过碳酸钠（$Na_2CO_3 \cdot 3H_2O_2$）1.9kg，生石灰（CaO）1.5kg。

它们的主要反应过程如下。

（1）过硫酸铵与柠檬酸石膏混合加入炒锅后，受潮受热分解出臭氧和氧气，将废渣中的柠檬酸氧化成草酸：

$$(NH_4)_2S_2O_8 \longrightarrow 2NH_3 + 2SO_2 + H_2O + O_3$$

$$2(NH_4)_2S_2O_8 \longrightarrow 2(NH_4)_2S_2O_7 + O_2$$

$$C_6H_8O_7 + 2O_3 \longrightarrow 3C_2H_2O_4 + H_2O$$
$$C_6H_8O_7 + 3O_2 \longrightarrow 3C_2H_2O_4 + H_2O$$

（2）过硫酸铵在炒锅中与废渣的游离水发生水解反应，产生过氧化氢将废渣中的柠檬酸氧化成草酸：

$$(NH_4)_2S_2O_8 + 2H_2O \longrightarrow 2NH_4HSO_4 + H_2O_2$$
$$C_6H_8O_7 + 6H_2O_2 \longrightarrow 3C_2H_2O_4 + 7H_2O$$

（3）过碳酸钠在100℃时开始分解产生氧气，也将废渣中的柠檬酸氧化成草酸：

$$2Na_2CO_3 \cdot 3H_2O_2 \longrightarrow 2Na_2CO_3 + 3O_2 \uparrow + 6H_2O$$
$$C_6H_8O_7 + 3O_2 \longrightarrow 3C_2H_2O_4 + H_2O$$

（4）上面反应生成的碳酸钠与柠檬酸反应生成柠檬酸钠：

$$6Na_2CO_3 + 4C_6H_8O_7 \longrightarrow 4C_6H_5Na_3O_7 + 6H_2O + 6CO_2$$

（5）生石灰与草酸反应生成草酸钙：

$$C_2H_2O_4 + CaO \longrightarrow CaC_2O_4 + H_2O$$

经过上述化学反应，柠檬酸基本被清除。

废渣中的二水硫酸钙（$CaSO_4 \cdot 2H_2O$）经过110～190℃脱水，85%～90%成为半水硫酸钙（$CaSO_4 \cdot 1/2H_2O$）：

$$CaSO_4 \cdot 2H_2O \longrightarrow CaSO_4 \cdot 1/2H_2O$$

另外8%～13%与锅底接触时间长，温度较高，生成无水硫酸钙（$CaSO_4$）：

$$CaSO_4 \cdot 2H_2O \longrightarrow CaSO_4$$

上述半水石膏和无水石膏的混合物即建筑石膏。它含有2%左右的杂质：二氧化硅（SiO_2）、三氧化二铝（Al_2O_3）、氧化镁（MgO）和柠檬酸钙（$C_{12}H_{10}Ca_3O_{14} \cdot 4H_2O$）。另有微量柠檬酸钠（$C_6H_5Na_3O_7$）、草酸钙（$CaC_2O_4$）、焦硫酸铵 [$(NH_4)_2S_2O_7$]、硫酸氢铵（$NH_4HSO_4$）。除柠檬酸钙和柠檬酸钠有延缓作用对石膏质量稍微有些影响外，其余均无明显影响。一般情况下，白度80%以上，细度120目以上，2h抗折强度2.5MPa以上，抗压强度5.0MPa以上，是一种中高档建筑石膏粉，市场销售良好。这种石膏粉可作高档石膏装饰，石膏保温材料的原料，亦可生产石膏砌块、石膏条板、嵌缝石膏、粉刷石膏、黏结石膏、装饰石膏板和石膏线条等。

9.1.2.2　回收尾气烘干游离水

柠檬酸石膏的游离水含量达40%以上，即使堆放几个月或者水洗后滤干，也在20%以上。如果用生产其他石膏的工艺和设备生产，其能耗的成本难以承受，针对这一情况，蚌埠华东石膏有限公司发明回收煅烧尾气的方法："用尾气烘干生产化学石膏粉的节能环保装置"（发明专利：ZL200910116678.5）。

生产建筑石膏是用煤或天然气作热源煅烧，排出的尾气温度在200～300℃。

以前大家都不重视它的再利用，白白排放掉了，既浪费能源，又污染环境。

　　煅烧尾气利用有两个问题必须解决，一是 200℃ 多度的尾气温度要能达到尽可能高的效果；二是消除尾气中炭微粒对石膏粉白度的不利影响。

　　在提高热效率方面，必须采用脉冲式气流干燥的方法，它的热效率是回转干燥的 10 倍以上。把柠檬酸石膏和煅烧尾气同时送入脉冲式气流干燥中，不仅脱去了全部游离水，同时石膏的料温达到 80℃ 以上，这种温度的石膏再进入炒锅煅烧，能够稳定地控制质量，而且比天然石膏的煤耗还少，生产 1t 建筑石膏只需煤 63kg 左右，与传统设备相比节煤 50% 左右。

　　在解决煅烧尾气有可能对石膏粉白度产生不利影响的问题上，采用在气流干燥中引入活性氧，它与高温蒸汽一起活化了炭微粒，使之变为活性炭，它可吸附一部分石膏粉的黄色，有增加石膏粉白度的效果。

　　因此，在保证石膏粉白度和质量稳定的前提下，蚌埠华东石膏有限公司的尾气再利用技术和设备在目前是最节能、投资最少的先进技术和设备，它的应用和推广效益是显而易见的。近年来，国内也有十几家企业应用这种技术。例如：福建漳州正霸建材有限公司、南通鑫淼建材、长兴华业石膏有限公司、枣庄新远大建材厂、平邑万誉建材有限公司、临汾红木材建材公司、长兴华业化工建材有限公司，还有泰国的阳光国际生物工程有限公司等。这些企业都取得了非常好的效益。

　　尾气利用流程见图 9-1。

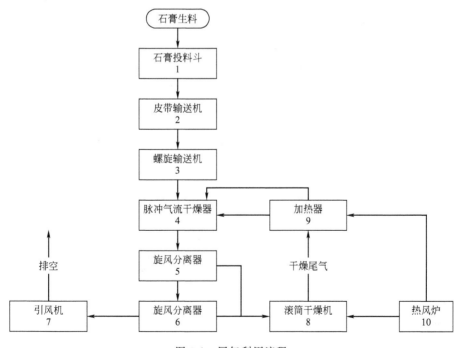

图 9-1　尾气利用流程

9.1.2.3　用柠檬酸石膏生产建筑石膏粉的工艺及设备

用柠檬酸石膏生产建筑石膏粉的工艺和设备与生产其他石膏粉相比，主要工艺流程相似，但由于粒径过小和含游离水过多，也有很多的特异之处，下面在介绍工艺流程中对特异之处的工艺设备作重点详细介绍。

（1）工艺流程　柠檬酸石膏的游离水较多，只有采用先烘干、后煅烧的两步法比较合适。图 9-2 是蚌埠华东石膏有限公司利用煅烧尾气烘干流程图。

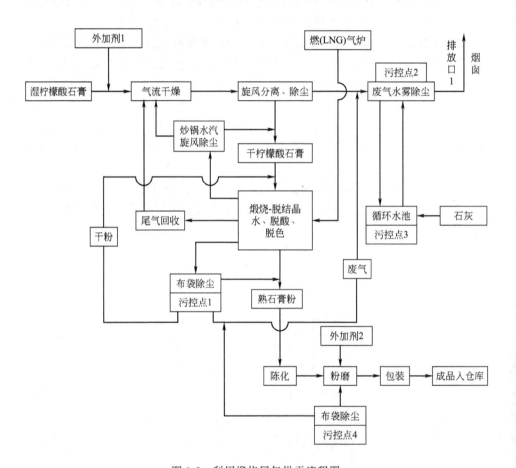

图 9-2　利用煅烧尾气烘干流程图

整个工艺的所有污染物排放都集中到一个排放口，排放的污染物有三种：

1. 烟尘；2. 二氧化硫；3. 氮氧化物。没有废水排放

（2）上料　上料是指将湿的柠檬酸石膏用铲车装入料斗，经皮带机送入气流干燥机。刚从生产线下来的柠檬酸石膏游离水含量都在 40% 以上，须放在场地上堆高存放一个月以上，选用高处较干的使用。不过，它的游离水一般不会低于

25%。这种高湿的粉料在料斗中难以均匀下料，蚌埠华东石膏有限公司发明了一种专用振动料斗，如图 9-3 所示。

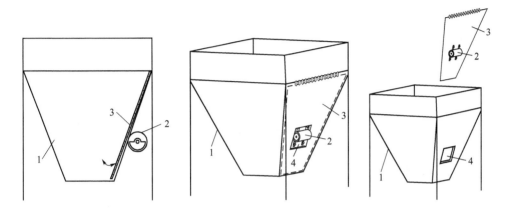

图 9-3 振动料斗示意图
1—下料斗；2—振动器；3—振动板；4—通孔

这种振动料斗是在四棱台状的下料斗一方内壁装一活动的振动板，直接对下料斗内湿石膏进行振动。相比于原先从外部振动的方式极大地增加了振动的幅度，能够打散湿料、疏通气流。只需控制料斗出口或皮带输运机速度，便可实现定量均匀送料。

（3）干燥 柠檬酸石膏的游离水多，无论用什么煅烧方法，煅烧前烘干游离水，对于节能和质量控制都是必须的。根据柠檬酸石膏的细度小和含水量大的特点，最合适的烘干方法是气流干燥。

气流干燥将散细粉状柠檬酸石膏分散悬浮在高速热气流中，在气力输送下进行干燥的一种方法。由于气体相对于柠檬酸石膏物料颗粒的高速流动，以及气固相间接触面积很大，体积传热系数相当大，是常用的转筒式干燥器的 10 倍以上。

气流干燥器设备简单，占地小，投资省。与回转干燥器相比，占地面积减小 60%，投资约省 80%。同时，可以把干燥、粉碎、筛分、输送等单元过程联合操作，不但流程简化，而且操作易于自动控制，应用范围广。其种类有直管气流干燥、旋风气流干燥、脉冲气流干燥。脉冲气流干燥器是气流干燥器的一种。干燥操作时，采用管径交替缩小和扩大，使气流和颗粒作不等速流动，气流和颗粒间的相对速度与传热面积都较大，从而强化传热传质速率。此外，在扩大管中气流速度大大下降，也就相应地增加干燥时间，对含游离水多的柠檬酸石膏来说，脉冲气流干燥最合适。

脉冲气流干燥器主要由干燥管、旋风分离器和风机等部分组成，如图 9-4 所示。

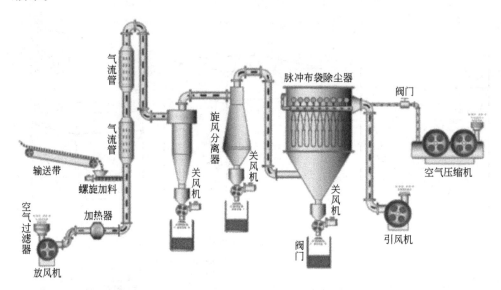

图 9-4   脉冲气流干燥流程图

湿柠檬酸石膏经加料器连续加至干燥管下部，被高速热气流分散，在气固并流流动的过程中，进行热量传递和质量传递，使柠檬酸石膏得以干燥。废气经风机排出。由于物料刚进入干燥管时上升速度为零，此时气体与颗粒之间的相对速度最大，颗粒密集程度也最高，故体积传热系数最高。在物料入口段（高度约为 1~3m），气体传给物料的热量可达总传热量的 1/2~3/4。在入口段以上，颗粒与气流之间的相对速度等于颗粒的沉降速度，传热系数不很大。因此，入口段是整个气流干燥器中最有效的区段，入口的热风可以是煅烧设备的尾气，也可以另配热源，入口的温度在 300~350℃较好。干燥了的柠檬酸石膏物料随气流进入旋风分离器，分离后收集起来（进入煅烧设备）。根据蚌埠华东石膏公司的经验，分离下来的石膏没有游离水，料温可达到 80℃以上，再进行煅烧，比生产干的天然石膏更节能。

（4）煅烧　煅烧是将二水硫酸钙（$CaSO_4 \cdot 2H_2O$）脱水成为半水硫酸钙（$CaSO_4 \cdot 1/2H_2O$）。煅烧设备可以是连续炒锅、锥形炒锅、连续回转窑、间歇回转窑、沸腾炉等，国内都在大量应用；还有就是磨烧一体机，如皮特磨，随研磨随煅烧。

无论采用什么设备，都要根据柠檬酸石膏湿、细、轻和尾气利用的实际情况做些必要调整。根据蚌埠华东石膏有限公司十多年的实际经验，以外烧式连续回转窑（国内对用于石膏粉的也称回转炒锅）最合适。外烧式虽然对煅烧而言热效率较低，但尾气进入气流干燥的温度较高，气流干燥的热效率是回转炒锅的 10 倍以上，所以整体热效率是高的。

外烧式连续回转窑是一个能旋转的筒体，筒体一端高、一端低。由于柠檬酸石膏含水量大，要使物料在筒体中停留的时间长一些，筒体两端的高低差要小，0.5% 以下为宜。筒体进料端的内壁装上长 2m 左右的螺旋推进板，筒体的转速可调控，以此控制柠檬酸石膏在筒体内的停留时间。在筒体外面加热，受火段要有 50% 以上，在筒体内部受火段的后面，加装一至二圈挡板，挡板的高度是筒体直径的 10%～15%，挡板的作用是让含水量大的柠檬酸石膏在受火段停留的时间长一些，同时让料层厚一些，煅烧得均匀一些。筒体出料端的石膏粉温度控制在 150～180℃，控制要素为炉温、进料量和筒体转速。

柠檬酸石膏纯度低于 100%，而且是个不确定的数值。各种煅烧设备所得的煅烧产品也不会全转化成半水石膏，会有部分过烧的无水石膏和欠烧的二水石膏。

（5）陈化　柠檬酸石膏煅烧后，由于含有一定量的可溶性无水石膏和少量性质不稳定的二水石膏，物相组成不稳，内含能量较高，分散度大，吸附活性高，从而出现熟石膏的标准稠度需水量大、强度低、凝结时间不稳定等现象，此时即需要经过陈化。陈化是将新煅烧的熟石膏进行一段时间的储存或湿热处理，使其物理性能得到不同程度的改善。因此，陈化是提高熟石膏产品质量的工艺措施之一。

陈化与一般储存的概念不一样。陈化是指熟石膏的均化，也可以说是指能够改善熟石膏物理性能的储存过程。在这个过程中，应创造适合的条件进行陈化，在陈化中，熟石膏内主要发生以下两种类型的相变：一是可溶性Ⅲ型无水石膏（$CaSO_4$Ⅲ）吸收水分转变成半水石膏；二是残存的二水石膏继续脱水转变成半水石膏。

发生上述相变的原因，一方面是因为Ⅲ型无水石膏内部晶体结构的不稳定性，在 Ca^{2+}-SO_4^{2-}-Ca^{2+} 晶格周围有许多大约 0.3nm 的沟道，水分子可以沿这些沟道进入晶体内，因此吸水性能特别强。实验证明：二水石膏放于盛有Ⅲ型无水石膏的干燥器中会逐渐脱水。这说明Ⅲ型无水石膏不仅可以向潮湿的空气中吸取水分发生相变，而且可以向残存的二水石膏晶体中夺取水分，使Ⅲ型无水石膏和残存的二水石膏均向半水石膏转变。另一方面是熟石膏中的剩余热量也可使二水石膏继续脱水形成半水石膏，这主要是储存于料库中的熟石膏在较长一段时间内仍能维持较高的余热温度，足以使二水石膏脱水。

陈化分为陈化的有效期和失效期。所谓陈化有效期指能够改善熟石膏物理性能的储存时期,此期间无水石膏Ⅲ和残留二水石膏均向半水石膏转变;失效期则是降低物理性能的储存期,此时,半水石膏开始吸水向二水石膏转变。实验证明,当熟石膏的吸附水含量小于 1.5% 时,熟石膏陈化处于有效期,在这段时期里可在陈化仓中采取搅拌、翻滚、敞开、密闭、喷雾等方法加速陈化。至于采用何法,则要视石膏煅烧温度的高低而定,确切地说应视熟石膏的相组成而定。如煅烧温度高,熟石膏组成以Ⅲ型无水石膏为主时,就需要采取通入潮湿空气来加速Ⅲ型无水石膏向半水石膏的转化;如煅烧温度低,有较多的二水石膏存在时,则需采取密闭保温的方法,利用物料余热使残存的二水石膏脱水变成半水石膏。

熟石膏经过陈化的结果,可使其中的相变过程趋于稳定,物相趋于均化,降低比表面积和内部能量,促使标准稠度需水量降低,凝结时间正常,强度提高,从而大大改善了熟石膏的物理性能,提高了产品质量。

当熟石膏吸附水含量达到 1.5% 以上时,陈化处于失效期,此时半水石膏开始吸水向二水石膏转化。我国石膏行业的泰斗岳文海、李逢仁教授对陈化 14d 的熟石膏进行了 X 射线衍射分析和差热分析研究,结果发现有明显的二水石膏特征峰。处于陈化失效期的熟石膏标准稠度开始增大,强度明显降低。

熟石膏陈化效果的好坏,与所选用的陈化方法、陈化过程的长短、石膏堆积料层厚度、颗粒大小、环境的温湿度等都有直接关系。

实际工业生产中,常用的陈化方式有机械陈化法和自然陈化法。机械陈化法的陈化时间短、效率高,但需要增加机械设备,如风动、螺旋冷却或回转筒冷却陈化设备,因此设备投资和能耗都比较高。自然陈化法是利用自然条件来陈化以达到稳定熟石膏质量的目的,此时,料层堆积不能太厚,否则陈化作用不均匀,冷空气和余热的交换不充分,难以使熟石膏的相变过程趋于稳定,因此,自然陈化时应辅以人工搅拌。自然陈化周期长、效率低,但简便实用。

为了提高陈化效果,还可以采取强制陈化方法,即在煅烧后的熟石膏中喷洒适量的水雾并充分搅拌,使熟石膏吸湿后,加速陈化。此外,还有向熟石膏添加 NaOH、$CaCl_2$ 等助剂促其陈化的方法。

柠檬酸石膏的陈化与其他工业副产石膏、天然石膏基本相同,由于柠檬酸石膏的品位高,只要煅烧时控制得当,可以不用机械陈化法,只需要喷洒适量的水后用提升机送入料仓自然陈化。

(6)输送提升 陈化仓一般用立式仓。柠檬酸石膏在同一产地的量都不大(不超过 10 万吨/年),煅烧后的石膏粉输送进陈化仓不适合气力等方法,最适合

斗式提升机，刚煅烧出来的石膏粉温度在 130℃以上，要用环链或板链斗式提升
机。但标准的用于粉料的斗式提升机的设计是以水泥等物料为基准的。挂耳板与
开口平面的夹角一般小于 55°，铲托板也较矮。煅烧后的柠檬酸石膏容重只有
0.7。用标准的斗式提升机无法提升，如用 315 型标准斗式提升机，提升量才
2～4t/h，不到设计要求的 10%，效率低下又浪费能源。通过对料斗进行了重新
设计改进，对标准斗式提升机在两个底板沿开口方向增加连接三角板，铲托板沿
开口方向增加连接矩形板，矩形板朝向料斗内侧倾斜设置，并与铲托板形成
140°～150°的夹角；使挂耳板与开口平面的夹角由 55°增大到 75°～80°。延展了
底板与铲托板，从而扩大了料斗的容积，提高输送石膏粉的工作效率；矩形板与
铲托板之间 140°～150°的夹角，有利于物料在被料斗甩出时能集中抛向提升机出
口，增大了输送量，同时石膏粉不会飘散。如图 9-5 所示。

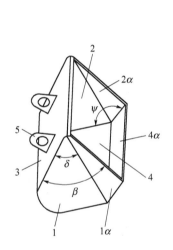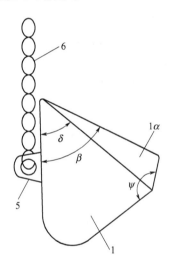

图 9-5 改进的斗式提升机示意图

1—第一底板；2—第二底板；3—挂耳板；4—铲托板；5—挂耳；6—提升链；
1α—第一三角板；2α—第二三角板；4α—矩形板

如图 9-5 所示，这种专用于柠檬酸石膏粉等轻质粉料的提升机的料斗，包
括由第一底板 1、第二底板 2、挂耳板 3 与铲托板 4 相互连接构成的空心三棱
体，空心三棱体的侧面开口，挂耳板 3 与铲托板 4 分别为空心三棱体的两个侧
板，挂耳板 3 的外板面设有用于与提升链 6 固定的挂耳 5；第一底板 1 与第二
底板 2 沿开口方向分别设有尺寸相同的第一三角板 1α 与第二三角板 2α，第一
三角板 1α 为第一底板 1 的延展部，第二三角板 2α 为第二底板 2 的延展部，第
一三角板 1α 及第二三角板 2α 的形状尺寸相同；铲托板 4 沿开口方向设有矩形

板 4α，矩形板 4α 为铲托板 4 的延展部，矩形板 4α 朝向料斗内侧倾斜设置，矩形板 4α 与铲托板 4 之间的夹角 ψ 为 $140°\sim150°$；第一三角板 1α、第二三角板 2α 与矩形板 4α 做成一体化结构。通过对底板与铲托板的延展，使挂耳板与开口平面的夹角由原先的 δ 变为 β，即由 $55°$ 增大到 $75°\sim80°$，从而扩大了料斗的容积，能够铲起更多的石膏粉，提高输送石膏粉的工作效率；矩形板作为铲托板的延展，并不是直板，而是朝向料斗内侧倾斜设置，并与铲托板之间形成 $140°\sim150°$ 的夹角，使得料斗在最高处翻转时能够很好地兜住石膏粉，使物料在被料斗甩出时能集中抛向提升机出口，增大了输送量，同时石膏粉不会飘散。改进后的 315 型标准斗式提升机提升柠檬酸石膏粉的提升量由 $2\sim4t/h$ 增加到 $25\sim30t/h$。

（7）粉磨　柠檬酸石膏本来粒径就小，进行简单的粉磨就行，一般能磨粉的磨机都可以用。

（8）除尘　柠檬酸石膏生产时无论是燃气或燃煤，都有烟尘排放，煅烧时炒锅产生的 $200℃$ 左右的水汽会夹带大量的石膏粉，这个水汽合并燃气、燃煤烟气进入气流干燥机完成干燥作用后，会有大量的烟尘和石膏粉粉尘排出；提升、进仓、粉磨、灌包都会有石膏粉扬尘。对烟尘和较细的粉尘，除尘效率最高的是脉冲式布袋除尘器，除尘效率可达 99%。而柠檬酸石膏的粒径小，容重轻，生产时产生的烟气中含有机酸，水分也大，仅用布袋除尘是不能满足现在的环保要求的，而且还有二氧化硫，氮氧化物的限排要求。因此，有必要在脉冲式布袋除尘器的后面加装好的除尘设施。针对柠檬酸石膏的特点，蚌埠华东石膏有限公司发明了一种自动扇叶水雾除尘器。这种除尘器连接在引风机出口后面，在除尘管内设置自由旋转的扇叶，直接由引风机的风力驱动，无需另外的驱动设备，节约能源，且结构简单，使用方便。如图 9-6 所示。

如图 9-6(a)、(b) 所示，这种自动扇叶水雾除尘装置，包括与引风机 1 出口相连的除尘管 2，除尘管 2 内设有同轴的一级扇叶 3 与二级扇叶 4，一级扇叶 3 与二级扇叶 4 沿风向间隔设置；在具体实施时，作为优选的，除尘管 2 在靠近出口端水平设置，一级扇叶 3 与二级扇叶 4 固定于转轴 14 上，转轴 14 的一端伸出除尘管 2，并与平台 15 上的转轴支架 16 形成转动配合；除尘管 2 的出口连接有沉降室 5，沉降室 5 的底部设有水池 6，沉降室 5 的出口连接排气管 7；除尘管 2 内设有朝向一级扇叶 3 迎风面的喷嘴 9，结合图 9-6(c) 与图 9-6(d) 所示，喷嘴 9 的前端设有用于形成水帘的散水板 11，散水板 11 呈扇弧形，散水板可固定于除尘管内壁，也可固定于喷嘴 9 的底部；除尘装置还包括水泵 8，水泵 8 抽取水池内的水到喷嘴 9 的入口。除尘管 2 的内壁还设有变径管 12，变径管 12 位于一级

扇叶 3 与二级扇叶 4 之间，变径管 12 的直径由一级扇叶向二级扇叶渐缩。一级
扇叶 3 与二级扇叶 4 周围的除尘管内壁上还设有凸齿 13。

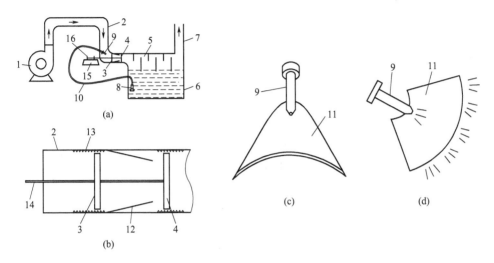

图 9-6 自动扇叶水雾除尘装置示意图

1—引风机；2—除尘管；3—一级扇叶；4—二级扇叶；5—沉降室；
6—水池；7—排气管；8—水泵；9—喷嘴；10,11—散水板；12—变径管；
13—凸齿；14—转轴；15—平台；16—转轴支架

水泵 8 抽取水池 6 内的水并由喷嘴 9 喷出，散水板 11 将单独的水流变为水
帘喷向一级扇叶 3，引风机 1 在除尘管 2 内形成的风推动一级扇叶 3 与二级扇叶
4 旋转，水帘喷向一级扇叶 3 后，一部分水珠被扇叶打碎雾化后悬浮风中，另一
部分水珠被甩向除尘管的内壁，被凸齿 13 撞碎雾化，没有雾化的少部分水附着
在除尘管的内壁随风向前流动。它通过变径管 12 流向二级扇叶 4，由二级扇叶 4
进一步雾化；与此同时，尾气中的尘粒被水雾包裹，由风力被带出除尘管 2，之
后进入沉降室 5 沉降，最终落入水池 6 底部，沉淀在水池 6 底部的尘粒泥浆可定
期排出，净化后的废气从沉降室 5 出口经排气管 7 排出；水池 6 中沉淀的清水可
以通过石灰等物质调节 pH 至 7 左右，再由水泵 8 抽出，实现循环利用。

9.1.3 柠檬酸建筑石膏粉的技术性能和检测方法

9.1.3.1 性能指标

用柠檬酸石膏生产的 β 型石膏粉称作柠檬酸建筑石膏粉。它的主要技术要求
根据国家标准 GB/T 9776—2008《建筑石膏》的内容进行了调整，提高了强度
技术要求并增加了白度要求，主要技术指标如表 9-3 所示。

表 9-3　柠檬酸建筑石膏粉主要技术指标

等级	细度(0.2mm 方孔筛筛余)/%	凝结时间/min		2h强度/MPa		白度/%
		初凝	终凝	抗折	抗压	
3.0				≥3.0	≥6.0	88
2.4	≤10	≥3	≤30	≥2.0	≥4.5	85
2.0				≥1.6	≥3.3	80

9.1.3.2　检测方法

（1）实验仪器与设备　拌合用的容器和制备试件用的模具应能防漏，因此应使用不与硫酸钙反应的防水材料（如玻璃、铜、不锈钢、硬质钢等，不包括塑料）制成。由于二水硫酸钙颗粒的存在能形成晶核，对建筑石膏性能有极大的影响，所以全部试验用容器、设备都应保持十分清洁，尤其应清除已凝固的石膏。

① 试验筛　试验筛由圆形筛帮和方孔筛网组成，筛帮直径 200mm，试验筛其他技术指标应符合 GB 6003 的要求，网孔尺寸分别由 0.8mm、0.4mm、0.2mm、0.1mm 的四种规格组成一套试验筛，筛底有接收盘，顶部有筛盖封闭。

② 堆积密度测定仪　堆积密度测定仪是由黄铜或不锈钢制成，锥形漏洞支撑在三脚架上，漏斗中部装有 2mm 方孔筛网。仪器还附有一个测量容器，容积为 1L，并装配有一个延伸套筒。

③ 稠度仪　稠度仪由内径 50mm±0.1mm、高 100mm±0.1mm 的不锈钢质筒体，240mm×240mm 的玻璃板以及筒体提升机构组成。筒体上升速度为 150mm/s，并能下降复位。

④ 搅拌器具

a. 搅拌碗：用不锈钢制成，碗口内径 180mm，碗深 60mm。

b. 搅拌棒：由三个不锈钢丝弯成的椭圆形套环所组成，钢丝直径 1～2mm，环长约 100mm，宽约 45mm，具有一定弹性。

⑤ 凝结时间测定仪　凝结时间测定仪符合 GB 3350.6 的要求。

⑥ 试模　成型试模应符合 GB 3350.5 的要求。

⑦ 烘箱或高温炉　温度能控制在（230±5）℃。

⑧ 抗折试验机　电动抗折试验机应符合 GB 3350.3 的要求。

⑨ 抗压试压机　抗压夹具应符合 GB 3350.4 的要求。试验期间，上、下夹板应能无摩擦地相对滑动。压力试验机示值相对误差不大于 1%。

⑩ 石膏硬度计　石膏硬度计具有一直径为 10mm 的硬质钢球，当把钢球置于试件表面的一个固定点上，能将一固定荷载垂直加到该钢球上，使钢球压入被

测试件，然后静停，保持荷载，最终卸载。荷载精度 2%，感量 0.001mm。

⑪ 白度仪　企业自检用 WSB-智能白度仪就行。权威检测单位按 GB 5950 规定检测。

(2) 样品

① 从每批需要试验的建筑石膏中抽取至少 15kg 试样。

② 将试样充分拌匀，分为三等份，保存在密封容器中。其中一份做试验，其余两份在室温下保存三个月，必要时用它做仲裁试验。

(3) 试验环境

① 常规试验试验室温度为 (20±5)℃，空气相对湿度为 65%±10%，试验仪器、设备及材料（试样、水）的温度应为室温。

② 标准试验试验室温度为 (20±2)℃，空气相对湿度为 65%±5%，试验仪器、设备及材料（试样、水）的温度应为室温。

(4) 用水

① 标准试验全部试验用水（拌和、分析等）应用去离子水或蒸馏水。

② 常规试验分析试验用水应为去离子水或蒸馏水，物理力学性能试验用水应为洁净的城市生活用水。

(5) 试验步骤

① 细度测定　从密封容器内取出制备好的试样 210g，在 (40±4)℃温度下干燥至恒重（干燥时间相隔 1h 的二次称量之差不超过 0.29，即为恒重），并在干燥器中冷却至室温。

将试样按下述步骤连续测定两次。

在 0.8mm 试验筛下部安装上接收盘，称取石膏试样 100.0g 后，倒入其中，盖上筛盖。一只手拿住筛子略微倾斜地摆动，使其撞击另一只手。撞击的速度为 125 次/min。每撞击一次都应将筛子摆动一下，以便使试样始终均匀地撒开。每摆动 25 次，筛子旋转 90°，并对着筛帮重重拍几下，继续进行筛分。当 1min 的过筛试样质量不超过 0.4g 时，则认为筛分完成。称量 0.8mm 试验筛的筛上物，作为筛余量。细度以筛余量与试样原始质量（100.0g）之比的百分数表示，精确至 0.1%。

按照上述步骤，用 0.4mm 试验筛筛分已通过 0.8mm 试验筛的试样，并应不时地对筛帮进行拍打，必要时在背面用毛刷轻刷筛网，以避免筛网堵塞。当 1min 的过筛试样质量不超过 0.2g 时，则认为筛分完成。称量 0.4mm 试验筛的筛上物，作为筛余量。细度以筛余量与试样原始质量（100.0g）之比的百分数表示，精确至 0.1%。

将通过 0.4mm 试验筛的样拌和均匀后，从中称取 50.0g（不足 50.0g 时，则用实际质量）试样，按上述步骤用 0.2mm 试验筛进行筛分。当 1min 的过筛试样质量不超过 0.1g 时，则认为筛分完成。称量 0.2mm 试验筛的筛上物，作为筛余量。细度以筛余量与试样原始质量（100.0g）之比的百分数表示，精确至 0.1%。

按照上述步骤，用 0.1mm 试验筛进行筛分已通过 0.2mm 试验筛的石膏试样。当 1min 的过筛试样质量不超过 0.1g 时，则认为筛分完成。称量 0.1mm 试验筛的筛上物，作为筛余量。细度以筛余量与试样原始质量（100.0g）之比的百分数表示，精确至 0.1%。

称量通过 0.1mm 试验筛的筛下物质量，作为筛下量，并用与试样原始质量（100.0g）之比的百分数形式表示，精确至 0.1%。

采用每种试验筛（0.8mm，0.4mm，0.2mm，0.1mm）二次测定结果的算术平均值作为试样的各细度值。对于每种筛分而言，两次测定结果之差不能大于平均值的 5%，并且当筛余量小于 2g 时，两次测定结果之差不应大于 0.1g。否则，应再次测定。

② 堆积密度的测定　将试样按下述步骤连续测定两次。

称量不带套筒的测量容器，然后装上套筒，放在堆积密度测定仪下方。将试样倒入堆积密度测定仪中（每次 100g），转动平勺，使试样通过方孔筛网，自由掉落于测量容器中。当装配有延伸套筒的测量容器被试样填满时，停止加样。在避免振动的条件下移去套筒，用直尺刮平表面，以去除多余试样，使试样表面与测量容器上缘齐平。称量测量容器和试样总质量，精确至 1g。堆积密度按下式计算：

$$\gamma = \frac{G_1 - G_0}{V} = G_1 - G_0$$

式中，γ 表示堆积密度，g/L；G_0 表示测量容器的质量，g；G_1 表示测量容器和试样的总质量，g；V 表示测量容器的容积，1L。

③ 标准稠度用水量的测定　将试样按下述步骤连续测定两次。

先将稠度仪的筒体内部及玻璃板擦净，并保持湿润，垂直放置于玻璃板上。将估计的标准稠度用水量的水倒入搅拌碗中，称取石膏试样 300g 在 5s 内倒入水中。用拌和棒搅拌 30s，得到均匀的石膏浆，然后边搅拌边迅速注入稠度仪筒体内，用刮刀刮去溢浆，使浆面与筒体上端面齐平。从试样与水接触开始至 50s 时，开动仪器提升按钮。待筒体提去后，测定料浆扩展成的试饼两垂直方向上的直径，计算其算术平均值。

记录料浆扩展直径等于（180±5)mm 时的加水量，计算该加水量与石膏试样质量之比，以百分数表示。

取二次测定结果平均值作为该石膏试样标准稠度用水量，精确至 1%。

④ 凝结时间的测定　将试样按下述步骤连续测定两次。

按标准稠度用水量称量水，并把水倒入搅拌碗中。称取试样 200g，在 5s 内倒入水中。用拌和棒搅拌 30s，得到均匀的料浆，倒入环模中。然后将玻璃底板抬高约 10mm，上下振动 5 次，用刮刀刮去溢浆，并使料浆与环模上端齐平。将装满料浆的环模连同玻璃底板放在仪器的钢针下，使针尖与料浆的表面相接触，且离开环模边缘大于 10mm。迅速放松杆上的固定螺丝，针即自由插入料浆中。每隔 30s 重复一次，每次都应改变插点，并将针擦净、校直。

记录从试样与水接触开始，至钢针第一次碰不到玻璃底板所经历的时间，即为试样的初凝时间。记录从试样与水接触开始，至钢针第一次插入料浆的深度不大于 1mm 所经历的时间，即为试样的终凝时间。

取两次测定结果的平均值，作为该试样的初凝时间和终凝时间，精确至 1min。

⑤ 抗折强度的测定　一次调和制备的建筑石膏量，应能填满制作三个试件的试模，并将耗损计算在内，所需料浆的体积为 950mL，采用标准稠度用水量，用下列公式计算出建筑石膏用量和加水量。

$$m_G = \frac{950}{0.4 + (W/P)}$$

$$m_W = m_G \times (W/P)$$

式中，m_G 表示建筑石膏质量，g；W/P 表示标准稠度用水量，%；m_W 表示加水量，g。

在试模内侧薄薄地涂上一层矿物油，并使连接缝封闭，以防料浆流失。

先把所需加水量的水倒入搅拌容器中，再把已称量的建筑石膏倒入其中，静置 1min，然后用拌和棒在 30s 内搅拌 30 圈。接着以 3r/min 的速度搅拌，使料浆保持悬浮状态，直至开始稠化，当料浆从料勺上慢慢滴落在料浆表面能形成一个小圆锥体时，用料勺将料浆灌入试模内。

试模充满后，将试模的前端抬起约 10mm，再使之落下，如此重复 5 次以排除料浆中的气泡。当从溢出的料浆判断已经初凝时，用刮平刀刮去溢浆，但不必反复刮抹表面。终凝后，在试件表面做上标记，并拆模。

将脱模后的试件存放在试验室环境中，至试样遇水后 2h 或规定龄期后，用于测定湿强度的试件应立即进行强度测定。用于测定干强度的试件先在 (40±4)℃ 的烘箱中干燥至恒重，然后立即进行强度测定。

实验用试件三条，将试件置于抗折试验机的二根支承辊上，试件的成型面应侧立，试件各棱边与各辊垂直，并使加荷辊与两个支承辊保持等距。开动抗折试验机后逐渐增加荷载，最终使试件折断。

记录试件的断裂荷载值或直接读取抗折强度值。

抗折强度 R_f 按下式计算：

$$R_f = 6M/b^3 = 0.00234P$$

式中，R_f 表示抗折强度，MPa；P 表示断裂荷载，N；M 表示弯矩，N·mm；b 表示试件方形截面边长，40mm。

计算三个试件抗折强度平均值，精确至 0.05MPa。如果所测得的三个 R_f 值与其平均值之差不大于平均值的 15%，则用该平均值作为抗折强度值；如果有一个值与平均值之差大于平均值的 15%，应将此值舍去，以其余两个值计算平均值；如果有一个以上的值与平均值之差大于平均值的 15%，则用三个新试件重做试验。

⑥ 抗压强度的测定　用做完抗折试验后的不同试件上的三块半截试件进行抗压强度试验。

将试件的成型面侧立，置于抗压夹具内，并使抗压夹具的中心处于上、下夹板的轴心上，保证上夹板球轴通过试件受压面中心。开动抗压试验机，使试件在开始加荷后 20~40s 内破坏。记录每个试件的破坏荷载 P。

抗压强度 R_c 按下式计算：

$$R_c = P/S = P/1600$$

式中，R_c 表示抗压强度，MPa；P 表示破坏荷载，N；S 表示试件受压面积，40mm×40mm=1600mm^2。

计算三个试件抗压强度平均值，精确至 0.05MPa。如果所测得的三个 R_c 值与其平均值之差不大于平均值的 15%，则用该平均值作为抗压强度值；如果有一个值与平均值之差大于平均值的 15%，应将此值舍去，以其余两个值计算平均值；如果有一个以上的值与平均值之差大于平均值的 15%，则用三块新试件重做试验。

⑦ 白度的测定　将粉样盒用干净的刷子刷干净，在压盖中放入毛玻璃，旋紧粉样盘，将待测石膏粉轻轻放入粉样盒中并刮去多出平面的部分，放上压块，旋上压粉器，顺旋把手，到听见嗒嗒的响声即认为样品已经压实，逆旋把手 720°，旋出压粉器，取出压块，盖上塑料底盒，翻转粉样盒，旋下压盖，揭开毛玻璃，将粉样盒放入试样口，显示的数据即为样品的白度。

⑧ 石膏硬度的测定　用做完抗折试验后的不同试件上的三块半截试件进行试验。

在试件成型的两个纵向面（即与模具接触的侧面）上测定石膏硬度。将试件置于硬度计上，并使钢球加载方向与待测面垂直。每个试件的侧面布置三点，各点之间的距离为试件长度的四分之一，但最外点应至少距试件边缘 20mm。先施加 10N 荷载，然后在 2s 内把荷载加到 200N，静置 15s。移去荷载 15s 后，测量球痕深度。

石膏硬度 H 按下式计算：

$$H = F/(\pi D t)$$

式中，H 表示石膏硬度，N/mm^2；t 表示球痕的平均深度，mm；F 表示荷载，200N；D 表示钢球直径，10mm。

取所测的 18 个深度值的算术平均值 t 作为球痕的平均深度，再按上式计算石膏硬度，精确至 $0.1N/mm^2$。球痕显现出明显孔洞的测定值不应计算在内。球痕深度小于 0.159mm 或大于 1.000mm 的单个测定值应予剔除，并且球痕深度超出 $t(1-10\%)$ 与 $t(1+10\%)$ 范围的单个测定值也应予剔除。

（6）检验规则

① 产品出厂前必须进行出厂检验。出厂检验项目包括细度、标准稠度用水量、抗折强度、白度及凝结时间五项。

② 对产品质量进行全面考核的型式检验，在正常生产情况下，每六个月检验一次。项目包括细度、松散容重、标准稠度用水量、抗折强度、抗压强度和凝结时间共六项。

③ 对于年产量小于 15 万吨的生产厂，以不超过 60t 同等级的石膏粉为一批；对于年产量等于或大于 15 万吨的生产厂，以不超过 120t 同等级的石膏粉为一批。从每批需要试样的石膏粉中抽取至少 20kg 试样，试样从 10 袋中等量地抽取。

④ 生产厂应对每一批石膏粉提供试验报告，作为供货时的产品质量依据。

⑤ 用户有权按本标准对产品质量进行复验。复验应在收到货后 10d 内进行。检验时按规定取样，将试样充分拌匀，分为三等份，保存在密封容器中。以其中一份试样按上述检验方法进行试验。检验结果，试样有一个以上指标不合格，即判为批不合格；如果只有一个指标不合格，则可用其他两份试样对不合格项目进行重检。重检结果，如两个试样均合格，则该批产品判为批合格；如仍有一个试样不合格，则该批产品判为批不合格。

⑥ 对于复验判为批不合格的产品，可由仲裁单位利用供仲裁封存的试样，对所有不合格指标进行仲裁试验，按规定要求判定该批产品为批合格或批不合格。

9.1.4　柠檬酸建筑石膏粉的市场应用

柠檬酸建筑石膏粉在我国属于中高档石膏粉，理论上用它可以生产大部分石膏制品。但是，我国的柠檬酸生产厂家单家生产的柠檬酸石膏一般为 4 万～8 万吨/年，生产成建筑石膏最多的不超过 5 万吨/年。2018 年刚投产的中粮生化能源（榆树）有限公司可达 15 万吨/年，生产成建筑石膏有 9 万吨/年左右。这样的量只能满足中小型的石膏制品生产需求，如果要生产纸面石膏板，这样的产量差太远。从消化利用固废（柠檬酸石膏是一种固废）的角度出发，最适合这种产量的是生产石膏砌块、石膏条板；从柠檬酸建筑石膏粉的高品质和高利用价值的角度出发，最适合的产品是石膏线、装饰石膏板粉和保温粉刷石膏、面层粉刷石膏、嵌缝石膏等。

9.1.4.1 石膏砌块

按国家发改委现行的政策，石膏砌块生产线的最低立项备案标准是 30 万平方米/年，按平均容重 0.8t/m³ 计，石膏粉的用量在 2.2 万吨/年左右。按我们的经验，颜色较好的做高档装饰材料，颜色较差的做石膏砌块。另外，还可以与脱硫石膏、磷石膏等其他石膏混合做石膏砌块。图 9-7 是济南天康恒达石膏砌块设备制造公司的设备生产的石膏砌块照片。

图 9-7 天康恒达公司石膏砌块

（1）石膏砌块的定义 以建筑石膏为主要原料，加水搅拌、机械成型和干燥制成的建筑石膏制品，其外形为长方体，纵横边缘分别设有榫头和榫槽。生产中允许加入纤维增强材料或其他集料，也可加入发泡剂、憎水剂、无机胶凝材料等。

（2）石膏砌块优秀的各种性能

① 尺寸精确 石膏砌块设备是液压钢模成型，保证尺寸精确，表面平整；墙体砌筑后无需抹灰，24h 后便可进行下一道工序，省钱省工重量轻。

② 优秀的耐火性能 石膏砌块主要成分（$CaSO_4 \cdot 2H_2O$）中含两个结晶水，约占比 21%。结晶水在平时稳定地存在石膏内，遇到高温，这些水分能迅速扩散到墙体表面的空气中，进而在墙体材料表面形成一层"水汽碳"。这样既可以降低墙体材料表面的温度，又能起到隔离氧气的作用，以此阻止和延缓墙体材料和建筑物的进一步燃烧。如厚 100mm 的石膏砌块墙体，火灾时每平方米要蒸发出约 20kg 水分，墙体才能进一步升温。当温度达到分解温度 1400℃后，温度才能继续上升。而加气混凝土砌块在 600℃以上的环境中抗压强度就会降低。

我国 1998 年颁布的"建筑材料燃烧性能分级方式"和"建筑材料难燃烧性能试验方式"已将石膏制品列为不燃体，属于 A 级不燃材料。

③ 优秀的保温、隔热、隔音性能　石膏砌块优秀的隔音性能不仅取决于材料本身，还因为石膏砌块的施工工艺为密实卡槽，缝隙较少，不开裂，砌块之间的黏结采用细骨料高强黏结剂，砌块之间的缝隙不大于 3mm，因此，亦可保证整个墙体的隔音效果。

石膏砌块的导热系数为 0.11~0.14W/(m·K)。一般 150mm 厚石膏空心砌块墙体相当于 200mm 厚实心砖墙体的保温隔热能力。

④ 高稳定性不易开裂　水泥及各种硅酸盐基材料的水化产物以胶体为主，在外界温度变化时易于产生胀缩，水化期通常比较长（可高达几十年），在水化期会产生一定的变形。

石膏基的水化产物为结晶体，水化期通常很短，水化期有变形，但水化结晶体形成网状后，基本不受外界温度的变化，因此砌块本身基本不变形。其胀缩率在相等的条件下是水泥及硅酸盐类产品的 1/20。

另外砌筑砌块的黏合剂也是用石膏配制的，它们的胀缩率是一致的，在凹凸槽咬合的作用下可以完美的形成一面整体墙而不易开裂。

⑤ 良好的抗震性能　在满足建筑功能需求的前提下，石膏砌块的墙体重量远轻于加气砼砌块，属于轻质隔墙，具有良好的抗震性能，而且可以降低主体结构的建设成本。

⑥ 舒适的呼吸功能　石膏砌块具有呼吸功能，即有调节室内空气湿度的功能。石膏的微孔结构由二水石膏针状晶体交叉组成，故在针状晶体结构中存在着大量的自由空间。当空气中湿度高时，石膏可以通过毛细孔结构吸收空气中的水分，储水率能达到 7~17g/m^2，比水泥砂浆（储水率 6~9g/m^2）能多储存近一倍以上的水分。当空气湿度降低时，石膏毛细孔结构中的水分很容易蒸发到空气中去，而不影响墙体的牢固程度。因此，石膏砌块具有调节大气湿度功能，可调节室内小气候。墙面在空气湿度较高时也无冷凝水，使人倍感舒适。

⑦ 施工便捷　石膏砌块纵横四边分别有榫槽、榫键，便于施工，砌块可锯、可刨、可钉。

⑧ 绿色、环保　石膏砌块的生产原料有益健康，使用是绿色施工，拆装后还可以回收再利用。

（3）石膏砌块的市场状况　目前全世界有 60 多个国家生产与使用石膏砌块，主要用于住宅、办公楼、酒店等作为非承重内隔墙。国际上已公认石膏砌块是可持续发展的绿色建材产品，在欧洲占内墙总用量的 30% 以上。

随着人工成本的逐年增高，国家对墙体改革的强力推进，对建筑节能环保要求的提高，石膏砌块已经成为很多建设方的首选材料，它低成本高附加值的特性越来越被认可。

（4）石膏砌块生产设备介绍　目前，国内生产石膏砌块设备的厂家有二十几家，设备结构大同小异，下面就济南天康恒达石膏砌块设备制造公司的设备和流程作以简介。其石膏砌块生产设备如图9-8所示。

图 9-8　石膏砌块生产设备

1—螺旋输送系统；2—粉料计量系统；3—水计量系统；4—搅拌系统；5—安全平台；6—石膏砌块成型机（置于地平面以下约2m）；7—航车夹具系统；8—PLC电控系统；9—场地码垛机械手；10—航道

天康牌石膏砌块生产流程为：建筑石膏粉→螺旋输送系统→粉料计量系统→水计量系统→气动蝶阀均匀下料→搅拌机均匀快速混合料浆→液压油缸翻转倒浆→自动起落式刮槽系统→待初凝成型顶出石膏砌块→航车夹具夹走石膏砌块→电动车运输砌块至场地→场地码垛晾晒→干燥后打包储存。生产现场如图9-9所示。

石膏砌块具有可持续发展和可操作性，因同时具备成本最低、效率最高、绿色环保、材料充足等特点，市场前景很好，是与柠檬酸石膏产量配套的好产品。

（5）石膏砌块施工　石膏砌块是一种新型墙材，与传统的墙材相比，施工技术要求高。为了便于推广，国家住房和城乡建设部于2010年制定了行业标准：《石膏砌块砌体技术规程》。图9-10是石膏砌块施工作业照片。

9.1.4.2　石膏空心条板

石膏空心条板与石膏砌块相比，长度不是固定的尺寸，而是根据用户的墙高确定长度。为了提高板材的抗弯强度，在成型时，在板材的两侧各加设一层玻纤网布。图9-11是生产和安装的照片。

图 9-9　石膏砌块生产现场

图 9-10　石膏砌块施工作业

20 世纪 70 年代中期，石膏空心条板首先由匈牙利介绍到我国，此后，北京、湖北、广西等地相继研制成功，为我国添加了一个墙体材料新品种，并与纸面石膏板、石膏砌块一起，形成了我国石膏墙体材料系列。

经过 30 多年的发展，3 种石膏墙体材料都已完善了从生产到应用的技术体系；但在生产装备方面，纸面石膏板与石膏砌块已有机械化、自动化的生产线，石膏空心条板目前还只能达到半机械化和半自动化的生产水平，其发展规模和速度也不及其他两个产品。

图 9-11　石膏条板生产和安装

综观国外石膏墙体材料的发展，纸面石膏板是主流；石膏砌块在欧洲和部分亚、非国家仍在发展应用；石膏空心条板的应用相对较少。

我国是一个发展中国家，各地经济发展水平相差悬殊，劳动力的价格也相对比较便宜。因此，要在我国发展非承重内隔墙，特别是住宅非承重内隔墙，石膏空心条板应作为推荐的产品之一，其发展前景是乐观的。

（1）特点　石膏空心条板的轻质、耐火、保温、隔热、吸声，以及调节室内湿度等优点与石膏砌块相同，不同的是改善了脆性，不仅可以做一般内隔墙使用，还可满足冲击频数高的门口板的性能要求，适宜用作多层及高层住宅非承重内隔墙。一块板就是一堵墙，安装更便捷。

（2）规格　长度：2400～3600mm（大多是根据用户的墙高确定）；宽度：600mm；厚度：60mm、90mm、120mm 等；孔数：7～9 个；孔径：ϕ38～60mm。

9.1.4.3　粉刷石膏

我们这里所讲的粉刷石膏是用柠檬酸建筑石膏粉加入外加剂制成的抹灰材料。粉刷石膏分为三种：保温层粉刷石膏、面层粉刷石膏、底层粉刷石膏。根据蚌埠华东石膏有限公司十多年的科研和生产实践，发现柠檬酸建筑石膏粉有两个重要的优（特）点：一是容重小 [750kg/m³ 左右]，保温性能在所有石膏材料中最好 [<0.19W(m·K)]；二是白度大都在 80% 以上，优等品可达 85% 以上，在所有的工业副产石膏中是最高的，可以与我国最好的天然石膏——湖北应城纤维石膏相媲美。因此，用柠檬酸建筑石膏粉做保温层粉刷石膏和面层粉刷石膏能体现较高的价值（不建议做底层粉刷石膏）。

（1）保温层粉刷石膏　保温层粉刷石膏与底层粉刷石膏一样，配方比较简单。基本的配方如下。

石膏粉：350～400kg　　　　　甲基纤维素：3～5kg

羟甲基纤维素：1～2kg　　　　缓凝剂：0.2kg 左右

玻化微珠：1～1.3m³

以前我国做保温砂浆的保温集料大都是用膨胀珍珠岩，近年来一般用性能优异的玻化微珠。

玻化微珠是一种酸性玻璃质熔岩矿物质（松脂岩矿砂），经过特种技术处理和生产工艺加工形成内部多孔、表面玻化封闭，呈球状体细径颗粒，是一种具有高性能的新型无机轻质绝热材料。主要化学成分是 SiO_2、Al_2O_3、CaO，颗粒粒径为 0.1～2mm，容重为 50～100kg/m³，导热系数为 0.028～0.048W/(m·K)，漂浮率大于 95%，成球玻化率大于 95%，吸水率小于 50%，熔融温度为 1200℃。由于表面玻化形成一定的颗粒强度，理化性能十分稳定，耐老化耐候性强，具有优异的绝热、防火、吸音性能，适合诸多领域中作轻质填充骨料和绝热、防火、吸音、保温材料。在保温粉刷石膏中，用玻化微珠作为轻质集料，可提高砂浆的和易性流动性和自抗强度，减少材性收缩率，提高产品综合性能，降低综合生产成本。用玻化微珠替代传统的普通膨胀珍珠岩和聚苯颗粒，克服了膨胀珍珠岩吸水性大、易粉化，在料浆搅拌中体积收缩率大，易造成产品后期强度低和空鼓开裂等现象，同时又弥补了聚苯颗粒有机材料易燃、防火性能差、高温产生有害气体和耐老化耐候性低、施工中反弹性大等缺陷，提高了保温粉刷石膏砂浆的综合性能和施工性能。

高保温性能的柠檬酸建筑石膏与玻化微珠优化配方的保温层粉刷石膏，是我国目前最好的内保温材料之一。

（2）面层粉刷石膏　面层粉刷石膏的技术要求比较高，下面做详细介绍。

面层粉刷石膏是用于墙体或顶棚表面基底上的最后一层石膏抹灰材料（也称为石膏刮墙腻子）。它通常不含集料，具有较高强度。

面层粉刷石膏是以建筑石膏粉为主要原料，辅以少量石膏改性剂混合而成的袋装粉料。使用时加水搅拌均匀，采用刮涂方式，将墙面或顶棚表面找平，是喷刷涂料和粘贴壁纸的理想基材。若掺入无机颜料，则可以直接做内墙装饰面层。

面层粉刷石膏充分利用建筑石膏的速凝，黏结强度高，洁白细腻的特点，并加入改善石膏性能的多种外加剂配制而成，广义上讲是一种薄层抹面材料。这种刮墙腻子其抗压强度大于 6.0MPa，抗折强度大于 3.0MPa，黏结强度大于 0.4MPa，软化系数 0.3～0.4，因此这种硬化体吸水后不会出现坍塌现象。而大白滑石粉传统腻子的硬化体完全靠干燥强度，浸水后立即会坍塌。一些生产劣质腻子的厂家，由于刮墙腻子上墙后出现卷皮、脱落问题，被施工方退货、罚款。同样一些使用劣质腻子粉的承建单位被投诉也时有发生。

市场上也出现了诸如耐水腻子、膏状腻子等产品，其售价每吨在几千元以上，使一些民用住宅消费者望而止步。因此说真正的面层粉刷石膏是现阶段民用及公用建筑中不可缺少的一种材料。

面层粉刷石膏的生产主机是粉料混合机，在此列出年产 10000t 的生产工艺装备（见表 9-4）。

表 9-4　面层粉刷石膏生产工艺装备

序号	名称	规格型号	备注
1	包装机	D6T-50 型单嘴	产量 15t/h
2	给料机	单嘴 D6T-500	
3	成品仓梯子		
4	成品仓闸门		
5	成品仓支撑架平台		
6	成品仓	$V=10.56\mathrm{m}^3$	容量 12t
7	提升机固定夹子		
8	出料溜槽		
9	斗式提升机维修平台		
10	斗式提升机	TD160 型　$H=9.92$	产量 8m³/h 深斗
11	锥形双螺旋混合机	SLH-6　$V=6\mathrm{m}^3$	产量 6.5～8t/h
12	混合机接料槽		
13	斗式提升机出料溜槽		
14	斗式提升机	TD160 型　$H=8.42$	产量 8m³/h 深斗
15	斗式提升机维修平台		同 SKN-07
16	维修平台梯子 I		
17	维修平台梯子 II		
18	斗式提升机固定夹子		
19	混合机平台架子		
20	振动筛	SZD-4 型	
21	筛出料溜槽		
22	地脚螺栓	M20×400	
23	地脚螺栓	M16×300	包装机振动筛
24	混合机支承立柱		
25	混合机出料闸门		
26	混合机出料溜槽		
27	混合机支承架子		
28	设备基础		
29	混合机平台梯子		

输送设备：输送设备常用的有皮带输送机、螺旋输送机、斗式提升机等。皮带输送机、螺旋输送机要求上料角度最大不超过 60°，需要场地较长。皮带输送机为敞开型，输送过程中粉尘大。一般斗式提升机可垂直上料，占地面积小，密封性好，维修方便。

混合设备：混合设备常用的有无重力粒子混合机、犁刀式混合机等，根据经验，锥形双螺旋混合机是比较好用的。

锥形双螺旋混合机的搅拌部件为两条不对称悬臂螺旋，长短各一，它们在绕自己的轴线转动（自转）的同时，还环绕锥形容器的中心轴；借助转臂的回转在锥体壁面附近又作行星运动（公转）。该设备通过螺旋的公、自转使物料反复提升，在锥体内产生剪切、对流、扩散等复合运动，从而达到混合的目的。图9-12是锥形双螺旋混合机示意图。

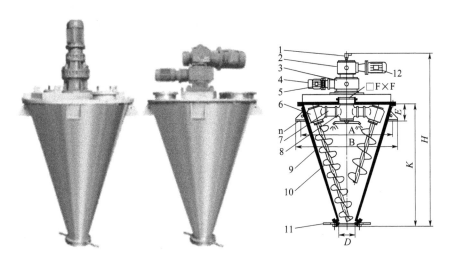

图 9-12　锥形双螺旋混合机示意图

1—喷液器；2—主减速器；3—减速器；4—电机；5—减速机；6—传动头；
7—转臂；8—传动箱；9—锥体；10—螺旋；11—出料阀；12—主电机

锥形双螺旋混合机的主要构造如下。

① 传动部分　由自转电机和公转电机的运动，通过蜗杆、蜗轮（摆线针轮减速机）、齿轮调整到合理的速度，然后传递给螺旋使螺旋实现自、公转两种运动。

② 螺旋部分　筒体内两只非对称排列的悬臂螺旋做自、公转行星运动时，在较大范围内翻动物料，使物料快速达到均匀混合。

③ 筒体部分　筒体为锥形结构，作乘物料用。使出料迅速、干净、不积料、无出料死角。

④ 筒盖部分　筒盖支承着整个传动部分，传动部分用螺栓固定在筒盖上。筒盖上设有若干孔，供进料、观察、清洗、维修用。

⑤ 出料阀　出料阀安装在筒体底部，用于控制物料流出及放料。该出料阀可分手动、机动、气动等形式。

⑥ 喷液装置　喷液装置由旋转接头和喷液部件组成，喷液部件固定在分配箱下端盖上，由转臂带动一起运转，旋转接头和喷液部件为活动连接，以便旋转接头固定在管道上。喷液装置方便液体材料混合。

锥形双螺旋混合机的规格较多，可以根据生产量的大小适当选择（见表9-5）。

表 9-5　锥形双螺旋混合机

型号规格	ZSHS-0.3	ZSHS-0.5	ZSHS-1	ZSHS-2	ZSHS-3	ZSHS-4	ZSHS-6	ZSHS-10	ZSHS-15	ZSHS-20	ZSHS-30
全容积/m³	0.3	0.5	1	2	3	4	6	10	15	20	30
生产量/(t/h)	0.3～1	0.5～1.5	2～2.5	2.5～5	4～7.5	5～10	7～15	12～20	18～30	20～40	30～60
总功率/kW	2.57	3.37	4.75	6.25	8.25	12.5	16.5	20.7	25	34	50.5
公转转速/(r/min)	2	2	2	2	2	1.6	1.6	1.3	1	1	1
装载系数	0.6										
物料粒度（目）	20～1000										
混合均匀度相对偏差/(10min)	≤1.5										
设备净重/kg	500	600	1200	1500	2100	2520	3150	3950	6500	8000	11600
外形尺寸(D×H)	936×1670	1142×2000	1610×2520	1970×3130	2210×3470	2330×4530	2620×5120	3050×5920	3510×6860	3830×7500	4320×8480
支座中心距(D1)	856	1065	1535	1890	2130	2250	2540	2970	3410	3730	4200
总高度(H)	1670	2000	2520	3130	3470	4530	5120	5920	6860	7500	8480
筒体高度(H1)	1022	1355	1723	2310	2650	2922	3415	4120	4830	5350	6170
支座至筒盖高(H2)	215	215	245	245	245	400	400	400	400	400	400
进料口尺寸(A)	200	200	250	300	300	500	500	500	500	500	500
出料口尺寸(B)	225	225	294	294	325	390	390	390	390	390	390
支座数量、孔径(n-d)	4～20	4～20	4～23	4～23	4～23	4～25	4～25	4～25	4～30	4～30	4～30

称重包设备：粉料称重包设备种类很多，一般选择耗电量小、精确度较高的称重包装机。

除尘设备：粉料生产的最大污染源是粉尘，在粉料生产线中必须配备除尘设备。进料口和出料口为粉尘比较容易泄漏，是粉尘污染最严重的地方，为保证工人身体健康、文明生产，除尘设备的主要吸入口应对准进料口和出料口安装，使大量粉尘被及时吸走，排入集尘袋中。除尘设备也有很多种，比较适合生产线需要的以布袋除尘器最好。

9.1.4.4 嵌缝石膏

嵌缝石膏是一种用于石膏板板间接缝、嵌填、找平和黏结的通用型接缝腻子，是由无机或有机胶凝材料、填料以及多种化学外加剂，经一定的生产工艺制成的预混合材料。嵌缝石膏是在现场加净水拌成膏状剂后使用。这种接缝处理的特点是黏结面积大，中间又有一层与腻子结合牢固的接缝带，当板面受荷载作用时，应力被约束在单块石膏板面上，不易开裂，形成一个整体性强、黏结牢固、平整的墙面。因此，这类以胶凝材料的水化而固化的填缝剂又称为凝固型接缝剂。

嵌缝石膏按照使用方法不同可分为两种产品：一种与接缝带配合使用，适用于楔形棱边的纸面石膏板及其他类型的石膏板板间接缝的嵌缝处理，也适用于其他轻质墙体的板间接缝处理，称为石膏嵌缝腻子；另一种是可不用接缝带，直接用于半圆形棱边的纸面石膏板板间接缝处理，称为无带石膏嵌缝腻子，也可与接缝带配合用于楔形棱边的纸面石膏板及其他类型石膏板板间接缝处理。

9.1.4.5 黏结石膏

黏结石膏是一种快硬的石膏黏结材料。是石膏砌块、石膏条板石膏线条等必不可少的配套材料，应用范围广，用量大。国内自 20 世纪 80 年代开始有少量应用，90 年代随着建筑装饰装修工程的发展，特别是各种石膏装饰制品大量应用于室内装修，黏结石膏的应用量也随之而增。

黏结石膏以建筑石膏为基料，加入适量缓凝剂、保水剂、增稠剂、黏结剂等外加剂，经混合均匀而成的粉状无机胶黏剂。它具有无毒无味、安全性好、使用方便（只要加一定量的水，搅拌均匀达到施工用稠度即可使用）、操作简单、瞬间黏结力强、能厚层黏结、不收缩、凝结速度快、节省工时等优点。适用于各类石膏板（如石膏砌块、石膏条板、石膏线条、纸面石膏板、石膏保温板、装饰石膏板）的黏结；也可用于加气混凝土、GRC 等墙体板材和其他无机建筑墙体材料（如砖、水泥混凝土）之间的黏结。

9.1.4.6 装饰石膏板

装饰石膏板是一种以建筑石膏为主要原料，掺入适量纤维增强材料和外加剂，与水一起搅拌成均匀的料浆，经浇注成型、干燥而成的不带护面纸或其他覆盖物的装饰板材。柠檬酸建筑石膏做装饰石膏板能发挥白度好的优势。

装饰石膏板通常用于各种建筑物吊顶的装饰装修，如卧室、客厅、酒吧、舞厅、会议室、大型的报告厅、体育馆、大会堂等。由于装饰石膏板的多种优点及所具有的强烈的装饰效果，现已作为一种时尚的、常变常新的装饰材料而风靡于世界各地（见图 9-13）。

图 9-13　装饰石膏板应用

装饰石膏板品种较多，包括普通装饰石膏板，嵌装式装饰石膏板，新型轻薄型装饰石膏板及大型装饰板块等，其中，嵌装式装饰石膏板四周具有不同形式的企口，安装非常方便。装饰石膏板按功能分有装饰板、吸声板、通风板；按材性分有普通板、耐火板、防潮板；按花纹分有平纹、浅浮雕、深浮雕；按安装方法分有明龙骨和暗龙骨等；与各种装饰条、角、线、石膏灯座及石膏柱等配套使用，可形成富丽堂皇、典雅华贵的风格。

我国于 1975 年开始试制第一代装饰石膏板，由当时的湖南省建材研究所与邵东石膏矿联合开发，并于 1976 年投产。其首批产品用于长沙市火车站，反映良好。据调查至 1981 年全国有装饰石膏板生产厂家 23 家，产量约 48 万平方米/年。后又发展了许多小厂，湖南、湖北、四川、江苏、河南、山西、北京等地都普遍生产，年产量超过百万平方米。其中湖北黄石、山西晋中、湖南岳阳等地均制定了装饰石膏板的地方标准，在当时的市场上有一定的知名度和占有率。

在产品品种方面，开发了装饰板、吸声板、防潮板、轻质板等；在产品结构方面，各厂基本上是平板型的普通装饰石膏板，靠螺钉或粘接固定，与国际上常用的产品不完全一致；在生产技术方面均采用手工操作。其第一代产品用平板玻璃、压花玻璃、塑料板等作底模浇注成型，经自然干燥后，再进行钻孔、印花等二次加工。第二代产品是利用刻有凹凸花纹的塑料模或橡胶模浇注成型的。这些产品由于用手工操作，工艺落后，模具粗糙，湿法生产，工人劳动强度大，生产效率低。而最关键的是产品质量差，在施工应用中存在不少问题。

近年来，装饰石膏板有了新发展，600mm×600mm×14mm 的新型轻薄型装饰石膏板基本全部代替了嵌装式装饰石膏板和大部分代替了普通装饰石膏板。新型轻薄型装饰石膏板的形状与横断面见图 9-14。

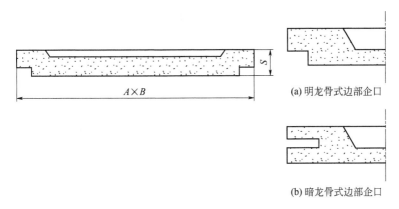

(a) 明龙骨式边部企口

(b) 暗龙骨式边部企口

图 9-14　轻薄型装饰石膏板

其长 A、宽 B，尺寸以 600mm×600mm 为主，也有 600mm×1200mm 或其他规格的。其厚度尺寸 S 大致在 13～14mm 之间。花纹一般为浅浮雕花纹。从横断面看也是四周厚、中间薄的形状，以进一步减轻重量，同时也设置加强筋以提高抗折强度。这种装饰板也有浅浮雕板、吸声板及通风板几种形式。其安装形式一般为明龙骨式，边部企口见图 9-14(a)；另外还有暗龙骨式，其边部企口见图 9-14(b)，但一般仅两个对边有槽口，为成板后再机械加工而成。这些产品由于"轻、巧、新"，制造质量优良，已深受用户的好评，具有很大的发展潜力。

9.1.4.7　石膏线条类装饰制品

石膏线条类装饰制品是以石膏角线为主，包括石膏柱、角花、圆弧、花盘、门头花、浮雕壁画等，装饰效果如图 9-15。

石膏角线是石膏装饰制品中安装应用量最大，花式、款式最多的大宗产品。用柠檬酸建筑石膏生产能充分发挥白度好的优势。图 9-16(a) 的两幅图是安徽蚌埠市银欣石膏线条厂用柠檬酸建筑石膏生产石膏线时在成型机上的湿的产品照片，图 9-16(b) 是干燥后放在仓库的照片。

石膏线条类装饰制品的生产比较简单，主要原料石膏粉强度要求比较高，抗折强度要在 2.5MPa 以上，手工生产的初凝时间在 4～6min，机械生产的要在 4～5min。另外的原料就是玻璃纤维。手工生产的用较长的开刀丝，机械生产的用短切开刀丝和涂塑玻纤网布。

图 9-15　石膏线条装饰效果图

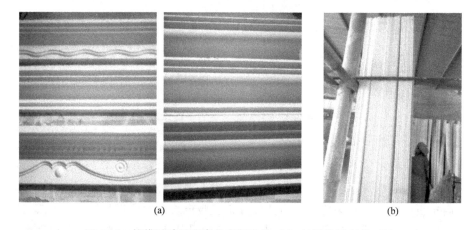

　　　　　　　　(a)　　　　　　　　　　　　　　　　　　(b)

图 9-16　柠檬酸建筑石膏线条湿产品（a）与干燥后产品（b）

　　开刀丝通常选用 21 支中碱玻璃纤维原纱石膏制品专用玻璃纤维。以铂金坩埚拉制的"熟丝"丝径均匀、手感柔韧，拉伸强度、防火、耐热、耐酸、绝缘、防霉、防蛀等性能优良。而土坩埚拉制的"生丝"，质量不及前者，且刺扎人的皮肤。

　　玻璃纤维不宜长时间堆放，尤其是在潮湿环境，易使丝体强度下降、变脆、颜色泛黄。

　　（1）目测　色白，丝径粗细均匀，无残渣、杂污物。

　　（2）手测

　　① 手感柔韧，不潮湿（含湿率＜5％）。

　　② 取单丝 1 根，用力拉扯，有足够的强度（拉时注意单丝易勒破手指）；将单丝打结时，拉结的圈越小越不易折断，则说明其耐曲折、耐扭曲强度越高。

　　机械生产用的涂塑玻纤网布网孔 1cm 左右，目测色白，丝径粗细均匀，手感柔韧，不潮湿。

　　石膏线条的生产一直是手工，从 2016 年起机械生产得到大力推广，手工生产在 2018 年全被淘汰。

　　石膏线条的机械生产成型线类似于纸面石膏板的生产成型线，但是少有用烘干的，因为石膏线条长、窄、薄，自然干燥比较容易。图 9-17 两张照片是蚌埠市银欣石膏线条厂的机械生产成型线和自然晾干棚。

(a)　　　　　　　　　　　　　　(b)

图 9-17　蚌埠市银欣石膏线条厂的机械生产成型线（a）和自然晾干棚（b）

9.2　柠檬酸菌丝体的综合应用

9.2.1　柠檬酸菌丝体来源及主要成分

　　黑曲霉是重要的工业菌种，被广泛用于发酵生产有机酸、酶制剂，以及酿造调味品和发酵饲料产品。在通过反应器生产发酵产品的过程中，黑曲霉自身的生物量积累也形成一种具有价值的资源，柠檬酸发酵液中的菌体经固液分离得到湿菌丝体。固液分离一般采用板框压滤、带式压滤机、膜分离等方式实现。

　　菌丝体细胞壁中所含有的甲壳素，约占菌体干重的 20%～22%，是甲壳素及其衍生产品生产的又一重要原料来源。柠檬酸是大宗发酵有机酸产品中的代表，主要以黑曲霉为菌种进行发酵的产品，在有机酸生产领域占有较大比例。菌丝体是以黑曲霉发酵生产柠檬酸过程中产生的生物量，发酵终点菌丝体干重占发酵液体积的 1.5% 左右，折合柠檬酸，吨柠檬酸产品副产干菌丝体 50～100kg。以中粮（榆树）公司新建的 12 万吨/年柠檬酸生产线为例，可副产 1.8 万～2.4 万吨菌丝体，其中甲壳素含量高达 4000t 左右。

　　20世纪90年代之前，柠檬酸发酵通常采用山芋干、木薯等淀粉原料进行发酵，由于发酵过程中营养的考虑，发酵过程采用的是半清液发酵的方式，即发酵过程除采用山芋干、木薯干的液化清液，会添加一定比例不经过压滤的带渣液化液。因此发酵结束压滤出的菌渣不是纯的黑曲霉菌丝体，而是含有一定山芋干和木薯干的液化液渣。菌丝体纯度低，菌丝体及其功能成分甲壳素等提取难度较大。

　　20世纪90年代之后，特别是安徽省蚌埠柠檬酸厂申请的《一种柠檬酸或柠檬酸钠的制备方法》的专利技术公开之后，使利用玉米粉为原料直接发酵柠檬酸能够得以实现和推广。目前柠檬酸行业中基本都利用玉米粉为原料进行生产，发酵模式基本采用半清液发酵，即在发酵过程中基本采用玉米液化后经过过滤的清液为原料进行发酵，考虑发酵过程所需的营养成分，会加入15%左右带渣玉米液化液，作为天然培养基。发酵终点菌渣除含有黑曲霉菌丝体，还含有部分添加的带渣玉米液化液带入的玉米渣。

　　随着柠檬酸发酵菌种优化和发酵水平的提升，以及张嗣良教授柠檬酸多尺度发酵技术的应用，清液发酵技术应用水平逐步成熟，柠檬酸精细化发酵配方和调控逐渐在产业化中得到应用，即通过采用柠檬酸液化清液进行发酵，过程中补充一些定量的营养组分，实现柠檬酸全清液发酵。发酵结束得到的菌丝体纯度高，颜色浅，甲壳素等功能成分含量高，提取难度低。

　　针对带渣发酵和全清液发酵获得的菌丝体成分，中粮营养健康研究院收集了中粮生物化学（安徽）股份有限公司生产现场的两种菌体，经过干燥后统一送第三方检测，获得两种菌体较为详尽的成分组成见表9-6和表9-7，可作为进一步综合利用的基础依据。

表9-6　带渣发酵菌体成分

成分名称		含量	备注
氨基酸	天冬氨酸	0.85g/100g	GB/T 18246—2000
	苏氨酸	0.68g/100g	
	丝氨酸	0.61g/100g	
	谷氨酸	0.90g/100g	
	脯氨酸	0.30g/100g	
	甘氨酸	0.42g/100g	
	丙氨酸	0.53g/100g	
	胱氨酸	0.16g/100g	
	缬氨酸	0.57g/100g	
	甲硫氨酸	1.31g/100g	

续表

成分名称		含量	备注
氨基酸	异亮氨酸	0.36g/100g	GB/T 18246—2000
	亮氨酸	0.82g/100g	
	酪氨酸	0.24g/100g	
	苯丙氨酸	0.57g/100g	
	赖氨酸	0.37g/100g	
	组氨酸	0.21g/100g	
	色氨酸	0.15g/100g	GB/T 15400—1994
	精氨酸	0.24g/100g	GB/T 18246—2000
	氨基酸总量	9.29g/100g	
水分		8.1g/100g	GB/T 6435—2014
粗蛋白		12.3g/100g	GB/T 6432—1994
粗脂肪		7.14g/100g	GB/T 6433—2006
粗纤维		24.6g/100g	GB/T 6434—2006
粗灰分		1.7g/100g	GB/T 6438—2007
总磷		0.16g/100g	GB/T 6437—2002
水溶性氯化物(以 NaCl 计)		0.37g/100g	GB/T 6439—2007
钙		319mg/kg	
铜		未检出(<0.10mg/kg)	
铁		362mg/kg	GB/T 13885—2003
镁		88.8mg/kg	
锰		1.13mg/kg	
钾		312mg/kg	
钠		285mg/kg	
锌		1.30mg/kg	
黄曲霉毒素 B_1		未检出(<0.5μg/kg)	GB/T 17480—2008
脱氧雪腐镰刀菌烯醇		未检出(<1mg/kg)	GB/T 8381.6—2005
玉米赤霉烯酮		未检出(<50μg/kg)	GB/T 19540—2004
盐酸不溶性灰分		1.1g/100g	GB/T 23742—2009
脂肪酸组成(以脂肪计)	月桂酸	0.5g/kg	GB/T 21514—2008
	豆蔻酸	0.8g/kg	
	十五碳酸	2.6g/kg	
	棕榈酸	53.0g/kg	

成分名称		含量	备注
脂肪酸组成 （以脂肪计）	棕榈油酸	0.8g/kg	GB/T 21514—2008
	十七碳酸	15.9g/kg	
	顺-10-十七碳一烯酸	0.5g/kg	
	硬脂酸	8.2g/kg	
	油酸	110.6g/kg	
	亚油酸	165.6g/kg	
	花生酸	1.8g/kg	
	顺-11-二十碳一烯酸	0.5g/kg	
	α-亚麻酸	3.4g/kg	
	顺,顺-11,14-二十碳二烯酸	0.9g/kg	
	山嵛酸	1.8g/kg	
	花生四烯酸	1.3g/kg	
	二十四碳酸	4.9g/kg	

表 9-7   清液发酵菌体成分

成分名称		含量	备注
氨基酸	天冬氨酸	0.40g/100g	GB/T 18246—2000
	苏氨酸	0.29g/100g	
	丝氨酸	0.29g/100g	
	谷氨酸	0.42g/100g	
	脯氨酸	0.19g/100g	
	甘氨酸	0.25g/100g	
	丙氨酸	0.33g/100g	
	胱氨酸	0.04g/100g	
	缬氨酸	0.34g/100g	
	甲硫氨酸	0.16g/100g	
	异亮氨酸	0.30g/100g	
	亮氨酸	0.76g/100g	
	酪氨酸	0.54g/100g	
	苯丙氨酸	0.38g/100g	
	赖氨酸	0.16g/100g	

续表

成分名称		含量	备注
氨基酸	组氨酸	0.07g/100g	GB/T 18246—2000
	色氨酸	0.12g/100g	GB/T 15400—1994
	精氨酸	0.14g/100g	GB/T 18246—2000
	氨基酸总量	5.18g/100g	
水分		2.4g/100g	GB/T 6435—2014
粗蛋白		12.7g/100g	GB/T 6432—1994
粗脂肪		7.67g/100g	GB/T 6433—2006
粗纤维		26.2g/100g	GB/T 6434—2006
粗灰分		0.50g/100g	GB/T 6438—2007
总磷		0.11g/100g	GB/T 6437—2002
水溶性氯化物(以 NaCl 计)		未检出(<0.003g/100g)	GB/T 6439—2007
钙		784mg/kg	
铜		1.55mg/kg	
铁		69.3mg/kg	
镁		196mg/kg	
锰		2.41mg/kg	GB/T 13885—2003
钾		175mg/kg	
钠		352mg/kg	
锌		37.3mg/kg	
黄曲霉毒素 B_1		未检出(<0.5μg/kg)	GB/T 17480—2008
脱氧雪腐镰刀菌烯醇		未检出(<1mg/kg)	GB/T 8381.6—2005
玉米赤霉烯酮		未检出(<50μg/kg)	GB/T 19540—2004
盐酸不溶性灰分		2.1g/100g	GB/T 23742—2009
脂肪酸组成(以脂肪计)	月桂酸	0.4g/kg	
	豆蔻酸	0.6g/kg	
	十五碳酸	3.2g/kg	
	棕榈酸	70.6g/kg	
	棕榈油酸	1.0g/kg	GB/T 21514—2008
	十七碳酸	13.5g/kg	
	硬脂酸	8.4g/kg	
	油酸	151.9g/kg	
	亚油酸	229.6g/kg	

续表

成分名称		含量	备注
脂肪酸组成（以脂肪计）	花生酸	1.9g/kg	GB/T 21514—2008
	顺-11-二十碳一烯酸	1.1g/kg	
	α-亚麻酸	3.8g/kg	
	顺,顺-11,14-二十碳二烯酸	1.1g/kg	
	山嵛酸	0.8g/kg	
	二十三碳酸	0.5g/kg	
	二十四碳酸	2.1g/kg	

9.2.2　柠檬酸菌丝体开发现状

20 世纪 90 年代，由于有机酸、酶制剂本身价格高，利润空间大，相关生产企业副产的黑曲霉菌丝体由于含水量大，纯度低，烘干成本高，功能成分提取难度大，附加值低，一般不烘干就地堆放，就近以低值饲料销售给当地的养殖企业，如遇高温季节不能及时处理会发霉发臭造成环境污染。湖南大学 1990 年曾研究过利用柠檬酸菌丝体废渣生产活性炭的方法，采用氯化锌活化法，生产粉状活性炭，目前还未见有产业化。还有一些企业直接用于制取沼气等，也都是一些解决废渣的低值化的处理方式。

随着柠檬酸产量的扩大，全球柠檬酸产量突破 200 万吨，菌丝体量（干）高达 3 万～4 万吨，再加上其他以黑曲霉等菌株发酵有机酸和酶制剂产品的菌丝体副产物，是提取甲壳素及其衍生产品丰富的原料资源；此外，随着技术的进步，柠檬酸等大宗生物化工产品成本越来越低，市场价格也随之越来越低，再加上国家对环保要求越来越高，低值化处理压力越来越大，因此，很多企业在探索环保型、低处理成本、高附加值功能产品开发的处理方法。

柠檬酸菌丝体虽然蛋白质含量低，但蛋白质的效价高，蛋白质具有可电离的基团，在电离时会与菌丝体中甲壳素分离，易于体内消化酶消化；酶解后可产生多种必需氨基酸，动物消化吸收快。因从柠檬酸发酵液压滤得到，所以富含 1％～3％的柠檬酸，可以在一定程度上降低畜禽和水产动物消化道 pH 值，增强胃蛋白酶活性，提高饲料利用率；并通过络合作用促进钙、镁、锌等无机盐的吸收。菌丝体中甲壳素含量高，在甲壳素脱乙酰酶和壳聚糖酶的共同作用下，可得到复合功能型饲料添加剂。甲壳素和壳聚糖通过吸附凝集破坏病原菌细胞膜代谢，同时能够增强巨噬细胞的吞噬功能和水解酶的活性，从而提高机体免疫力。此外，菌丝体还含有较高的粗纤维。粗纤维可以促进消化道蠕动，增加排便容积，缩短肠内物质的通过时间，同时吸附铜、镉等重金属及其他有毒物质，并排出体外。酶解得到的壳寡糖，在动物体内可以促进双歧杆菌繁殖，改善消化机能并提高动物特别是幼畜对乳清的利用率，气味香，适口性好。

9.2.3　柠檬酸菌丝体在发酵饲料中的应用新技术

柠檬酸菌丝体在饲料原料目录中名称为"柠檬酸糟"，一般是以湿糟的形式就近处理或销售给养殖户，柠檬酸菌丝体因蛋白含量低，而饲料原料均以蛋白质含量来评估饲料原料价值和定价，因此"柠檬酸糟"因其蛋白低、且含水量高达70%左右、烘干成本高，饲料原料销售价格低，没有利润可言。而发酵饲料主要是以有益菌的量及微生物代谢产物来评价其价值，因此如果以菌丝体为原料，配合其他原料进行发酵，该发酵产品不仅富含动物需要的有益于肠道健康的如乳酸菌、芽孢杆菌、酵母菌等有益菌，而且蛋白质会随着发酵的过程转化为利于畜禽消化吸收的氨基酸和小肽，大大提高了以菌丝体及其他低值原料的附加值。以发酵饲料进行销售，不仅拓宽了柠檬酸菌丝体的应用范围，提高其应有价值，也增加了其附加值。

目前，中粮生物化学（安徽）股份有限公司开发的"酸益壮"等系列发酵饲料产品都以此为原料，根据畜禽种类和时间段添加比例在10%～40%不等。加工方式是与其他农业加工副产物为原料、通过添加有益的微生物菌剂发酵或载体进行混配，开发微生物发酵饲料。此外，用柠檬酸等相关产品菌丝体生产发酵饲料，因微生物进行固态发酵需要在含30%以上水分的湿物料中进行，菌体无需干燥，直接与其他干物料复配后直接进行发酵，为了更好地确保发酵饲料中的菌的活性，发酵饲料成品不需要干燥，直接销售给养殖户，如果作为饲料原料供应给饲料厂，则需进一步开发耐高温有益菌菌株，确保发酵饲料在饲料厂进行二次复配造粒过程中有益菌的存活率。

9.2.3.1　生产工艺

以玉米和柠檬酸生产过程产生的副产品柠檬酸糟和玉米淀粉渣等，粉碎后按照比例进行配比，混合均匀后，接入嗜酸乳杆菌、产朊假丝酵母菌、枯草芽孢杆菌等微生物进行发酵3～6d，得到水分低于35%的发酵蛋白质饲料原料，工艺流程见图9-18。其商品名称为"酸益壮"。

9.2.3.2　饲喂效果

中粮生物化学（安徽）股份有限公司以自己开发的含柠檬酸渣的发酵饲料产品"酸益壮"为原料（黄色粉状），进行了饲喂试验，见图9-19。选择1日龄健康爱拔益加（Arbor Acresplus，AA＋）肉鸡为试验动物。基础日粮参照美国

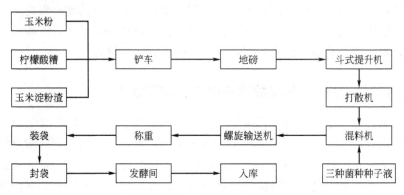

图 9-18 柠檬酸糟发酵饲料生产工艺流程

图 9-19 "酸益壮"为原料（黄色粉状）的饲喂试验

NRC（1994）肉鸡营养需要量和育种公司中推荐的肉鸡营养标准设计配方，饲料组成及营养水平见表 9-8。

表 9-8 基础日粮组成及营养水平 单位：%

原料	1~21 日龄				22~42 日龄			
	对照组	试验组 1	试验组 2	试验组 3	对照组	试验组 1	试验组 2	试验组 3
玉米	57.3	53.0	48.8	44.5	62.3	58.0	53.7	49.3
豆粕	34.6	34.0	33.4	32.8	29.2	28.6	28.0	27.4
酸益壮	—	4.0	8.0	12.0	—	4.0	8.0	12.0
大豆油	3.0	3.9	4.8	5.7	3.8	4.7	5.6	6.5
石粉	1.4	1.4	1.4	1.4	1.3	1.3	1.3	1.3
磷酸氢钙	1.8	1.7	1.7	1.7	1.5	1.5	1.4	1.4

续表

原料	1~21 日龄				22~42 日龄			
	对照组	试验组 1	试验组 2	试验组 3	对照组	试验组 1	试验组 2	试验组 3
抗氧化剂	0.1	0.1	0.1	0.1	0.1	0.1	0.1	0.1
肉鸡前/后期 2%预混	2.0	—	—	—	2.0	—	—	—
肉鸡前/后期 2%预混	—	2.0	—	—	—	2.0	—	—
肉鸡前/后期 2%预混	—	—	2.0	—	—	—	2.0	—
肉鸡前/后期 2%预混	—	—	—	2.0	—	—	—	2.0
总计	100	100	100	100	100	100	100	100

将 432 只平均体重为 (44.21±0.74)g 的 1 日龄 AA＋肉鸡随机分为 4 组，每组 6 个重复，每个重复 18 只，公母各半。以饲喂基础日粮为对照组，试验组 1、试验组 2 和试验组 3 分别添加 4％、8％和 12％，试验期 42d，在河北丰宁动物试验基地进行。肉鸡自由采食和饮水，饲养管理按照鸡场标准操作规程执行。于 7 日龄首免鸡新城疫-传染性支气管炎二联苗，21 日龄加免鸡新城疫活疫苗。试验期间每周空腹称重和记录料耗，计算试验鸡的平均日采食量（ADFI）、平均日增重（ADG）、料肉比（F/G）和只毛利。于试验第 21 和 42 日龄每重复随机选取 2 只鸡，空腹称重、屠宰、解剖，采集胸腺、脾脏、法氏囊并剔除脂肪组织，然后迅速称其鲜重。免疫器官指数计算公式如下：

免疫器官指数＝免疫器官鲜重(mg)/活体重(g)

于试验第 21 和 42 日龄每重复随机选取 2 只鸡，翅下静脉采血 5mL。其余血样经 3000r/min 离心 15min 处理，制备血清，－20℃保存，备测血清免疫球蛋白含量、SOD 含量，由北京华英生物技术研究所测定。

与对照组相比（见表 9-9），添加酸益壮的试验组 1 各日龄日增重、日采食量和平均体重差异均不显著，但日增重和平均体重有提高的趋势（$P>0.05$）。试验组 3，12 日龄料肉比与对照组相比显著低于对照组（$P<0.05$），试验组 2 和试验组 4 差异不显著，但有降低的趋势（$P>0.05$）；试验组 2，21 日龄显著低于对照组（$P<0.05$）；试验组 2 和试验组 3，42 日龄的料肉比与对照组相比有降低的趋势（$P>0.05$）。与对照组只毛利相比，试验组 1 和试验组 2 有提高的趋势，其中试验组 2 提高 0.18 元/只（$P>0.05$）。

由表 9-10 可以看出，试验各组与对照组相比，21 和 42 日龄肉鸡胸腺、脾脏和法氏囊指数差异不显著，但 42 日龄的脾脏指数有提高的趋势（$P>0.05$）。

表 9-9 酸益壮对肉鸡生长性能的影响

项目	日龄	组别			
		对照组	试验组 1	试验组 2	试验组 3
日增重/(g/d)	12	20.84±0.65	20.81±0.82	21.38±0.74	20.63±0.80
	21	35.58±0.93	36.20±1.07	36.37±1.35	34.71±1.08
	42	57.75±1.38	58.03±1.33	57.90±2.26	57.10±2.15
日采食量/(g/d)	12	26.13±0.74	25.42±0.50	25.89±0.49	25.31±0.72
	21	47.20±1.49	46.93±1.52	47.38±1.63	46.63±1.04
	42	98.61±3.82	97.39±2.61	97.75±3.21	99.00±2.91
料肉比	12	1.26±0.02[a]	1.22±0.03[ab]	1.21±0.02[b]	1.23±0.02[ab]
	21	1.33±0.02[ab]	1.30±0.02[c]	1.30±0.02[bc]	1.34±0.02[a]
	42	1.71±0.03[ab]	1.68±0.02[b]	1.69±0.03[b]	1.73±0.02[a]
平均体重/g	12	294.7±7.5	293.5±9.9	301.2±9.0	291.4±9.5
	21	791.8±19.8	804.1±22.4	808.4±28.5	772.6±22.7
	42	2470.0±58.0	2480.9±55.53	2476.5±95.5	2442.0±90.3
只毛利/(元/只)		5.85±0.12[ab]	6.07±0.22[a]	5.97±0.37[a]	5.53±0.34[b]

注：同行肩标不同小写字母者表示差异显著（$P<0.05$），无字母或字母相同者表示差异不显著（$P>0.05$）。

表 9-10 酸益壮对肉鸡免疫器官指数的影响

项目	日龄	组别			
		对照组	试验组 1	试验组 2	试验组 3
胸腺指数	21	3.41±0.77	3.40±0.50	3.40±0.62	3.77±0.48
	42	2.55±0.52	2.66±0.40	2.47±0.56	2.57±0.53
脾脏指数	21	0.84±0.12	0.82±0.14	0.86±0.10	1.03±0.20
	42	0.96±0.25	1.08±0.31	1.12±0.39	1.01±0.26
法氏囊指数	21	2.16±0.48	2.31±0.17	2.19±0.41	2.35±0.30
	42	1.53±0.51	1.32±0.56	1.57±0.54	1.46±0.53

由表 9-11 可知，与对照组相比，试验各组 21 日龄和 42 日龄肉鸡血清 IgA、IgG、IgM 含量都没有显著性差异（$P>0.05$）。试验组 1 和试验组 2 21 日龄血清 SOD 含量显著高于对照组（$P<0.05$），试验各组 42 日龄血清 SOD 含量极显著高于对照组（$P<0.01$）。

试验结果表明，柠檬酸糟大部分是纤维素，蛋白质含量低，直接饲喂适口性差，消化率低，发酵后可提升适口性和消化率。本试验研究结果表明，添加 8% "酸益壮"显著降低了 12 日龄肉鸡料肉比（$P<0.05$），添加 4% "酸益壮"显著

表 9-11　酸益壮对肉鸡血清 SOD 和免疫球蛋白含量的影响

项目	日龄	组别			
		对照组	试验组 1	试验组 2	试验组 3
SOD/(U/mL)	21	42.15±2.97[b]	45.08±2.93[a]	45.46±4.62[a]	43.71±3.47[ab]
	42	40.75±2.30[Bc]	45.83±2.00[Ab]	47.64±3.34[Aa]	47.54±1.96[Aa]
IgA/(g/L)	21	1.98±0.08	1.99±0.05	1.97±0.04	1.97±0.02
	42	1.99±0.02	2.02±0.06	1.98±0.03	1.98±0.02
IgG/(g/L)	21	4.02±0.13	4.06±0.06	3.96±0.19	4.02±0.01
	42	4.04±0.05	4.05±0.02	4.03±0.05	4.02±0.04
IgM/(g/L)	21	1.43±0.04	1.43±0.03	1.43±0.06	1.42±0.06
	42	1.43±0.02[ab]	1.43±0.01[ab]	1.44±0.02[a]	1.42±0.03[b]

注：同行肩标不同小写字母者表示差异显著（$P<0.05$），同行肩标不同大写字母者表示差异极显著（$P<0.01$），无字母或字母相同者表示差异不显著（$P>0.05$）。

降低了 21 日龄肉鸡料肉比（$P<0.05$），这也说明了 DDGS 和柠檬酸糟经过发酵后，显著提升了肉鸡的饲料转化率。黄现青等人在肉鸡日粮中添加 15% 和 25% 的柠檬酸糟发酵饲料分别提高日增重 14.19% 和 9.03%，降低料肉比 15.63% 和 8.23%。本试验发现，添加 4%"酸益壮"试验组每只肉鸡毛利提高 0.22 元，柠檬酸糟、DDGS 的发酵饲料不仅能够降低生产成本，更能够提高经济效益，与程茂基研制的 SOD 并无显著性影响。本试验研究结果显示，添加 4% 和 8%"酸益壮"，试验组显著提高 21 日龄血清 SOD 含量（$P<0.05$），极显著提高了 42 日龄血清 SOD 含量（$P<0.01$），可能是发酵后的柠檬酸糟含有微生物来源的生物活性物质，增强了发酵原料的抗氧化作用，具体原因还应进一步研究。

9.2.4　甲壳素及其衍生产品开发

9.2.4.1　甲壳素市场前景

甲壳素在医疗卫生、农业养殖、工业制造领域具有广泛的应用，甲壳素经过化学法或生物法脱除乙酰基后形成的壳聚糖，以及进一步水解形成的壳寡糖和单体氨基葡萄糖，也是重要的营养保健产品，并且可以作为医疗、养殖业、制造业的重要原料或添加物。黑曲霉菌丝体中所含的甲壳素具有很好的开发价值。

甲壳素是除蛋白质外数量最大的含氮天然有机高分子，是天然多糖中唯一大量存在的碱性氨基多糖，在自然条件下可完全降解，仅次于纤维素，是第二大可再生资源和人体第六生命要素。甲壳素每年的生物合成量可达 100 亿吨，2016 年全球甲壳素系列产品消费量超过 6 亿吨，产品涉及医药保健领域、食品工业领域、环保领域、农业领域、纺织、印染、造纸领域以及化妆品领域，用途广泛。

9.2.4.2 传统的甲壳素生产原料及方法

甲壳素及其衍生产品是一个相对完整的链条,图 9-20 可以较为清晰地展示目前产业链条的发展情况。通过水解的方法制备甲壳素原料以及后续的壳聚糖、氨糖类产品是最为传统的工业生产方法,随着国家对环保的重视,以及生物技术的发展和应用,酶法制备壳寡糖类产品成为主流,使用基因工程菌发酵生产氨基葡萄糖也成为行业关注的热点。虽然相比于传统的海洋生物来源的甲壳素及其产品,基因工程菌发酵获得的氨基葡萄糖产品还存在法律法规和安全性监管方面的问题,鉴定上也存在技术难度,但是发酵法氨糖具有生产成本和生产效率的优势,未来很可能成为颠覆行业的一个契机。

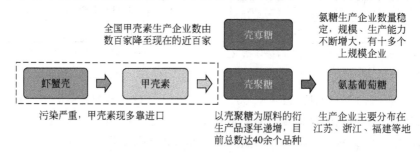

图 9-20 甲壳素产业链条发展情况

结合图 9-20 可以看到,由于污染问题的存在,甲壳素原料加工部分正在向国外转移,主要从越南、泰国等地进口,可以占到国内甲壳素消费量的一半以上。

9.2.4.3 菌丝体制备甲壳素及单体方法

参照图 9-21 的实验流程,中粮实验人员在实验室水平对菌丝体酸碱法制备

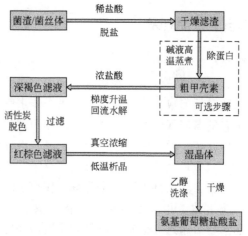

图 9-21 柠檬酸菌渣制备氨基葡萄糖盐酸盐工艺流程示意图

氨基葡萄糖盐酸盐进行了尝试，具体的实验步骤总结如下，对于带渣发酵菌体、清液发酵菌体均采用相同的操作步骤，并对结果进行比较。

酸碱法和酸法处理菌丝体制备氨基葡萄糖盐酸盐的纯度和得率在表 9-12 中进行综合比较。其中对于酸碱法，在碱处理获得几丁质后，分别选择烘干和不烘干两种方式来进行后续的酸处理，最终的产品结果亦分别列出。

表 9-12 不同提取方法所得氨糖产品纯度和得率数据对比

提取方法	产品纯度/%	收率/%	备注
酸碱法(带渣菌体)	97.75	5.945	
酸碱法(清液菌体)	97.41	10.13	干几丁质
酸碱法(清液菌体)	95.05	11.71	湿几丁质
酸法(清液菌体)	98.56	7.81	
酸法(带渣菌体)	98.30	5.718	

由化学法处理清液发酵菌丝体制备氨基葡萄糖，碱处理后所得不溶性产物为甲壳素，基于干基菌体的得率可以达到 15%。根据嘉吉的专利，一般认为适宜用于氨基葡萄糖制备原料的菌体甲壳素干基含量不低于 10%，工业产酸菌株的含量一般为 15%～20%，经过优化可以达到 25% 及以上。

加拿大麦吉尔大学 Rogers 教授检测了带渣菌体中的甲壳素含量，约为 13.3%，具有进一步加工的价值，后续的实验也证明，采用加入玉米渣进行发酵的黑曲霉菌渣，也可以获得较高得率和纯度的氨基葡萄糖。

由甲壳素水解制备氨基葡萄糖，提取得率一般为 50%，生产成本不低于 4.5 万元/t；由基因工程菌直接发酵得到氨基葡萄糖，发酵水平约为 10%，转化率可达 25%，提取收率约为 75%，生产成本 3.4 万～3.8 万元/t；由基因工程菌发酵乙酰氨基葡萄糖后水解制备氨基葡萄糖，发酵水平 10%～13%，转化率 35%～40%，盐酸盐提取收率 80%～86%，生产成本 3.5 万～3.7 万元/t。由黑曲霉菌渣直接提取氨基葡萄糖，目前对比来看，采用酸法处理，经济性较为适宜，利润空间相比于发酵法工艺要小，但是原料易得，对现有工艺改变小，相比于直接销售酸渣，可以增加产品附加值。

氨基葡萄糖以"葡萄糖胺"的名目，列于中国饲料原料目录中，在饲料产品中添加使用不受限制，但是鲜有产品应用，同时，氨基葡萄糖在国外普遍添加于高端宠物食品中，用于改善高龄宠物的骨关节问题。基于产业现有的饲料业务，考虑到国内宠物饲料市场的兴起，可以将氨基葡萄糖产品与现有饲料工艺相结合，进军高端宠物食品市场。

酸法处理黑曲霉菌渣，可以省略碱处理步骤，减轻环保处理压力，同时酸处理后的废酸可以循环使用，与柠檬酸工艺离交等单元操作进行整合，可以进一步减少排放。酸法处理后的废渣，仍然具备一定的营养价值，但是色泽较深，可以考虑应用于颗粒饲料等产品本身外观色泽较深的产品。

9.2.5　酶法制备功能性壳聚（寡）糖

9.2.5.1　壳聚（寡）糖市场前景

壳寡糖也叫壳聚寡糖，也称几丁寡糖，学名 β-1,4-寡糖-葡萄糖胺，是将壳聚糖经降解得到的一种聚合度在 2～20 之间寡糖产品，其分子式为 $(C_{12}H_{24}N_2O_9)_n$，n 为 2～20。壳寡糖是水溶性较好、功能作用大、生物活性高的低分子量产品，也是目前自然界中发现的唯一呈碱性、带正电荷、分子质量在 2000Da 以内，水溶性、动物性纤维寡糖。

壳寡糖在医药、食品、农业、轻工业等诸多领域有非常广泛的应用前景。在医药领域，由于特定聚合度的壳寡糖具有抗肿瘤等诸多药理作用，该产品已经作为原料药和医药中间体投放市场。在食品工业中，壳寡糖可以在饮料调味品等几乎所有食品中应用，可以作为功能性食品。在农业方面，壳寡糖制剂已经作为生物农药、生长调节剂、肥料等，对蔬菜、粮食、棉花和烟草等农作物的增产、抗病、抗逆等效果十分显著，国内外均有相应的市售商品。作为饲料，饵料添加剂，壳寡糖对提高畜、禽、鱼的免疫力、抗病力，促生长等效果十分理想。壳寡糖添加到化妆品中，具有保湿，活化细胞等作用。随着对壳寡糖生物活性研究的深入，必将开拓出壳寡糖更多的新的用途。

9.2.5.2　壳寡糖主流生产工艺

产业化生产壳寡糖目前所用的原料几乎全部为虾蟹壳。如图 9-22 所示，虾蟹壳在经过研磨，洗净，去石灰质之后，再经过一次洗净，用较稀 NaOH 溶液除去蛋白质、干燥之后便可以得到几丁质。而几丁质经过浓 NaOH 溶液脱乙酰之后得到的便是壳聚糖。

生物降解法可利用酶降解壳聚糖制备壳寡糖，该方法自 20 世纪 80 年代出现以来，得到了广泛重视，国内外研究十分活跃。生物降解法同化学降解法相比具有明显的优势：一是反应条件温和，对设备要求不苛刻；二是降解过程及降解产物相对分子质量分布易于控制，壳寡糖得率高，不造成环境污染；三是结合一些过程工程的技术，如固定化酶技术、超滤技术等，可以实现经济的大规模的壳寡糖连续生产，因此酶降解法制备壳寡糖是最有前途的方法。目前成熟的主流生物降解法工艺以壳聚糖为原料，利用酶进行降解。图 9-23 为生物降解法生产流程。

酶降解法有专一性酶降解法和非专一性酶降解法。专一性水解酶主要包括甲

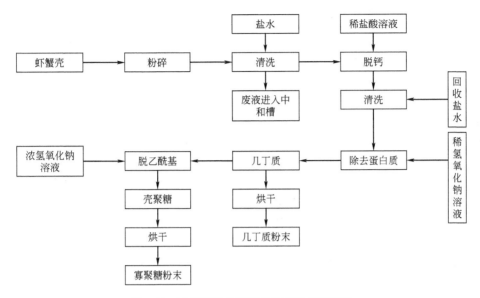

图 9-22　壳聚糖及几丁质的生产工艺流程图

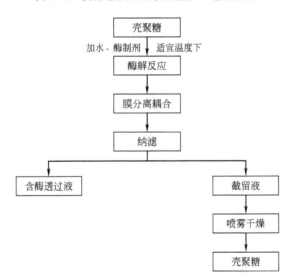

图 9-23　生物降解法生产流程图

壳素酶、壳聚糖酶，是利用以壳聚糖为专一性底物的酶，可以高选择性地切断壳聚糖的 β-(1,4)-糖苷键。专一性酶主要来源于细菌、真菌等微生物细胞，因来源有限，目前还不能大批量获取，价格昂贵，难以商品化，所以寻找用于降解壳聚糖的非专一性酶极为重要。目前已知能降解壳聚糖的非专一性酶有三十多种，包括一些多糖酶、脂肪酶、蛋白酶、溶菌酶等，其中蛋白酶、脂肪酶、淀粉酶和纤维素酶对壳聚糖的降解效果比较显著。

作为甲壳素下游衍生的高端产品，壳寡糖应用广泛，酶法生产工艺环保，但是由于近年来国家对环保的日益重视，特别是适宜用于壳寡糖生产的品质稳定、成本低廉的虾蟹壳原料日益紧俏，因此有机酸生产企业可以利用自身发酵优势，将生产中副产的黑曲霉菌丝体作为稳定、低廉的甲壳素来源，供应下游的壳寡糖生产，后续我们会对壳寡糖等高端产品的市场、应用和技术情况进行论述，作为以柠檬酸为代表的有机酸发酵企业进行产业转型升级的参考。

9.2.5.3　酶法处理柠檬酸菌渣获取壳寡糖的新思路

目前壳寡糖相关的副作用尚无报道，但是由于其主要原料来源仍为虾蟹壳，所以普遍的问题是壳寡糖的重金属含量。

目前常规使用化学法生产壳聚糖存在诸多问题：反应时间长、能耗大、废水量大、产品平均分子量和脱乙酰度不稳定。酶法脱乙酰也有文献报道，但截至目前没有产业化应用，存在酶活力低、脱乙酰基效果差等问题。未来可对脱乙酰酶进行改造，再通过高通量筛选的方法提高酶活，具体思路如下。

① 通过自然筛选或者基因工程手段获得高产甲壳素脱乙酰酶菌株。

② 采用上述菌株进行酶液发酵，并以溶菌酶、脂肪酶、几丁质酶、壳聚糖酶、壳寡糖酶、纤维素酶等系列酶为基础，针对柠檬酸菌丝体的组织结构催化生产壳聚糖或壳寡糖功能性因子的复合酶体系，并配合酶体系建立相应的催化和纯化工艺，实现黑曲霉菌丝体饲料的酶解，功能成分的释放，制备复合功能性饲用添加剂新产品。

③ 在确保制备饲料级复合壳聚糖、壳寡糖添加剂新产品的前提下，可联产食用级壳聚糖及通过色谱工艺优化分离糖链单一的寡糖产品和氨基葡萄糖产品，可形成绿色制造与大健康的功能性产品生产线。

9.2.6　其他方面的应用

北京化工大学苏海佳课题组研究了柠檬酸渣可降解地膜的制备及其农用特性，使用安徽生化发酵柠檬酸副产的菌渣，预处理的最佳反应条件是使用3%质量分数的碱在60℃条件下处理柠檬酸渣70min，此时膜的断裂伸长率及拉伸强度均在较高水平。通过田地应用试验发现，随着土埋时间的增加，柠檬酸渣制备的地膜的降解率逐渐提高，土埋90d后，降解率可达70%；在棉花的出苗期和拔节期，生物有机质可降解地膜显示出优良的保温性能，能达到高于裸地5~7℃的效果，在棉花生长的前期和中期，生物有机质可降解地膜具有较好的保墒作用，达到与市售膜相当的保墒效果，最终覆盖可降解地膜的棉花产量比覆盖普通膜和裸地的棉花产量高，分别增产1.5%和5.5%，覆盖可降解地膜可将棉花出苗率提升15%左右。

第10章

柠檬酸及其盐类、酯类和
衍生产品的应用

10.1 柠檬酸的应用

柠檬酸是有机酸中第一大酸，由于其独特的物理性能、化学性能、衍生物的性能，使之成为广泛应用于食品、医药、日化等行业最重要的有机酸。

10.1.1 柠檬酸在食品工业中的应用

柠檬酸被称为第一食用酸味剂，在食品工业中被广泛地用作酸味剂、增溶剂、抗氧化剂、缓冲剂、除腥脱臭剂、螯合剂等。

10.1.1.1 柠檬酸作为酸味剂的应用

柠檬酸可广泛应用于各种饮料、果汁、罐头、糖果、果酱、果冻的生产，使产品的酸味清爽可口，并能增强果味的香甜。在糖水罐头中添加，除改进风味外，还可抑制微生物生长、防止色变，添加量：桃罐头 0.2%～0.3%，橘片 0.1%～0.3%，梨 0.1%，荔枝 0.15%。在果酱中添加还可促进蔗糖转化，防止蔗糖晶析而引起发沙，添加量 1%。各种饮料添加量 0.13%～0.3%，果汁、果冻、糖果添加量约 1%。

10.1.1.2 柠檬酸作为抗氧化剂、增效剂的应用

金属离子如铁离子、铜离子只要有百万分之一存在于油脂中就会成为有效的氧化催化剂，柠檬酸可作为抗氧化剂、增效剂添加到食品中，将金属离子螯合，使之钝化；也有观点认为柠檬酸作为增效剂（SH）可与抗氧化剂反应的产物基团（A·）作用，而使抗氧化剂（AH）获得再生：

$$A · +SH \longrightarrow AH+S ·$$

因此柠檬酸常作为酚型抗氧化剂，如 TBHQ（叔丁基对苯二酚）、BHA（叔丁基-4-羟基茴香醚）、BHT（二丁基羟基甲苯）、生育酚等的增效剂添加到动植物油脂、肉制品、人造奶油、蛋黄酱、油炸食品等富脂食品中，防止油脂的氧化酸败，延长货架期。如油炸花生罐头中添加油脂量的 0.015%，一般食用油脂添加量为 0.005%～0.2%。

10.1.1.3 柠檬酸作为缓冲剂的应用

蔬菜、水果在加工时由于品种、产地、收获期、存放时间不同会使它们的含酸量不同，给加工带来不便，为此根据需要在加工中加入柠檬酸和弱碱盐调节溶解的 pH，可有效地控制溶液酸度，保证产品质量，还可抑制细菌生长、减少杀菌时间及降低杀菌温度。如在桃子等中等酸度的果蔬罐头中加入柠檬酸及弱碱盐

使 pH 降至 4.5 以下，不仅可缓和杀菌条件，还可防止肉毒梭状芽孢杆菌的生长。

10.1.1.4 柠檬酸作为香料及除味剂的应用

柠檬酸被美国食用香料制造者协会（FEMA）和我国食品添加剂使用卫生标准列为允许使用的香料，可添加到软饮料、冷饮、焙烤食品、糖果及胶姆糖中。参考用量：软饮料 2500mg/kg、冷饮 1600mg/kg、焙烤食品 1200mg/kg、糖果 4300mg/kg、胶姆糖 3600mg/kg。柠檬酸还可作为香料稳定剂添加到许多食品包装材料中去，起到保鲜除异味作用，如将添加柠檬酸的聚乙烯制成的膜用于包装鱼及腌制品，三天后能明显降低异味。此外，柠檬酸作为海产品、水产品及羊奶等制品的除腥、除垢剂也被广泛使用，如海带饮料中常用 10% 的柠檬酸和 0.2% 的盐酸进行酸煮脱腥，沙丁鱼在加工前浸泡在 pH 5.5 的柠檬酸中 30min 后可除去腥味。

10.1.1.5 其他应用

柠檬酸作为漂白剂的增效剂用于复配薯类淀粉，用量为 0.025g/kg。

柠檬酸还能保持贮藏饮料的原味，用于酒、苹果和未经蒸馏的醋，防止变质。一般条件下食品中的抗坏血酸很易氧化，但加入柠檬酸后通过它的强还原作用，能给抗坏血酸提供一个稳定的环境。

作为化学膨松剂柠檬酸用于焙烤食品使产品膨松、酥脆。

10.1.2 柠檬酸在养殖业中的应用

研究表明，柠檬酸作为一种饲料酸化剂和鱼虾诱食剂，能够提高鲤鱼、草鱼、罗非鱼、鲫、南亚野鲮、黄尾鱼、虹鳟鱼和欧洲鳇、中国对虾、凡纳滨对虾的饲料转化率，促进健康生长，降低饲料成本，增加经济效益。究其原因，一方面，柠檬酸是一种初级代谢产物有机酸，本身含有能量，并且可以直接进入三羧酸循环，产生 ATP 能量供机体生长的需要；另一方面，柠檬酸具有酸化饲料、保护饲料品质、提高饲料风味和适口性、提高鱼虾的摄食量、降低鱼虾消化道 pH、提高消化酶活性、提高鱼虾免疫功能和抗应激作用、提高营养物质的消化吸收率等生理功能。

大量研究证明，饲料中添加柠檬酸能够提高饲料转化率和鱼虾生长性能，但是必须注意适宜用量。研究表明，柠檬酸对罗非鱼的适宜添加量为 0.3%，对异育银鲫为 0.2%，对鲤鱼为 0.2%；在以黄豆粉替代部分鱼粉的欧洲鳇饲料中柠檬酸的添加量为 3%。饲料中添加 0.21% 柠檬酸显著提高草鱼幼鱼的增重率、特定生长率，降低饲料系数。在未补充无机磷、用植物蛋白部分代替鱼粉的日粮中添加 0.5%柠檬酸能显著提高磷在黄尾鱼稚鱼中的沉积，减少磷的排泄，70%的鱼粉可以被植物蛋白替代掉，从而减少水产饲料对环境的污染。但柠檬酸的最适宜添加量与鱼虾种类、生长阶段、饲养环境和日粮组成有关。因此，在水产养殖的实际生产中，要针对具体的养殖品种、生长阶段、饲料原料资源、日粮组成、饲养环境等因素，开展养殖试验获得适宜添加量后，再推广应用，切忌生搬硬套、随意添加。

10.1.3 柠檬酸在医药及化妆品中的应用

10.1.3.1 柠檬酸在医药中的应用

柠檬酸与碳酸钠或碳酸氢钠反应，产生大量 CO_2，是大众化药物口服配料的释放体系之一，即泡腾，可使药物中活性配料迅速溶解并增强味觉能力。

柠檬酸可配制缓冲体系，pH 能稳定在 3.5~4.5，有利于维持活性配料的稳定性，加强防腐剂的效应，普遍应用于各种营养口服液等。在液态配料中加入 0.02%的柠檬酸，可形成微量铁和铜的络合物，延缓活性配料的降解作用。

另外，柠檬酸能改善药物的风味。柠檬酸糖浆是发热患者服用的清凉饮料，具有矫味、清凉、解毒的功效。柠檬酸与水果香精合用，赋予人们喜爱的香酸口感以掩盖药物的苦味，尤其是中药制剂。在口嚼药片中配入 0.1%~0.2%的柠檬酸，能改善药片的风味。

10.1.3.2 柠檬酸在化妆品中的应用

柠檬酸是头发护理产品的标准配料之一，不仅可以调节 pH，而且可以作为金属离子的螯合剂。在酸性染发液和电烫发中和液中都含有柠檬酸。低 pH（4.0~5.0）洗发液和去头屑洗发液中通常添加 0.2%~1.8%的柠檬酸，可增加头发的光泽，恢复头发的弹性。

10.1.4 柠檬酸在化工行业中的应用

10.1.4.1 柠檬酸在化学清洗中的应用

柠檬酸作为一种安全高效的清洗剂在化学清洗中得到了良好而广泛的应用，对柠檬酸在化学清洗中的应用进行研究有利于推动化学清洗剂工艺进一步发展。

作为一种化学清洗剂，柠檬酸对金属的腐蚀非常小，可溶解氧化铁和氧化铜，而经过氨化处理的柠檬酸溶液，可以生成溶解度很大的柠檬酸高铁络合物，达到非常高效的清洗效果，尤其是在除铁锈方面，这就是柠檬酸在化学清洗中的作用原理。氨化处理柠檬酸的化学反应式如下：

$$H_3C_6H_5O_7 + NH_4OH \longrightarrow NH_4H_2C_6H_5O_7 + H_2O$$

柠檬酸与氢氧化铵溶液反应生成柠檬酸铵，柠檬酸铵溶液呈酸性，pH 一般在 3.5~4.0 范围内，适宜清洗温度应高于 90℃。经氨化处理后的柠檬酸清洗时间延长至 2~6 倍。

柠檬酸在化学清洗中所具有的优势主要表现在以下几点：与无机酸相比，作为有机酸的柠檬酸酸性相对较弱，对金属设备的腐蚀性较小，且对铁质锅炉等设备的除锈效果非常显著，在新建锅炉清洗中有着十分广泛的应用；与其他化学清洗剂相比，柠檬酸安全可靠，基本上不会对生产人员、使用人员造成伤害，也不会对环境造成污染，而且废液经简单处理后即可直接排放出去；柠檬酸本身具有的极强酸性使得其除锈效果非常显著，而经过氨化处理后生成的柠檬酸铵在 pH 为 3 时可以与含铁氧化物完全反应，使锅炉等金属装置表面洁净如新。

燃气热水器清洗中的应用。柠檬酸在燃气热水器清洗中的运用已有多年的历史，其主要操作流程是先将柠檬酸清洗剂注入倒置的燃气热水器中浸泡 1h 左右，然后倒出热水器中的清洗剂并注入清水，用清水将热水器冲洗干净即可。经这样处理后，较之清洗前，在相同流量条件下，燃气热水器的出水温度可以得到一定幅度的提高。

在管道清洗中的应用。在管道清洗中，硬水质和高杂质是清洗中的两大难点，严重影响着清洗效果，对于一般的化学清洗剂而言往往难以达到理想的去污效果。而采用食品级柠檬酸对硬水质进行软化处理后，再利用微电脑对气动和水流进行控制，形成水流周波水振荡方法对管道进行清洗，可以使管道内沉积多年的水垢容易剥离和脱落，从而达到良好的清洗效果，保持管道的清洁与畅通。与传统管道清洗技术相比，柠檬酸清洗具有清洗效果好、无需额外添加、成本低等优点。

10.1.4.2 柠檬酸在电镀中的应用

柠檬酸盐是最常见的电镀缓冲剂和络合剂，用于镀镍、铬、金、铜等。柠檬酸的螯合作用使电镀操作稳定，产品质量好。柠檬酸盐无毒，电镀液容易处理，在无电极镀镍浴中比其他可用的酸更有效。

10.1.4.3 柠檬酸在建筑中的应用

柠檬酸在延长混凝土凝结时间方面特别有效，并能防止混凝土发生龟裂。柠檬酸加速石膏凝固，可减少必需的水量，获得不降低强度的较大的工作效能。柠檬酸也常与催速或携气掺合剂并用，可获得早期高强度或增加抗冻性。因此，在大型构件制作时，添加柠檬酸提高其抗拉、抗压、抗冻性能。也可以使间歇浇注混凝土无接缝，保证工程质量。柠檬酸又是耐火水泥的胶黏剂，使水泥体积稳定，增加新鲜度，干燥后可增加强度。

10.2　柠檬酸盐的性质及应用

10.2.1　柠檬酸钠的应用

柠檬酸钠，化学名称为 2-羟基丙三羧酸三钠，白色立方晶系结晶或粉末，无臭清凉味咸。易溶于水，不溶于乙醇，常温状态下稳定，加热到 150℃失去结晶水。市售商品有柠檬酸钠（无水物）、二水柠檬酸钠（$C_6H_5O_7Na_3 \cdot 2H_2O$）和五水盐（$C_6H_5O_7Na_3 \cdot 5H_2O$）。ADI（每日允许摄入量）对本品毒性不作规定（FAO/WHO，1994），属于无毒品。自从 1923 年柠檬酸发酵工艺在美国开发成功并工业化生产，最早进行深加工的柠檬酸盐类就是柠檬酸钠。

10.2.1.1　柠檬酸钠在洗涤剂中的应用

在洗涤剂加入一定量的柠檬酸钠，可以明显增加洗涤剂的去污、去渍能力。国内外已经开发出多种专用洗涤剂用于清洗不同材质的器皿及表面。作为一种优良的助洗成分，在宽温度范围内使用的洗涤剂配方中，可以含有高达 10％及以上的柠檬酸钠。宝洁公司在 1992 年申请的发明专利中利用柠檬酸作为相稳定剂，添加量为 9％。美国专利中公开了一种在高温下清洗织物污垢的方法，主要是通过柠檬酸钠与阴离子清洁剂配伍，并证明当柠檬酸钠含量较高时（15％），即使在 70℃的高温也不会降低清洁效果。其洗涤配方中含有 2％～18％的柠檬酸钠，10％～30％的阴离子型表面活性剂（如磺酸盐和肉豆蔻醇聚醚硫酸盐）和 0％～20％的非离子型表面活性剂（如乙醇聚氧乙烯醚）。

除了单独使用作为洗涤剂助剂，柠檬酸钠还可以和其他表面活性物质进行复配。研究证明，在无磷洗涤剂中以柠檬酸钠和硅酸钠作为复配助洗剂不仅去污效果更为显著，而且稳定性更好，静置久放不分层。经研究发现，通过柠檬酸钠与三聚磷酸钠、4A 沸石、偏硅酸钠、氢氧化钠和聚丙烯酸钠进行复配，柠檬酸钠作为一种良好的螯合剂可以应用于洗衣粉的生产，其适合的添加量在 8％～18％之间，其螯合速度和能力仅次于三聚磷酸钠。

10.2.1.2　柠檬酸钠在食品方面的应用

柠檬酸钠主要是用作食品添加剂，需求量最大，还能用作调味剂、膨胀剂、稳定剂、防腐剂、缓冲剂和乳化剂等；另外，柠檬酸钠和柠檬酸搭配，还能用作各种糕点、冷饮、果汁、奶制品和果酱等的风味剂、胶凝剂及营养增补剂。

10.2.1.3　柠檬酸钠在医药方面的应用

利用柠檬酸根与钙离子能形成可溶性络合物的特性，可用作抗凝血剂和输血剂，保存和加工血制品。柠檬酸钠是一种糖酵解抑制剂，因此具有抗肿瘤作用。在临床上采取新鲜血液时有防止血液凝固的作用，因此柠檬酸钠和草酸钠被称为抗凝血剂。柠檬酸钠还对部分革兰阴性食源性病原菌能起到一定的抑菌作用。柠檬酸钠还有防腐作用，用于保存一些药物。柠檬酸钠注射时还能用来调节尿液、体液及血液的酸度，作为利尿剂、化痰剂等。

10.2.1.4　柠檬酸钠在建筑工业中的应用

在建筑工业上，柠檬酸钠可在制作混凝土时作为缓凝剂加入，能提高水泥制品的抗冻、抗压及抗拉性能。在环境问题日益严重的社会条件下，一些冶炼厂的排空烟气中二氧化硫严重超标，有研究表明利用柠檬酸钠自身的特性用来脱去工业尾气中的硫化物效果明显。因为柠檬酸钠具有很好的络合性能，因此也在电镀工业有很好的用途。电镀工艺发展迅速，中性柠檬酸盐镀镍具有环保无污染并且易维护，腐蚀小，镀层性能优等优点，已经在工业化生产中规模化使用。

另外柠檬酸钠还应用于制造纳米材料和陶瓷工业的助磨和增白技术上。

10.2.2　柠檬酸铁铵的应用

柠檬酸铁铵，是柠檬酸铁和柠檬酸铵的复盐，分子式见图 10-1，有棕色和绿色两种。棕色鳞片状的含铁量较高，达 18.5%，绿色鳞片状的含铁量较低，为 14.5%~16%。二者均为光化学敏感物质，绿色较棕色更易感光。

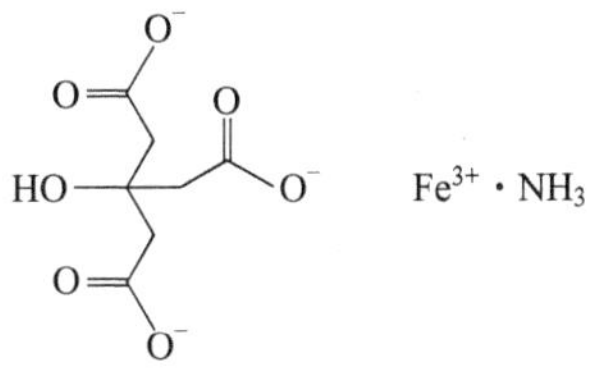

图 10-1　柠檬酸铁和柠檬酸铵的复盐

柠檬酸铁铵的很多性质决定了它的用途，比如作为铁质强化剂、补血剂、感光剂和肥料添加剂等。目前来看，由于关于柠檬酸铁铵的文献研究并不多，所以笔者认为其用途还存在着潜在的开发空间。总结这些资料，柠檬酸铁铵的主要用途有以下几个方面。

10.2.2.1　柠檬酸铁铵在抗结块剂中的应用

随着社会的进步，人们生活水平的提高，人们对身体健康和食品安全提出了更高的要求，提出了绿色食盐，亚铁氰化钾作为食盐的抗结块剂使用逐渐显示出它的不足。而柠檬酸铁铵在绿色食盐中代替亚铁氰化钾作为抗结剂使用，起到延缓食盐结块的功效，产品理化指标稳定，满足标准要求。经过多年试验，在众多的食品添加剂中，发现柠檬酸铁铵也有明显的抗结块效果。此外，柠檬酸铁铵作为抗结块剂还可以用在食品、饲料中。

10.2.2.2　柠檬酸铁铵在铁质强化剂（营养增补剂）中的应用

柠檬酸铁铵作为营养增补剂（铁质强化剂）可用于谷类及其制品、乳制品、婴幼儿食品等。柠檬酸铁铵口感好，有增加食欲的功能，能直接参与糖代谢，释放出能量，提供热能。柠檬酸铁铵（棕色品）也是一种很好的补血健体的易吸收、高效率的铁制剂，作为补血药，可以治疗缺铁性贫血。作为微量元素添加剂添加在饲料里，柠檬酸铁铵要比无机铁盐效果好。

10.2.2.3　柠檬酸铁铵在感光剂中的应用

棕色品和绿色品都是化学敏感物质，绿色品较棕色品更易感光。涂有绿色柠檬酸铁铵和赤血盐（铁氰化钾）的纸称为蓝色晒图纸。在曝光时，柠檬酸盐内的三价铁原为二价，遇水即产生腾氏蓝，故受光部分变为蓝，不受光部分仍为白色，可得蓝底白线图样。

10.2.2.4　柠檬酸铁铵在肥料添加剂中的应用

关于将柠檬酸铁铵用在肥料里的报道还很少，有研究证实，柠檬酸铁铵作为一种螯合铁，用于缺铁比较明显的果树（比如桃树）上，无论是作为底肥添加剂施入土壤还是作为叶面喷施在树叶上，效果都是比较明显的。而且柠檬酸铁铵的所有元素都是营养元素，作物可以利用，这是一款高效、环境友好型肥料添加剂；特别其全水溶性、含铁量高等特点，让农民很容易接受；最重要的是其合成成本低。

10.2.3　柠檬酸钙的应用

柠檬酸钙盐有 3 种类型：柠檬酸一钙、柠檬酸氢钙和柠檬酸三钙。工业柠檬酸钙通常指的是柠檬酸三钙，分子式为 $Ca_3(C_6H_5O_7)_2 \cdot nH_2O(n=0\sim4)$，为白色粉末，无臭，可溶于水，能溶于酸，稍有吸湿性，难溶于乙醇和乙醚等有机溶剂。柠檬酸钙晶体加热至 100℃时，结晶水渐渐失去，120℃时完全失水。

2013 年 12 月 30 日，原农业部公告第 2045 号《饲料添加剂品种目录（2013）》，将柠檬酸钙作为酸度调节剂列入其中，可用于所有动物养殖。柠檬酸钙可刺激胃酸分泌，降低胃肠道的排空速度，促进营养物质吸收。还能提高饲料适口性及动物的采食量，增强动物抗应激能力，改善动物体形和肉色，提高肉品品质。作为饲料酸化剂，柠檬酸钙有许多优势，如在饲料中不会潮解、流动性好和耐高温等。对断奶仔猪的生长性能试验表明，乳酸钙效果最好，柠檬酸钙次之，而甲酸钙最差。

食品工业中柠檬酸钙可作为强化剂、组织凝固剂、乳化盐，化学工业中可作为螯合剂和缓冲剂，医药工业中可作为钙质强化剂。美国《临床医生案头手册》推荐使用柠檬酸钙作为临床首选补钙剂。柠檬酸钙易被人体吸收，在食品工业中应用广泛，可用作营养强化剂添加在饼干、糕点、豆酱等食品中，也可作为组织强化剂用于西红柿、马铃薯等罐头中。

柠檬酸钙可用于提高水果中钙含量，治疗骨质疏松症，也可作为人工骨材料。边少敏等研究结果表明，输入不同组合的柠檬酸钙能显著提高红富士苹果果实中钙含量，柠檬酸钙和吲哚乙酸（IAA）配合使用效果最好，果实中钙含量提高 104.98%。

10.2.4 柠檬酸锌的应用

柠檬酸锌，化学名为 2-羟基丙烷-1,2,3-三羧酸锌，中心锌原子与两个柠檬酸的羟基及中间羧基和每个柠檬酸的一个末端羧基键合，构成锌的八面体结构。柠檬酸锌的组成为 $Zn_3(C_6H_5O_7)_2 \cdot nH_2O (n=0\sim4)$，以 2 个或 3 个结晶水形式存在较为常见，热稳定性能好，约在 265℃失去结晶水。含 2 个结晶水的柠檬酸锌相对分子质量为 610.37，含锌 32.13%，白色结晶或粉末，熔点 334℃，无臭无味，溶于水，易溶于稀盐酸和稀氢氧化钠，难溶于乙醇、丙酮等有机溶剂。

10.2.4.1 柠檬酸锌在食品领域中的应用

柠檬酸锌作为食品强化剂，吸收效果优于无机锌，可用于面粉、奶粉、食盐、谷类制品、固体及果汁饮料、果茶、保健品等补充强化锌。作为常见的锌营养强化剂，柠檬酸锌的吸收速度快，性能稳定，属实际无毒物，有生物降解功能，无环境污染，有抗凝结剂功能性，特别适用于制造片状营养强化补剂和粉状混合食品。当铁、锌同时严重缺乏时，选用柠檬酸锌可避免与铁起拮抗作用。柠檬酸锌的含锌量高，添加量少，使用成本低，适用范围广，可用于糖尿病患者补锌，弥补了葡萄糖酸锌的不足。柠檬酸锌对胃刺激小，是人体内一种重要的生理活性物质，其经济效益为乳酸锌的 2 倍，葡萄糖酸锌的 6 倍。利用柠檬酸锌生产的加锌盐无苦涩味，口感好，而葡萄糖酸锌、乳酸锌有涩味。李道荣等报道，柠檬酸锌在常温下与食盐混合后能稳定存在，在烘烤条件及油炸条件下柠檬酸锌稳定。葡萄糖酸锌 150℃开始分解，乳酸锌 190℃开始分解，而柠檬酸锌 280℃仍很稳定。

10.2.4.2 柠檬酸锌在医学领域中的应用

柠檬酸锌可增强机体免疫力，促进伤口和创伤的愈合，可辅助治疗缺锌引起的儿童生长发育迟缓、反复呼吸道感染、厌食症、肠炎、哮喘、皮炎等疾病。柠檬酸锌可取代氧化锌、磷酸氢钙作为牙膏添加剂，添加柠檬酸锌 0.5%～1.0% 的牙膏能有效地防治牙龈炎、牙结石、牙出血和龋齿，并对牙膏性能有良好的改善作用。王彦朋等用柠檬酸锌辅治反复上呼吸道感染疗效显著，有效率达96.67%。田晓堂用柠檬酸锌片佐治小儿轮状病毒性肠炎，治疗组总有效率达90.36%。杨志超等用含柠檬酸锌的咀嚼片辅助治疗变应性鼻炎能明显降低血清特异性 ICE 水平及过敏程度，疗效明显。锌具有抗牙色斑的作用。梁玉伏等用含柠檬酸锌的 0.9% 生理盐水的漱液能安全有效地去除牙齿色斑。Sreenivasan 等报道了一种含 1% 柠檬酸锌的牙膏在临床抗微生物的功效，该牙膏在 14d 内可减少厌氧菌和链球菌 24%～52%，与对照组有显著差异（$P<0.05$）。此外，还有人研究了柠檬酸锌配合物对绒癌细胞系的细胞毒作用，证实柠檬酸锌是恶性细胞凋亡的诱导因子。Honk 等研究了柠檬酸锌复合物对激素难治性前列腺癌细胞增殖的影响，结果显示柠檬酸锌能通过激活半胱天冬酶-3 途径诱导 DU145 细胞凋亡。

10.2.4.3　柠檬酸锌在农业领域中的应用

动物仅靠在自然食物的摄取中获得补充锌是不够的，需要在饲料中补充添加微量元素锌。无机锌来源广泛、价格低廉，但易与饲料中的植酸等抗营养因子形成配合物，难以被动物吸收而使其生物利用率降低。柠檬酸锌等有机锌在消化道中能稳定存在，易于被机体吸收，可减少矿物质排放量及矿物质与其他成分间的拮抗作用。此外，施用锌肥可提高粮食作物锌含量，从而通过食物达到补锌的效果。张庆等研究了叶面喷施不同形态锌化合物对水稻糙米锌浓度的影响，用硫酸锌、柠檬酸锌、葡萄糖酸锌和 EDTA 二钠锌处理使糙米锌浓度可分别增加 32%、29%、27% 和 27%。柠檬酸锌可作为植物中微量元素调节剂，具有环保、无残留，兼容性好、养分吸收好、原料成本低等优点。

10.2.5　其他柠檬酸盐及应用

柠檬酸钾在体内代谢生成乙酸钾，自肾脏而排出体外，从而可以增加血液和尿的碱度，用于治疗膀胱炎和糖尿病所致的酸中毒。它也是一种补钾剂。

柠檬酸铋钾即枸杞酸铋钾是一种有效的胃药和收敛剂。

柠檬酸镁是泻下剂，用于 X 射线透视前的清肠，使老人缓解便秘痛苦。在日本已列为常用的泻药。

柠檬酸镍在电镀工业上广泛使用。

柠檬酸铜是工业上分析用试剂，医药上做消毒杀菌剂兼有收敛作用，用于配制眼药膏，5%～10% 柠檬酸铜软膏治疗结膜炎、沙眼等。5%～10% 的散剂用于治疗溃疡及淋病等。

柠檬酸银是一种无刺激性的强烈防腐剂，用于外科消毒、防腐、治疗黏膜炎、尿道炎、淋病、结膜炎、膀胱炎等。

柠檬酸钡是化工原料，应用于生产钡化合物，也是乳胶涂料的稳定剂。

10.3　柠檬酸酯类的性质及应用

10.3.1　柠檬酸三甲酯

柠檬酸三甲酯是无色晶体，易溶于醚和醇，微溶于水，是一种重要的化工原料。

10.3.2　柠檬酸三乙酯和乙酰柠檬酸三乙酯

柠檬酸三乙酯是一种无色透明液体，沸点 150℃（0.4kPa），闪点（开杯）155℃，能溶于大多数有机溶剂，难溶于油类。它是一种无毒增塑剂，溶解能力强，与乙酸纤维素、硝酸纤维素、乙基纤维素、聚氯乙烯、氯乙烯-乙酸乙烯共聚物、聚乙烯醇缩丁醛、聚乙酸乙烯酯、氯化橡胶等许多树脂有良好的相容性，用它增塑的制品有良好的耐油性、耐光性和抗霉性。食品中作为膨松保型剂能很好地提高烘烤食品的发泡性能，改善膨松状态，作为抗氧剂用来稳定大豆油、色拉油、人造奶油、起酥油及其他食用油脂，作为增香剂可用于软饮料冷饮、糖果、焙烤食品中增加风味，还被用作螯合剂和载体溶剂。特别适用于油墨涂料，无毒 PVC 造粒，制药工业，儿童软质玩具，医用制品，调配香精香料，化妆品制造等行业。

柠檬酸三乙酯作为较经济、有效的生态增塑剂，无毒无味，可替代邻苯二甲酸酯类，经美国 FDA 批准可用于食品包装、医疗器具、儿童玩具以及个人卫生用品等生产领域。近年已广泛用于医药仪器包装、化妆品、日用品、军用品等领域，同时也是重要的化工中间体。

乙酰柠檬酸三乙酯与乙酸纤维素、乙酸丁酸纤维素、硝酸纤维素、乙基纤维素、氯乙烯-乙酸乙烯共聚物、氯乙烯-偏二氯乙烯共聚物、聚乙酸乙烯酯、聚乙烯醇缩丁醛、氯化橡胶等相容。是纤维素衍生物，尤其是乙基纤维素的溶剂型增塑剂，是氯乙烯聚合物以及氯乙烯共聚物的辅助增塑剂和聚偏氯乙烯的稳定剂。由于低挥发性、耐水、耐光，生产的油漆稳定性能很好。在用于聚苯乙烯、聚乙烯醇缩丁醛和乙基纤维素时，可制成高软化点的制品。近年来，由于应用工艺的技术进步，乙酰柠檬酸三乙酯有向主增塑剂方向发展的趋势。

10.3.3　柠檬酸三正丁酯和乙酰柠檬酸三正丁酯

10.3.3.1　柠檬酸三正丁酯（TBC）

柠檬酸三正丁酯，分子式 $C_{18}H_{32}O_7$，分子量 360.44，分子结构式见图 10-2。柠檬酸三正丁酯是无色透明油状液体，沸点 170℃（133.3Pa），闪点 185℃，不溶于水，溶于甲醇、丙酮、蓖麻油、矿物油等有机溶剂。它挥发性小，与树脂的相容性好，增塑效果好，可赋予制品良好的耐寒性、耐水性和抗霉性。

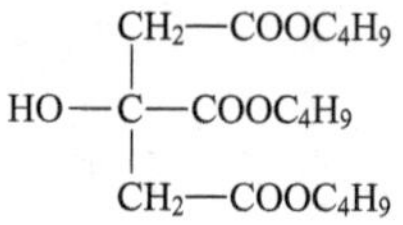

$$CH_2—COOC_4H_9$$
$$HO—C—COOC_4H_9$$
$$CH_2—COOC_4H_9$$

图 10-2　柠檬酸三正丁酯分子结构式

作为无毒增塑剂，主要用作聚氯乙烯、氯乙烯共聚物、纤维素树脂的增塑剂。可用于食品、医疗及仪器包装、饮食卫生品及玩具、人造皮革的衣服、鞋子、沙发、地板、墙壁纸、管材、交通运输工具及军用船舰潜艇、飞机飞船内塑料制品的"绿色"增塑、农用膜板、家用电器塑料件增塑。

10.3.3.2　乙酰柠檬酸三正丁酯

乙酰柠檬酸三正丁酯，分子式 $C_{20}H_{34}O_8$，分子量 402.48，分子结构式见图 10-3。乙酰柠檬酸三正丁酯是无色、无味的油状液体，沸点 343℃（0.101MPa），闪点 204℃，凝固点-80℃，挥发速度 0.000009g/（cm²·h）（105℃），水解速度 0.1%（100℃，6h），溶于多数有机溶剂，不溶于水。

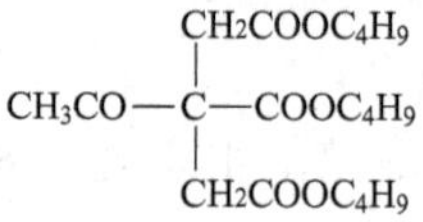

$$CH_2COOC_4H_9$$
$$CH_3CO—C—COOC_4H_9$$
$$CH_2COOC_4H_9$$

图 10-3　乙酰柠檬酸三正丁酯分子结构式

乙酰柠檬酸三正丁酯耐寒性和耐光性与柠檬酸三正丁酯相似，但耐水性较优。与聚氯乙烯、聚苯乙烯、氯乙烯-乙酸乙烯共聚物、硝酸纤维素、乙基纤维素、聚乙烯醇缩丁醛等树脂相容，与乙酸纤维素、乙酸丁酯纤维素部分相容。作为无毒增塑剂，可用作聚氯乙烯、纤维素树脂和合成橡胶的增塑剂。

10.3.4　乙酰柠檬酸三（2-乙基己）酯

乙酰柠檬酸三（2-乙基己）酯是无色油状液体，用作聚氯乙烯、氯乙烯共聚物的增塑剂。无毒，耐寒性好，挥发性极小，在相同配方和条件下，其挥发损失仅为邻苯二甲酸二辛酯的 1/4。它可作为聚偏二氯乙烯的稳定剂。

10.3.5　乙酰柠檬酸三（正辛、正癸）酯

乙酰柠檬酸三（正辛、正癸）酯是油状液体，用作聚氯乙烯薄膜耐寒性增塑剂。它挥发性小，耐水性和耐油性良好，是一种防雾型增塑剂，适用于无滴薄膜。

10.3.6　柠檬酸硬脂酰酯

柠檬酸硬脂酰酯是柠檬酸与硬脂醇（主要含正十八烷醇及 50% 以下的十六烷醇）酯化而成的奶油色油性物质，不溶于水和冷乙醇中，溶于热乙醇。它是食品添加剂中的乳化剂和螯合剂。

10.4　柠檬酸衍生物的性质及应用

10.4.1　衣康酸的应用

衣康酸，学名亚甲基丁二酸，是一种不饱和二元有机酸，分子式 $C_5H_6O_4$，分子量 130.1，分子结构式见图 10-4。衣康酸为无色、无臭的晶体，相对密度 1.632，熔点 167～168℃，在真空下能升华，溶于水、乙醇和丙酮，微溶于氯仿、苯和乙醚。

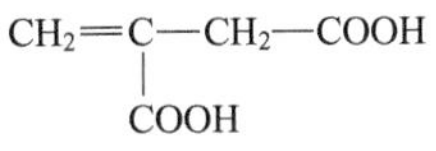

$$CH_2 = C - CH_2 - COOH$$
$$| $$
$$COOH$$

图 10-4　衣康酸分子结构式

10.4.1.1　在新型高效除臭剂上的应用

采用衣康酸及其聚合物为主要原料，添加少量天然物制成的除臭剂，反应活性高，不但能与氨、胺类等碱性恶臭性物质有良好的反应，且衣康酸聚合物易于成膜，可以制成具有除臭功能的纸或塑料膜等系列产品。

10.4.1.2　在清洗行业上的应用

衣康酸和丙烯酸的共聚物是一种高分子螯合剂，实验表明衣-丙共聚物对碳酸钙的阻垢效果好，适应温度范围宽，在共聚物用量较小的情况下，即可取得显著的阻垢效果，可用于锅炉水的冷却器等系统的在线清洗，在设备不运行的情况下，能除去厚度为 0.1～1.7mm 的水垢。该共聚物对碳酸钙、羟基磷灰石、硅

酸镁、铁氧化物等形成的垢层的除垢效果较常用阻垢剂聚丙烯酸钠好。

衣康酸水凝胶能用作染料等水污染物的吸附剂，将废水中这些有机污染物固定在水凝胶里，可以解决纺织工业中最重要的环保问题。

衣康酸烯丙酯与二烯酸甲酯、二乙烯苯进行共聚可以形成大孔结构，经二次聚合与碱反应、冷却、过滤、水洗制成乳白色球状颗粒的大孔弱碱性阴离子交换树脂，它交换容量大，去杂质效果明显，出水量大，可有效提高工作效率和产品质量。其次衣康酸与乙酸乙烯、顺丁烯二酸二甲酯等进行聚合可制成高吸水性树脂粉末，其吸水能力是淀粉-丙烯酸接枝共聚物的 3 倍。衣康酸与单烯丙基胺等单体的混合剂，可制成螯合树脂、工业废水处理药剂等。

10.4.1.3   在黏合剂中的应用

衣康酸的丙烯酸乳胶可以作为非织物纤维的黏合剂，含衣康酸单体的聚氯乙烯显示对纸张、赛路粉和聚苯二酸乙二醇薄膜的黏着性增强，乳胶可作为聚烯烃纤维的施胶剂。另外，衣康酸的单酮、甲基丙烯酸、乙基丙烯酸二羟基钛酸盐发生乳液聚合，得到的丙烯酸乳胶聚合物可作为高效的黏合剂、油井钻孔液及墙壁黏结剂的增稠剂。在衣康酸-丙烯酸的乳胶中加入多价的金属氧化物可制成牙科黏合剂，具有良好的抗压性能和黏结强度，并具有很好的生理适应性。

10.4.1.4   在其他方面中的应用

少量加入衣康酸就能使某些聚合物的性能得到较多的改变。在纺织工业中，通常在制造腈纶织物时，使聚丙烯腈纤维中含有少量的亚甲基丁二酸单体，能使其染色性能大大改善，色泽饱和度明显增加，色泽鲜艳。衣康酸二甲酯与含有乙烯基的有机硅单体的共聚物（美国专利 US5346976），具有特殊光泽、透明，适合于制造人造宝石和特种透镜，以及防水性良好的抗化学剂和涂料。衣康酸和 2-亚甲基丁二酸正丁酯掺入丙烯酸树脂或其他树脂中，可制作食品包装材料。

用 2-羟乙基丙烯酸甲酯、衣康酸和 4 种不同的聚（亚烃基乙二醇）（甲基）丙烯酸酯可以合成一种新型的水凝胶。这种水凝胶的膨胀度、弹性和黏附性能非常好。经过体外生物相容性研究以及其他不同类型的研究，无细胞毒性和溶血活性。因此这个材料可以作为药物载体或生物胶和密封剂。

总之，衣康酸及其酯类具有广泛的用途，是化学合成工业的重要原辅材料，也是化工原料生产中的重要中间体，具有广泛的开发前景。

10.4.2   柠康酸酐的应用

柠康酸酐分子式 $C_5H_4O_3$，分子量 112，无色或淡黄色液体，结晶温度 5～8℃，沸点 108～112℃，相对密度 1.25。柠康酸酐是一种重要的化工中间体，在合成医药、农药、树脂和表面活性剂中有十分广泛的应用。

10.4.3　柠檬酸芬太尼的应用

柠檬酸芬太尼，分子式 $C_{22}H_{28}N_2O \cdot C_6H_8O_7$，白色结晶粉末，其分子结构式见图 10-5，无臭，味苦，微溶于水或氯仿，溶于甲醇，易溶于热的异丙醇，熔点 149～151℃，水溶液呈酸性。由苯乙胺经加成、环合、缩合、还原、丙酰化制成芬太尼碱，与柠檬酸成盐得成品。

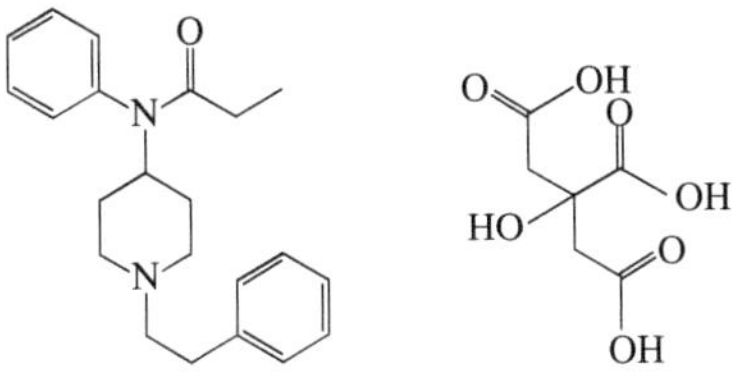

图 10-5　柠檬酸芬太尼分子结构式

该药品药理作用同吗啡，镇痛效力约为吗啡的 150 倍，为短时间的镇痛剂，与氟哌利多联合应用称为安定镇痛术。用于诱导麻醉。临床主要用于外科手术前和手术中镇痛，胃镜和泌尿系统检查之镇痛。

10.4.4　柠檬酸哌嗪的应用

柠檬酸哌嗪又名驱蛔灵，为白色结晶性粉末或半透明结晶性颗粒。无臭，味酸，微吸湿性，易溶于水，极微溶于甲醇，不溶于乙醇、氯仿、乙醚和苯，熔点 182～187℃，其分子结构式见图 10-6。

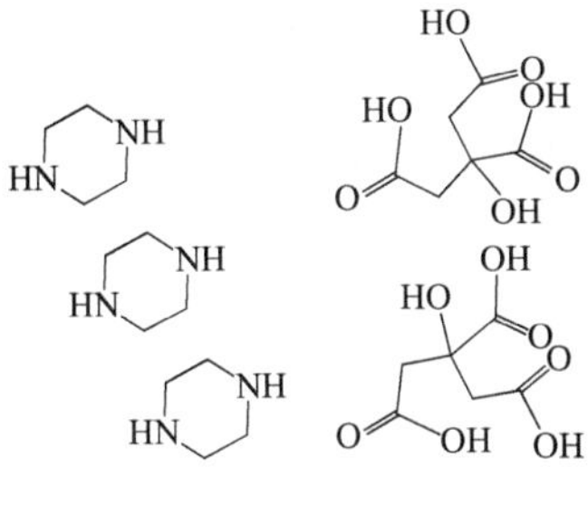

图 10-6　柠檬酸哌嗪分子结构式

柠檬酸哌嗪具有麻痹蛔虫肌肉的作用，其作用机制可能是哌嗪在虫体神经肌肉接头处发挥抗胆碱作用，阻断神经冲动的传递，使虫体肌肉麻痹而不能附着在宿主肠壁，随粪便排出。临床用于肠蛔虫病及蛔虫所致的不完全性肠梗阻和胆道蛔虫病绞痛的缓解期，此外亦可用于驱除蛲虫。

10.4.5　柠檬酸乙胺嗪的应用

柠檬酸乙胺嗪又名海群生、益群生，分子式 $C_{10}H_{21}ON_3 \cdot C_6H_8O_7$，分子量391.42，白色结晶性粉末，无臭，味酸苦，微吸湿性，易溶于水，微溶于乙醇，不溶于丙酮、氯仿和乙醚，熔点 135～138℃，其分子结构式见图 10-7。主要应用于人体丝虫病的治疗和预防。

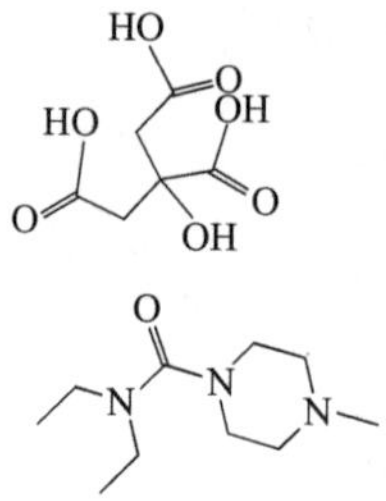

图 10-7　柠檬酸乙胺嗪分子结构式

10.4.6　柠檬酸喷托维林的应用

柠檬酸喷托维林又名咳必清、托克拉斯、托可拉斯，分子式 $C_{20}H_{31}O_3N \cdot C_6H_8O_7$，分子量526.60，白色结晶性粉末或颗粒，无臭，味苦，易溶于水，微溶于乙醇和氯仿，几乎不溶于乙醚，熔点 88～93℃。主要用作非麻醉性中枢镇咳药，毒性极低，副作用少。

10.4.7　氯芪酚胺柠檬酸盐的应用

氯芪酚胺柠檬酸盐是白色或乳白色结晶性粉末，微溶于乙醇、氯仿、水，不溶于乙醚，熔点 116.5～118℃。它可作为抗雌激素，应用于功能性子宫出血、月经紊乱及药物引起的闭经等妇科疾病。

参 考 文 献

[1] Yong Hee Lee，C W L. Citric acid production by Aspergillus niger immobilized on polyurethane foam. Applied Microbiology Biotechnology，1989，30（3）：141-143.

[2] Idrar Sitrat，Icin Kolay. A simple modified method forurine citratedetermination. Turk Biyokimya Dergisi，2009，34（3）：173-177.

[3] 黄旭初. 柠檬酸发酵菌黑曲霉的诱变育种研究. 新疆：新疆大学，2006.

[4] 王晓梅，黄铄，张缓，等. 柠檬酸清洁生产新工艺. 天津化工，2003，17（6）：40-42.

[5] 王博彦，金其荣. 发酵有机酸生产与应用手册. 北京：中国轻工业出版社，2000.

[6] Wayman F M，Mattey M. Simple diffusion is the primary mechanism for glucose uptake during the production phase of the Aspergillus niger citric acid process. Biotechnol Bioeng，2000，67：451-456.

[7] Ruijter G J G，Panneman H，Visser J. Overexpression of phosphofructokinase and pyruvate kinase in citric acid-producing Aspergillus niger. Biochim Biophys Acta，1997，1334：317-326.

[8] Karaffa L，Kubicek C P. Aspergillus niger citric acid accumulation：do we understand this well working black box?. Appl Microbiol Biotechnol，2003，61：189-196.

[9] 王军，张伶，金湘，等. N$^+$注入和^{60}Co-γ 辐照对柠檬酸发酵菌黑曲霉的诱变效应. 生物技术，Vol115，No12：72-74.

[10] Boey S C. Extraction of Citric Acid by Liquid Membrane Extraction. Chem. Eng. 1987，（65）：218- 220.

[11] 王德培，周婷，张灵燕，等. 氮离子注入和微波复合诱变选育高产柠檬酸的黑曲霉研究. 中国酿造，2012，5：123-127.

[12] 洪厚胜，刘辰，薛业敏，等. 激光复合诱变选育木薯原料柠檬酸高产菌. 食品与发酵工业，2003，29（1）：41-44.

[13] Matsumoto，Ishikawa. Genetic analysis of the role of cAMP in yeast. Yease，1985，1（2）：15-24.

[14] Legisa，Mattey. Citrate regulation of the change in carbohydrate degradation during the initial phases of the citric acid production by Aspergillus niger. Enzyme Microb Technol，1988，10（2）：33-36.

[15] Yigitoglu，Mcneil. Ammonium ion and citric acid supplementation in batch cultures of Asprgillus niger B60. Biotechnol，1992，14（1）：831-836.

[16] Kita，Somoto. Substrate specificity and affinities of crystalline alpha-glucosidase from Aspergillus niger. Agrie Biol Chem，1991，55（9）：2327-2335.

[17] 杨赢，王德培，高年发. 柠檬酸发酵过程中黑曲霉 α-葡萄糖苷酶和糖化酶变化的研究. 中国酿造，2013，32（1）：22-24.

[18] 杨赢. 黑曲霉 LD20 中 α-葡萄糖苷酶基因敲除的研究. 天津：天津科技大学，2013.

[19] Karaffa L，Kubicek C P. Aspergillus niger citric acid accumulation：do we understand this well working black box? Applied microbiology and biotechnology，2003，61，189-196.

[20] van Kuyk P A，et al. Aspergillus niger mstA encodes a high-affinity sugar/H$^+$ symporter which is regulated in response to extracellular pH. Biochemical Journal，2004，379：375-383.

[21] Sankpal N V，Joshi A P，Kulkarni B D. Nitrogen-dependent regulation of gluconic and/or citric acid production by Aspergillus niger. J Microbiol Biotechn，2000，10：51-55.

[22] Podgorski W，Gruszka R，Lesniak W. Respiratory activity of Aspergillus niger W78B during gluconic and citric acid biosynthesis. Chem Pap-Chem Zvesti，2003，57：35-38.

[23] Mischak H，Kubicek C P，Rohr M. Formation and Location of Glucose? Oxidase in Citric-Acid Pro-

ducing Mycelia of Aspergillus-Niger. Appl Microbiol Biot，1985，21：27-31.

[24]　Wang L，et al. Inhibition of oxidative phosphorylation for enhancing citric acid production by Aspergillus niger. Microbial cell factories，2015，14：7.

[25]　Meyer V. Genetic engineering of filamentous fungi—Progress，obstacles and future trends. Biotechnology Advances，2008，26：177-185.

[26]　Buxton F P，Gwynne D I，Davies R W. Transformation of Aspergillus niger using the argB gene of Aspergillus nidulans. Gene，1985，37：207-214.

[27]　Meyer V，et al. Highly efficient gene targeting in the Aspergillus niger kusA mutant. Journal of biotechnology，2007，128：770-775.

[28]　Zhang J，et al. Ku80 gene is related to non-homologous end-joining and genome stability in Aspergillus niger. Curr Microbiol，2011，62：1342-1346.

[29]　Nodvig C S，Nielsen J B，Kogle M E，et al. U. H. A CRISPR-Cas9 System for Genetic Engineering of Filamentous Fungi. PloS one，2015，10，e0133085.

[30]　Lameiras F，Heijnen J J，van Gulik W M. Development of tools for quantitative intracellular metabolomics of Aspergillus niger chemostat cultures. Metabolomics：Official journal of the Metabolomic Society，2015，11：1253-1264.

[31]　Wu C，Xiong W，Dai J，et al. Genome-based metabolic mapping and ^{13}C flux analysis reveal systematic properties of an oleaginous microalga Chlorella protothecoides. Plant physiology，2015，167：586-599.

[32]　储炬，李友荣. 现代工业发酵调控学. 北京：化学工业出版社，2006.

[33]　张嗣良. 多尺度微生物过程优化. 北京：化学工业出版社，2003.

[34]　张嗣良. 发酵过程原理. 北京：高等教育出版社，2013.

[35]　张鑫. 尾气在线分析在发酵过程控制与优化中的应用研究. 华东理工大学，2014.

[36]　Wang Ze Jian，Hui Lin，ShiPing Wang. The Online Morphology Control and Dynamic Studies on Improving Vitamin B$_{12}$ Production by Pseudomonas denitrificans with Online Capacitance and Specific Oxygen Consumption Rate. Applied Biochemistry & Biotechnology，2016，179（6）：1-13.

[37]　Justice C，Brix A，Freimark D，et al. Process control in cell culture technology using dielectric spectroscopy. Biotechnology Advances，2011，29（4）：391-401.

[38]　Li L，Wang Z J，Chen X J，et al. Optimization of polyhydroxyalkanoates fermentations with on-line capacitance measurement. Bioresour Technol，2014，156：216-221.

[39]　吴胜. 毕赤酵母表达重组人溶菌酶的发酵工艺优化及傅里叶红外光谱仪在其过程底物控制中的初步应用研究. 华东理工大学，2014.

[40]　Wang T，Liu T，Wang Z，et al. A rapid and accurate quantification method for real-time dynamic analysis of cellular lipids during microalgal fermentation processes in Chlorella protothecoides with low field nuclear magnetic resonance. J Microbiol Methods，2016（124）：13-20.

[41]　王萍，王泽建，张嗣良. 生理代谢参数 RQ 在指导发酵过程优化中的应用. 中国生物工程杂志，2013，33（2）：8895.

[42]　Paynter S，Russell D A. Surface plasmon resonance measurement of pH-induced responses of immobilized biomolecules：conformational change or electrostatic interaction effects? Anal Biochem，2002，309（1）：85-95.

[43]　Steel A B，Herne T M，Tarlov M J. Electrostatic interactions of redox cations with surface-immobi-

lized and solution DNA. Bioconjugate Chem，1999，10（3）：419-423.

[44] Ma C D，Acevedo-Velez C，Wang C X，et al. Interaction of the Hydrophobic Tip of an Atomic Force Microscope with Oligopeptides Immobilized Using Short and Long Tethers. Langmuir，2016，32（12）：2985-2995.

[45] Davidson C A B，Lowe C R. Optimisation of polymeric surface pre-treatment to prevent bacterial biofilm formation for use in microfluidics. J Mol Recognit，2004，17（3）：180-185.

[46] Ista L K，Fan H Y，Baca O，et al. Attachment of bacteria to model solid surfaces：Oligo（ethylene glycol）surfaces inhibit bacterial attachment. Fems Microbiol Lett，1996，142（1）：59-63.

[47] Yu B，Zhang X，Sun W J，et al. Continuous citric acid production in repeated-fed batch fermentation by Aspergillus niger immobilized on a new porous foam. Journal of Biotechnology，2018，276：1-9.